高等职业教育土建施工类专业融媒体创新系列教材

U0647400

建筑力学与结构

主　编　祝军权　王约发

中国建筑工业出版社

图书在版编目（CIP）数据

建筑力学与结构 / 祝军权，王约发主编. — 北京：
中国建筑工业出版社，2024.1
高等职业教育土建施工类专业融媒体创新系列教材
ISBN 978-7-112-29389-6

Ⅰ. ①建… Ⅱ. ①祝… ②王… Ⅲ. ①建筑科学-力
学-高等职业教育-教材②建筑结构-高等职业教育-教
材 Ⅳ. ①TU3

中国国家版本馆 CIP 数据核字（2023）第 236827 号

责任编辑：张 健 司 汉 李 阳
责任校对：姜小莲

高等职业教育土建施工类专业融媒体创新系列教材
建筑力学与结构
主 编 祝军权 王约发

*

中国建筑工业出版社出版、发行(北京海淀三里河路 9 号)
各地新华书店、建筑书店经销
北京鸿文瀚海文化传媒有限公司制版
常州市大华印刷有限公司印刷

*

开本：787 毫米×1092 毫米 1/16 印张：13¾ 字数：259 千字
2024 年 7 月第一版 2024 年 7 月第一次印刷
定价：**58.00** 元（赠教师课件）
ISBN 978-7-112-29389-6
（42020）

总序
Prologue

近年来，国家高度重视职业教育发展，陆续发布《国家职业教育改革实施方案》《职业院校教材管理办法》《关于推动现代职业教育高质量发展的意见》《中华人民共和国职业教育法》等多项法律法规和政策文件，职业教育迎来了大发展的历史机遇。教材建设属于国家事权，职业院校教材是教学的重要依据、培养人才的重要保障，必须体现党和国家意志，建设一批内容科学先进、编排科学合理、符合课标要求的专业课程教材是职教改革的重要任务。

我们正处在信息技术飞速发展的全媒体时代，教师与学生的"教与学"模式已然发生转变，要运用现代信息技术改进教学方式方法，适应"互联网＋职业教育"发展需求，职业院校教材应符合技术技能人才成长规律和学生认知特点，充分反映产业发展最新进展，对接科技发展趋势和市场需求，及时吸收比较成熟的新技术、新工艺、新材料、新规范，专业教材随信息技术发展、产业升级和技术进步及时动态更新。如何打造具备时代特点、满足教学需求的职业教育教材，是编者、出版单位需要认真思考的重要课题。

"高等职业教育土建施工类专业融媒体创新系列教材"正是为了适应新时期我国建筑工业化、数字化、智能化升级对土建类高素质人才的需求，而组织职业院校的优秀教师、重点企业专家编写的，教材形式新颖、内容简明易懂、数字化资源丰富，满足信息化和个性化教学的需要，凸显新形态教材的特点，具备"先进性、规范性、职业性、实践性"的特点。未来，本系列教材会根据新技术、新工艺、新材料、新设备的发展不断优化完善，依托网络平台动态更新，满足院校师生的教学要求。

本套教材的出版，凝聚了各位编写人员、审查人员及编辑的辛勤劳动，得到了有关院校的大力支持。上海盛尚文化传播有限公司在教材策划及配套数字资源的建设方面做出了很大贡献。大家的共同努力，为本套教材的高质量出版提供了保障。希望本套教材的出版能满足广大院校的要求，为建设行业的人才培养做出贡献。

胡兴福

2022 年 9 月

前言
Foreword

本教材的编写依据《国家职业教育改革实施方案》，以培养能够胜任的建筑专业高素质技术技能人才为目标，将职业岗位所要求的素质、知识和能力融入本教材内容。教材实施项目驱动、任务引领，基于学生的认知结构、学情分析重塑教学内容，考虑建筑工程技术、工程监理、工程管理等专业的建筑力学与结构课程的基本要求，并结合高等职业教育教学改革实践经验而编写。

本教材注重以就业为导向，以能力为本位，邀请企业专家共同编写，凸显职业教育工程特色，将职业技能与课程、教材相融合，实现课证融通，以满足土木建筑大类专业学生的学习需要。教材注重落实立德树人根本任务，促进学生成为"德智体美劳"全面发展的社会主义建设者和接班人，教材内容融入思想政治教育，推进中华民族文化自信自强。

本教材由广东环境保护工程职业学院祝军权、王约发任主编，广东科学技术职业技术学院黄鹄主审，广东环境保护工程职业学院郁素红、覃小红、张海昆、周晶任副主编。教材的项目1由祝军权撰写，项目2由郁素红撰写，项目3由张海昆撰写，项目4由王约发撰写，项目5由周晶撰写，项目6由覃小红撰写。中铁九局集团第三建设有限公司黄路军参与编写本教材，并提出了宝贵意见。

教材的编写还得到了现代学徒制校企合作单位——广州鑫桥建筑工程有限公司的大力支持与帮助，许多兄弟院校老师也提出了宝贵的意见和建议，编写过程中参阅了大量文献资料，谨此一并感谢。

由于时间紧迫，编者水平有限，书中不足之处在所难免，恳请读者批评指正。

课程导图

建筑力学与结构 — 建筑结构部分

项目4 结构材料与结构安全

- 任务4.1钢筋和混凝土材料力学性能
  - 钢筋的种类、强度和变形
  - 软钢和硬钢的区别
  - 混凝土立方体抗压强度、轴心抗拉强度
  - 钢筋和混凝土之间的粘结性能
- 任务4.2结构的安全与破坏
  - 安全的基本概念
  - 结构破坏类型
  - 塑性性能
  - 轴向不稳定性

项目5 结构构件设计

- 任务5.1 受弯构件
  - 正截面破坏
    - 破坏类型 — 适筋梁 超筋梁 少筋梁
    - 单筋矩形计算
    - 杆件及杆系结构
    - T形截面计算 — 翼缘计算宽度 第一类T形；第二类T形
    - 适用条件 — 少筋破坏 超筋破坏
  - 斜截面破坏
    - 破坏类型 — 斜拉破坏 剪压破坏 斜压破坏
    - 计算公式 — 仅配置箍筋 配置箍筋和弯起钢筋
    - 适用条件 — 最小截面尺寸限制 最小配箍率的限制
- 任务5.2受扭构件
  - 破坏类型 — 少筋破坏 超筋破坏 适筋破坏
  - 纯扭构件
  - 弯剪扭构件
  - 剪扭构件
- 任务5.3受压构件
  - 轴压构件 — 长柱破坏 短柱破坏
  - 偏压构件 — 大偏压 小偏压

项目6 框架结构构件设计

- 任务6.1 抗震设计基础知识
  - 地震成因与类型
  - 震级与烈度区别
  - 设防分类 — 特殊设防类 重点设防类 标准设防类 适度设防类
  - 抗震设防目标 — 小震不坏 中震可修 大震不倒
- 任务6.2 框架结构梁、板、柱的截面尺寸选择
  - 梁的构造要求 — 截面形式 截面尺寸 梁的配筋
  - 板的构造要求 — 板的厚度 板的配筋
  - 板的构造要求 — 截面形式 截面尺寸 柱配筋
- 任务6.3 楼屋（盖）及楼梯设计
  - 楼屋（盖）设计
    - 施工方式 — 现浇整体式 装配式 装配整体式
    - 构造要求
    - 构造钢筋
  - 楼梯设计 — 板式 梁式 剪刀(悬挑)式 螺旋式

Informative Abstract

数字资源一览

内容提要

　　本教材共6个项目单元，在荷载与结构初步认知的基础上，系统地介绍了力学相关原理，利用构件受力特性和建筑材料的力学性能，引出结构构件设计内容，由局部到整体进行框架结构设计。本教材对接建筑行业的新知识、新技术、新标准，是院校教师和企业技术人员共同合作的结晶。每个项目单元包含知识目标、能力目标、素质目标、思政导入和任务等内容。

　　本教材为高等职业院校建筑工程技术、工程监理、工程管理等专业的教材，也可作为成人教育、自学考试、中职学校及培训班等教材，同时也可供建筑工程技术人员参考使用。

Author's Brief Introduction

作者介绍

祝军权

广东环境保护工程职业学院人居环境学院院长，高级工程师、副教授、国家一级注册结构师。

- 广东省土建与水利教学指导委员会委员
- 全国智慧建造人才培养创新联盟理事单位负责人
- 全国职业院校乡村振兴协作联盟成员
- 广东省建教协BIM专委会委员
- 广东省土木建筑学会计算机专委会委员

上智云图
使 用 说 明

一册教材 = 海量教学资源 = 开放式学堂

微课视频
知识要点
名师示范
扫码即看
备课无忧

教学课件
教学课件
精美呈现
下载编辑
预习复习

在线案例
具体案例
实践分析
加深理解
拓展应用

拓展学习
课外拓展
知识延伸
强化认知
激发创造

素材文件
多样化素材
深度学习
共建共享

"上智云图"为学生个性化
定制课程，让教学更简单。

PC 端登录方式： www.szytu.com

详细使用说明请参见网站首页
《教师指南》《学生指南》

　　本教材是基于移动信息技术开发的智能化教
材的一种探索。为了给师生提供更多增值服务，
由"上智云图"提供本系列教材的所有配套资源
及信息化教学相关的技术服务支持。如果您在使
用过程中有任何建议或疑问，请与我们联系。

课程兑换码

教师课件索取方式：
1. 邮箱 :jckj@cabp.com.cn;
2. 电话 :(010)58337285;
3. 建工书院 :http://edu.cabplink.com;
4. 上智云图: www.szytu.com。

目录
Contents

项目 1

001　荷载与结构

003　任务 1.1　结构与荷载　　　案例讲解　私拆承重墙事件

010　任务 1.2　荷载传递　　　　案例讲解　荷载组合例题讲解

020　课后练习题

项目 2

022　力学基础

024　任务 2.1　静力学基本概念　　　微课视频　力的概念/三力平衡汇交定理/
　　　　　　　　　　　　　　　　　　　　　　常见支座类型及反力/
　　　　　　　　　　　　　　　　　　　　　　物体系统受力分析实例

038　任务 2.2　平面力系的合成与平衡　　微课视频　力矩计算实例/物体系统平衡实例

058　任务 2.3　静定结构内力计算　　　微课视频　利用内力规律求梁内力

081　课后练习题

项目 3

092　构件受力特性

094　任务 3.1　应力与应力分布概念　　微课视频　应力与应力分布概念

099　任务 3.2　应力种类　　　　　　　微课视频　轴向应力/弯曲应力/剪应力

114　课后练习题

项目 4

115　结构材料与结构安全

117　任务 4.1　钢筋和混凝土材料 　　微课视频　低碳钢拉伸试验/铸铁拉伸试验/
　　　　　　　力学性能 　　　　　　　　　　　　　混凝土压缩试验

130　任务 4.2　结构的安全与破坏 　　案例分析　*P-e* 效应分析

145　课后练习题

项目 5

147　结构构件设计

149　任务 5.1　受弯构件 　　　　　　微课视频　受弯构件正截面破坏特征/单筋矩形截面梁正截面
　　　　　　　　　　　　　　　　　　　　　　　设计实例/矩形截面梁斜截面设计实例

165　任务 5.2　受扭构件 　　　　　　微课视频　钢筋混凝土纯扭构件的受力性能和破坏形态/
　　　　　　　　　　　　　　　　　　　　　　　矩形截面弯剪扭构件承载力计算原理

173　任务 5.3　受压构件 　　　　　　微课视频　轴心受压柱承载力计算实例

179　课后练习题

项目 6

183　框架结构构件设计

187　任务 6.1　抗震设计基础知识　微课视频　抗震设防分类和抗震设防标准/抗震等级的确定

193　任务 6.2　钢筋混凝土框架结
　　　　　　　构梁、板、柱的截 　微课视频　梁截面尺寸的确定
　　　　　　　面尺寸选择

199　任务 6.3　楼屋（盖）及楼梯设计

205　课后练习题

参考文献

208

项目1
荷载与结构

项目1
荷载与结构

【知识目标】掌握荷载分类的内容，学会区分永久荷载、可变荷载、偶然荷载。理解结构设计的基本要求，掌握作用效应与结构抗力计算。理解荷载组合的方式，掌握荷载传递路径。

【能力目标】能对结构荷载进行分类，会利用承载能力公式计算最不利荷载组合值。

【素质目标】具有自信、团结协作、发现问题与解决问题的工匠创新思维能力。

【案例导入】2020年1月23日，武汉参照北京小汤山医院模式建设武汉蔡甸火神山医院，医院建筑用地约50000m²、总建筑面积为33940m²、拥有1000张床位，包括病房、接诊室、ICU、医技部、网络机房、供应库房、垃圾暂存间、救护车消洗间等。这项工程之重大，时间之紧迫，想要完成这样的任务可谓艰难重重，在党中央的坚强领导下，举全国之力，最终中国人创造出了奇迹。

火神山医院2020年1月23日开始建设，24日已有上百台挖掘机抵达现场；25日正式开工，26日第一间样板房建成；27日，场地整平、碎石黄沙回填全部完成，首批箱式集装箱板房吊装搭建；28日，双层病房区钢结构初具规模；2020年2月1日，全面展开医疗配套设备安装，2日完工交付。10天10夜争分夺秒，火神山医院在日夜轰鸣的机械声中拔地而起（图1-1）。火神山医院"神"在速度，这速度依靠的是中国建造技术的创新，是同舟共济、坚不可摧的中国力量。

图1-1　火神山医院施工现场

任务介绍

已知某屋面板由各种荷载引起的弯矩标准值分别为：永久荷载值 2kN·m，屋面的均布活荷载值 1.2kN·m，风荷载 0.3kN·m，雪荷载 0.2kN·m。假设结构安全等级为二级，试求按承载能力极限状态设计时的作用效应 M。又如各种可变荷载的组合值系数、频遇值系数、准永久值系数分别为：屋面的均布活荷载组合值系数为 0.7，频遇值系数为 0.5，准永久值系数为 0.4；风荷载组合值系数为 0.6，频遇值系数为 0.4，准永久值系数为 0；雪荷载组合值系数为 0.7，频遇值系数为 0.6，准永久值系数为 0.2，试求在承载能力极限状态下的作用效应弯矩设计值 M。

任务分析

理解安全等级的概念，掌握各种情况下采用的系数，以及如何计算永久荷载和可变荷载最不利组合值。

任务 1.1 结构与荷载

1.1.1 结构概念

任何结构的成功设计都需要解决结构强度和结构刚度这两个问题，解决这两个问题就需要先回答什么是结构和什么是荷载。

对于"什么是结构"，这个问题的最普遍回答是：沿直线传递荷载的物体，这个回答确实有一定道理。我们可以将其扩展为传递荷载的概念，即荷载从一处传递到另一处。让我通过一个简单的例子来说明这一点：

假设人们想要过一条河，他们可以搭建一块木板作为桥（图 1-2）。当人们站在桥上时，他们的体重（荷载）不会直接施加在水面上的某一点上，而是通过桥梁结构传递到能够支撑他们的木板的各个点上。这样，荷载就被有效地分散到整个桥梁结构中，保证了桥梁的稳定性和安全性。

这个例子说明了结构问题中传递荷载的重要性。在工程结构设计中，我们需要考虑荷载如何从一个部位传递到另一个部位，以确保结构的稳定性和安全性。这需要合理的结构设计和材料选择，以及充分考虑荷载的传

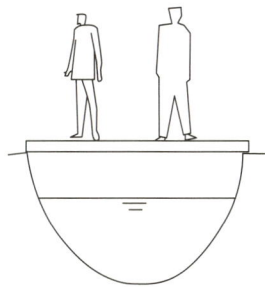

图 1-2 木板桥

递路径和力学原理。

木板主要用途是将荷载从外加荷载点传递到支撑点。图 1-3 是重新绘制的图示，以显示外荷载（人）、结构（木板）和荷载支撑点（河岸）。通常，我们将荷载支撑称为反作用力。

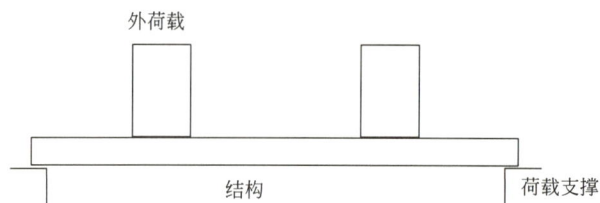

图 1-3　结构板

在这个图示中，人（外荷载）站在木板上，他们的体重产生了一个向下的荷载。这个荷载通过木板传递到支撑点，即河岸。同时，河岸也对木板施加了一个向上的反作用力，以平衡人的荷载。这种反作用力确保了木板的稳定性和平衡性。

荷载传递是所有结构的主要功能，结构设计的目的在于选择能够妥善传递荷载的结构。结构设计人员是设计团队中的一员，一座建筑物的设计通常不是由一个人单独完成的。设计团队的每个成员一般只关注整体设计的某个特定方面。建筑物的主要作用是提供满足特定需求的空间，同时保护人们免受自然环境的影响。

建筑结构是建筑构造的一个组成部分，它的作用是提供足够的结构强度以承受整个建筑物的荷载。这些荷载可能源自各种自然现象，例如风和重力，也可能在建筑物的使用过程中产生。

结构是建筑物的关键部分，提供强度是它的具体作用。在考虑结构构件的物理尺寸时，不必将其与整体结构分离开来，往往在理解结构概念之前就已经做出了关于设计的决定。建筑结构的物理特性，是结构设计团队中许多成员所关心的重要问题，因为这会影响结构设计的决策。结构设计的作用经常被理解为获得特定的结构构件物理尺寸，而非考虑整体设计方案。

1.1.2　荷载的分类

结构的主要功能是传递荷载，但在考虑结构的形式之前，需要先明确结构需要传递哪些荷载。换句话说，需要回答"什么是荷载"。荷载可以根据其来源分为永久荷载、可变荷载和偶然荷载。不同类型的荷载会对结构产生不同的影响和要求，因此在进行结构设计时，需要考虑不同类型荷载的影响和要求，并采取相应的措施来确保结构的稳定性和安全性。

1. 永久荷载

永久荷载是指在设计基准期内其值不随时间而变化，或其变化与平均值相比可以忽略不计，或其变化是单调的并趋于限值的荷载。例如：结构自重、土压力、围岩应力、预应力等。永久荷载又称为恒荷载。

地球表面的所有结构都必须抵抗重力。重力作用于物体，并通过物体指向地球中心（图1-4）。

然而，在局部范围内，可以认为这些力是垂直的（图1-5）。

因此，永久荷载的第一来源是重力荷载。回到第一个实例，木板搭在河上，意味着木板必须将它自身的重量，通常称为自重，传递到支撑点（图1-6）。

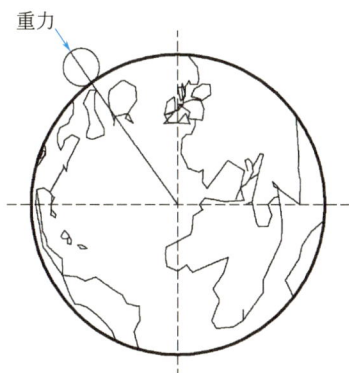

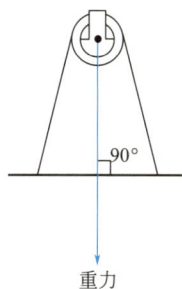

图 1-4　地球　　　　　　图 1-5　重力荷载　　　　　图 1-6　木板荷载

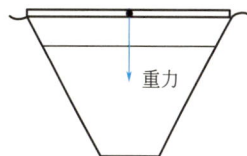

建筑物和支撑结构必须要抵抗重力以及其他永久荷载。这些荷载包括土压力或水压力、地震作用、温度变化和地层运动。由于在天然地面上已经存在一个处于静止状态的形状，当人们需要改变地面的局部形状，来修建建筑物时，建筑物的某些部分和它的结构可能会承受土压力。

如果将干沙堆成一堆，每个边都有最大的斜坡（图1-7）。沙堆内部的情况是复杂的，并且随着水的增加而更加复杂。如果需要垂直面的沙堆，就需要使用力来维持沙堆的非自然形状（图1-8），通常情况下，这是通过修建一面挡土墙来实现的。由于沙堆会试图恢复到自然形状，挡土墙必须挡住虚线上方的沙子（图1-9）。

这便产生了墙上的荷载。对于有地下室的建筑物或建造在斜面地基上的建筑物，就会出现这种情况（图1-10）。在这些情况下，结构不得不抵抗来自土压力的永久荷载。

在地球表面以下，根据当地的地质条件和气候条件，在某些土层会有地下水。

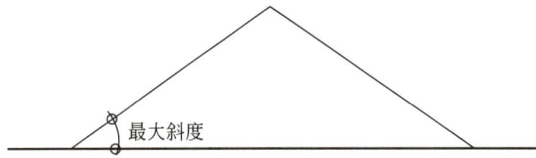

图 1-7　沙堆

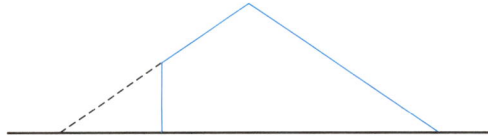

图 1-8　缺口沙堆

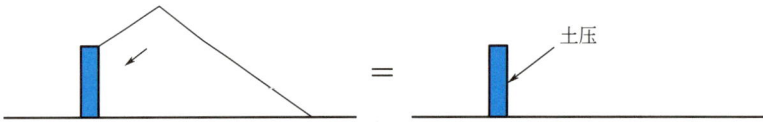

图 1-9　等效缺口沙堆

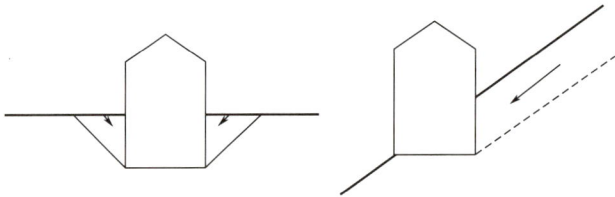

图 1-10　墙侧土压力

如果建筑物的基础穿越了天然地下水位，非天然的地下水位就会出现在建筑物的四周和下方（图 1-11）。

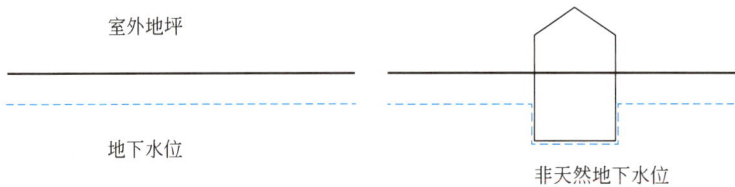

图 1-11　地下水

水压力不仅在墙上形成荷载，而且在楼板处形成向上的荷载。建筑物便有了向上漂浮的趋势（图 1-12）。因此结构不得不抵抗由于水压力产生的永久荷载。

地球表面的基本形状在大多数建筑物的使用周期内可以看作是相同的，但由于

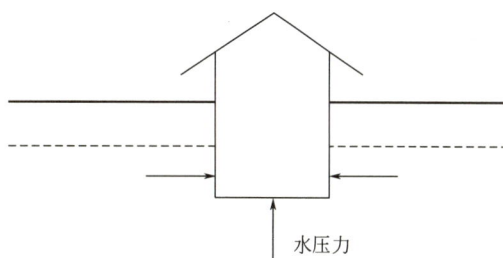

图 1-12 基础浮力

水压力

气候或地质条件的变化，可能会有一些变化。当建筑物坐落在地面上时，这些局部的变化将会迫使结构改变形状，因为建筑物几乎无法抵挡地球形状的改变。特别是当局部形状的变化不均匀时，就有可能产生荷载。如果确实在结构上形成了荷载，那么形成的原因可能并不明显。

例如，有一座跨越河流的木板桥，在河中央有一个桥墩支撑（图 1-13）。如果这个桥墩往河床下沉（下沉程度取决于固定方式），则支撑会将木板向下拉（相当于加荷载）或根本不再作为支撑（图 1-14）。

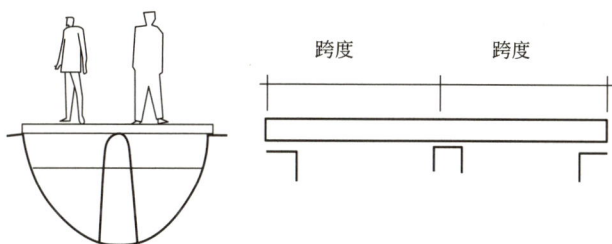

跨度　　跨度

图 1-13 多跨桥

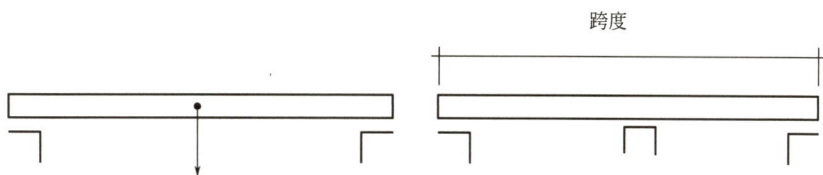

跨度

图 1-14 等效多跨桥

由此可见，地层运动能改变结构的承载性能，因此必须考虑间接地给结构施加的荷载。

一个成功的结构必须在它的整个使用周期内抵抗某些或全部永久荷载作用。总而言之，这些永久荷载是不可避免的，它们是结构存在的有机组成。

2. 可变荷载

可变荷载指的是在结构设计基准期内，其值随时间变化，其变化与平均值相比不可忽略的荷载。例如，建筑安装荷载、楼面活荷载、屋面活荷载、积灰荷载、风荷载、雪荷载、吊车荷载等都属于可变荷载。可变荷载也被称为活荷载，与永久荷载不同的是，永久荷载是不可避免且必须承受的，而可变荷载则是需要的荷载。这些荷载之所以有用，是因为建筑物或结构是为了特定的用途而建造产生的。

对于木板桥来说，它是为了人们过河而建造的。如果它不能达到这个目的，桥就没有了用处。据此，前面的图可以重新绘制，以显示永久荷载和可变荷载（图1-15）。

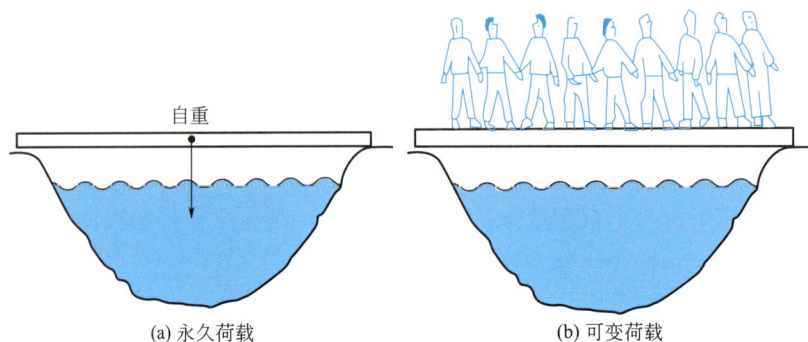

(a) 永久荷载   (b) 可变荷载

图 1-15　永久荷载和可变荷载

可变荷载的大小可以根据桥梁上某一时刻允许的人数以及是否允许他们携带大象来调整，因为人的荷载与大象的荷载（或者其他活荷载比如车辆荷载）是完全不一样的。在实际工程中，通常将可变荷载设定为可能出现的最大荷载。实际上，木板桥（图1-15）是考虑人过河时使用的，那么可变荷载是指桥梁上站满人时的情况，此时不允许出现大象（图1-16）。

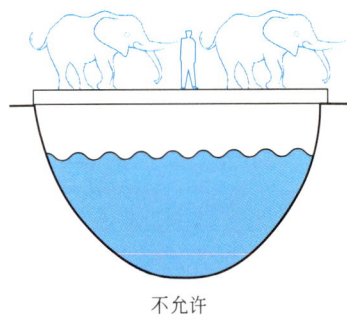

图 1-16　满载桥

因此，与永久荷载不同，可变荷载是有选择的。当然，如果使用桥的人都有大象（或汽车），将可变荷载设计为站满人或大象的桥也是合情合理的。

由于人和大象的重力作用，可变荷载的作用方向将指向地球中心或局部呈现垂直趋势（图1-17）。

与永久荷载不同，可变荷载依据建筑物的用途不同而千变万化。尽管大多数可变荷载都是垂直方向的，但有时也会出现水平方向的。比如储存沙子、粮食或水，这些物体构成了可变土压力荷载或者水压荷载

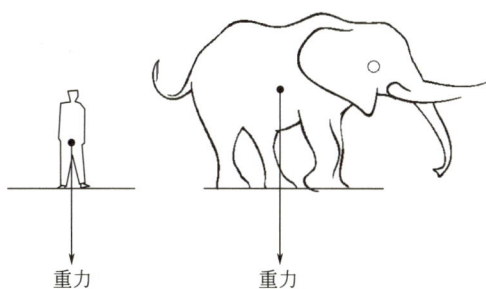

图 1-17　重力荷载

（图 1-18）。

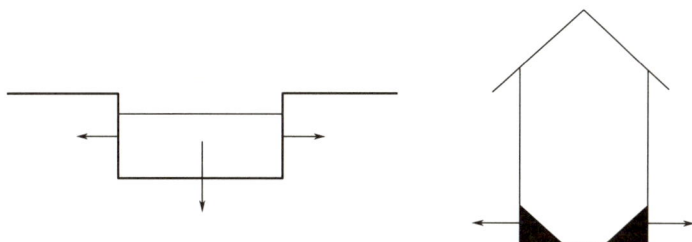

图 1-18　不同用途可变荷载

　　同样，安放在建筑物中的机械系统往往使建筑物产生侧向振动，从而形成另一种可变水平荷载（图 1-19）。

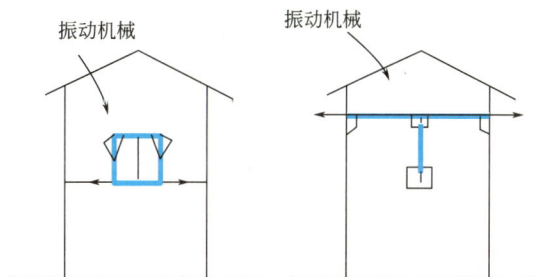

图 1-19　建筑振动荷载

　　工业生产也可以增加或减少内外温度，从而产生"有效"温度荷载。

3. 偶然荷载

　　偶然荷载是指在设计基准期内不一定出现，而一旦出现，其量值很大且作用时间很短的荷载。例如爆炸力、撞击力等都属于偶然荷载。偶然荷载的发生与安全概念密切相关。很难事先确定哪些事故或由事故引发的偶然荷载是不可避免的，哪些是可以避免的，没有任何方法能做到不出现偶然事件。

任务 1.2　荷载传递

1.2.1　结构设计的基本要求

1. 建筑结构的安全等级

我国根据建筑结构破坏后果的影响程度，将其安全等级分为 3 个等级：破坏后果很严重的为一级、严重的为二级、不严重的为三级（表 1-1）。对于特殊的建筑物，其设计安全等级可视具体情况确定。另外，建筑物中梁、柱等各类构件的安全等级一般与整个建筑物的安全等级相同，对部分特殊的构件可根据其重要程度作适当调整。

建筑结构的安全等级　　　　　　　　　　　　　　表 1-1

安全等级	破坏后果的严重程度	建筑物的类型
一级	很严重	重要的建筑物
二级	严重	一般的建筑物
三级	不严重	次要的建筑物

2. 建筑结构的设计使用年限

设计使用年限是指设计规定的结构或结构构件不需进行大修即可按预定目的使用的年限。设计使用年限可按《建筑结构可靠性设计统一标准》GB 50068—2018 确定，也可按业主的要求经主管部门批准确定。各类结构的设计使用年限是不统一的。一般建筑物的使用年限为 50 年，而桥梁、大坝的设计使用年限更长。

需要注意的是，结构的设计使用年限虽与其使用寿命相联系，但并不等同。超过设计使用年限的结构并不是不能使用，只是说明其完成预定功能的能力越来越低了。

3. 建筑结构的功能要求

设计的结构和结构构件在规定的设计使用年限内，在正常维护条件下，应能保持其使用功能，而不需进行大修加固。建筑结构应该满足的功能要求主要有以下 3 个方面：

（1）安全性：建筑结构应能承受正常施工和正常使用时可能出现的各种荷载和变形，如何让事件（如地震、爆炸等）发生时和发生后保持必需的整体稳定性，不至于因局部破坏而产生连续破坏。

（2）适用性：结构在正常使用荷载作用下具有良好的工作性能，如不发生影响正常使用的过大的挠度、永久变形和动力效应（过大的振幅和振动），不产生令使用者感到不安全的裂缝宽度等。

（3）耐久性：结构在正常使用和正常维护的条件下，在规定的环境中，在预定的使用期限内有足够的耐久性。如不发生由于混凝土保护层碳化或裂缝宽度开展过大而导致的钢筋锈蚀，不发生混凝土在恶劣环境中侵蚀或化学腐蚀而影响结构的使用年限。

上述功能要求概括起来可以称为结构的可靠性，即结构在规定的时间（设计使用年限）、规定的条件下（正常设计、正常施工、正常使用和正常维护），完成其预定功能的能力。显然，增大结构设计的余量（如加大截面尺寸，提高材料性能），势必能满足结构的功能要求，但将会导致结构的造价提高，结构设计的经济效益就会随之降低。结构的可靠性和结构的经济性二者是相互矛盾的，科学的设计方法就能够在结构的可靠性和结构的经济性之间选择一种最佳方案，使设计符合技术先进、安全适用、经济合理、确保质量的要求。

4. 建筑结构的极限状态

整个结构或结构的一部分超过某一特定状态就不能满足设计指定的某一功能的要求，这种特定状态称为该功能的极限状态。例如，构件即将开裂、倾覆、滑移、压屈、失稳等。当结构未达到这种状态时，结构能满足功能要求，结构即处于有效状态；当结构超过这一状态时，结构不能满足其功能要求，结构即处于失效状态。有效状态和失效状态的分界，称为极限状态，是结构开始失效的标志。我国现行设计标准中把极限状态分为三类：

（1）承载能力极限状态

结构或构件达到最大承载能力或达到不适于继续承载的变形的极限状态称为承载能力极限状态。当结构或构件出现下列状态之一时，即认定为超过了承载能力极限状态。

1）整个结构或其中的一部分作为刚体失去平衡（如倾覆、过大的滑移）。

2）结构构件或连接因超过材料强度而破坏，或因过度变形而不适于继续承载，结构构件或连接部位因材料强度被超过而遭破坏，或因疲劳而破坏，或因过度的塑性变形而不适于继续加载。

3）构件转变为机动体系（如超静定结构由于某些截面的屈服而形成塑性铰，使结构成为几何可变体系）。

4）地基丧失承载力而破坏。

5）结构或构件丧失稳定（如细长柱达到临界荷载发生压屈）。

6）结构因局部破坏而发生连续倒塌。

7）结构或结构构件的疲劳破坏。

（2）正常使用极限状态

结构或构件达到正常使用的某项规定限值的极限状态为正常使用极限状态。

当结构或构件出现下列状态之一时，应认定为超过了正常使用极限状态。

1）影响正常使用的外观变形（如梁产生超过了挠度限值的挠度）。

2）影响正常使用的耐久性局部损坏（如不允许出现裂缝的构件开裂；或允许出现裂缝的构件，其裂缝宽度超过了允许限值）。

3）影响正常使用的振动。

4）影响正常使用的其他特定状态（如由于钢筋锈蚀产生的沿钢筋的纵向裂缝）。

（3）耐久性极限状态

耐久性极限状态是对应于结构或结构构件在环境影响下出现的劣化达到耐久性能某项规定限值或标志的状态。

当结构或结构构件出现下列状态之一时，应认定为超过耐久性极限状态。

1）影响承载能力和正常使用的材料性能劣化。

2）影响耐久性能的裂缝、变形、缺口、外观、材料削弱等。

3）影响耐久性能的其他特定状态。

1.2.2 作用效应与结构抗力

1. 作用及作用效应

结构在施工和使用期间，将受到其自身和外加的各种因素作用，这些作用在结构中产生不同的效应——内力和变形。这些引起结构内力和变形的一切原因统称为结构上的作用。结构上的作用分为直接作用和间接作用两种。荷载是直接作用，混凝土的收缩、温度变化、基础的差异沉降、地震等引起结构外加变形或约束的原因称为间接作用。间接作用与外界因素和结构本身的特性有关。例如，地震对结构物的作用是间接作用，它不仅与地震加速度有关，还与结构自身的动力特性有关，所以不能把地震作用称为"地震作用力"。

结构构件在各种作用下所引起的内力（弯矩、剪力、扭矩、压力和拉力等）、变形（挠度、转角）和裂缝等统称为作用效应。由荷载引起的作用效应称为荷载效应。

2. 作用代表值

任何荷载都具有不同性质的变异性。在设计中，为了便于荷载的统计和表达，简化设计公式，通常以一些确定的值来表达这些不确定的荷载量。这些确定的值就叫荷载代表值，它是根据对荷载统计得到的概率分布模型，按照概率方法确定的。

我国《建筑结构可靠性设计统一标准》GB 50068—2018 给出了 4 种作用代表值，即标准值、组合值、频遇值和准永久值。结构设计时，应根据各种极限状态的设计要求，采取不同的作用代表值。对永久作用应采用标准值作为代表值；对可变作用应根据设计要求采用标准值、组合值、频遇值和准永久值作为代表值；对偶然作用按结构的使用特点确定其代表值。

（1）作用标准值

作用标准值是在设计基准期（一般结构的设计基准期为 50 年）内可能出现的最大荷载值。永久作用标准值（如结构自重），可按结构构件的设计尺寸与材料单位体积的自重计算确定，对于自重变异性较大的构件，自重标准值应根据对结构的不利状态取其上限值或下限值。

对于可变作用标准值，应按《建筑结构荷载规范》GB 50009—2012 的规定确定。

（2）可变作用组合值

可变作用组合值是对可变荷载而言的。当结构上同时作用两种或两种以上可变荷载时，它们同时以各自荷载的标准值出现的可能性极小，此时应考虑荷载的组合问题，即可变荷载应取小于其标准值的组合值为荷载代表值。荷载组合值可以表示为 $Q_c = \psi_c Q_k$，其中 ψ_c 为可变作用组合值系数。

（3）可变作用准永久值

可变作用准永久值也是对可变荷载而言的。可变荷载的准永久值是指在设计基准期内，其超越的总时间为设计基准期一半的荷载值。可变荷载的准永久值可表示为 $Q_q = \psi_q Q_k$，其中 ψ_q 为可变作用准永久值系数。

（4）可变作用频遇值

可变作用的频遇值是指在设计基准期内，其超越的总时间为规定的较小比率，或超越频率为规定频率的荷载值。可变作用频遇值可表示为 $Q_f = \psi_f Q_k$，其中 ψ_f 为可变作用频遇值系数。

常见民用建筑楼面均布活荷载的标准值及其组合值系数、频遇值系数和准永久值系数的取值，不应小于表 1-2 的规定。

民用建筑楼面均布活荷载标准值及其组合值系数、频遇值系数和准永久值系数

表 1-2

项次	类别			标准值 （kN/m²）	组合值 系数 ψ_c	频遇值 系数 ψ_f	准永久值 系数 ψ_q
1	(1)住宅、宿舍、旅馆、办公楼、医院病房、托儿所、幼儿园			2.0	0.7	0.5	0.4
	(2)试验室、阅览室、会议室、医院门诊室			2.0	0.7	0.6	0.5
2	教室、食堂、餐厅、一般资料档案室			2.5	0.7	0.6	0.5
3	(1)礼堂、剧场、影院、有固定座位的看台			3.0	0.7	0.5	0.3
	(2)公共洗衣房			3.0	0.7	0.6	0.5
4	(1)商店、展览厅、车站、港口、机场大厅及其旅客等候室			3.5	0.7	0.6	0.5
	(2)无固定座位的看台			3.5	0.7	0.6	0.5
5	(1)健身房、演出舞台			4.0	0.7	0.6	0.5
	(2)运动场、舞厅			4.0	0.7	0.6	0.3
6	(1)书库、档案库、储藏室			5.0	0.9	0.9	0.8
	(2)密集柜书库			12.0	0.9	0.9	0.8
7	通风机房、电梯机房			7.0	0.9	0.9	0.8
8	汽车通道及客车停车库	(1)单向板楼盖（板跨不小于2m）和双向板楼盖（板跨不小于3m×3m）	客车	4.0	0.7	0.7	0.6
			消防车	35.0	0.7	0.5	0.0
		(2)双向板楼盖（板跨不小于6m×6m）和无梁楼盖（柱网不小于6m×6m）	客车	2.5	0.7	0.7	0.6
			消防车	20.0	0.7	0.5	0.0
9	厨房	(1)餐厅		4.0	0.7	0.7	0.7
		(2)其他		2.0	0.7	0.6	0.5
10	浴室、卫生间、盥洗室			2.5	0.7	0.6	0.5
11	走廊、门厅	(1)宿舍、旅馆、医院病房、托儿所、幼儿园、住宅		2.0	0.7	0.5	0.4
		(2)办公楼、餐厅、医院门诊部		2.5	0.7	0.6	0.5
		(3)教学楼及其他可能出现人员密集的情况		3.5	0.7	0.5	0.3
12	楼梯	(1)多层住宅		2.0	0.7	0.5	0.4
		(2)其他		3.5	0.7	0.5	0.3
13	阳台	(1)可能出现人员密集的情况		3.5	0.7	0.6	0.5
		(2)其他		2.5	0.7	0.6	0.5

注：本表所示各项活荷载适用于一般使用条件，当使用荷载较大、情况特殊或有专门要求时，应按实际情况采用。

房屋建筑的屋面，其水平投影而上的屋面均布活荷载的标准值及其组合值系数、频遇值系数和准永久值系数的取值，不应小于表 1-3 的规定。

屋面均布活荷载标准值及其组合值系数、频遇值系数和准永久值系数　　表 1-3

项次	类别	标准值 (kN/m²)	组合值系数 ψ_c	频遇值系数 ψ_f	准永久值系数 ψ_q
1	不上人的屋面	0.5	0.7	0.5	0.0
2	上人的屋面	2.0	0.7	0.5	0.4
3	屋顶花园	3.0	0.7	0.6	0.5
4	屋顶运动场地	3.0	0.7	0.6	0.4

3. 结构抗力

结构抗力是指结构或构件承受内力和变形的能力（如构件的承载能力、刚度等），以 "R" 表示，而结构或构件的材料强度是决定其抗力的主要因素。在实际工程中，由于受材料强度的离散性、构件几何特征（如尺寸偏差、局部缺陷等）和计算模式不定性的综合影响，结构抗力是一个随机变量。结构构件的工作状态可以用作用效应 S 和结构抗力 R 的关系式来表述，如果用 $Z=R-S$ 来表示，则可以按照不同的 Z 值来描述结构所处的 3 种不同工作状态。

当 $Z>0$，结构处于可靠状态；

当 $Z=0$，结构处于极限状态；

当 $Z<0$，结构处于失效状态。

上式中 Z 值代表在扣除了作用效应以后结构内部所具有的多余抗力，可以称为 "结构余力"，也称为 "功能函数"，它是结构失效的标准。由于 R 和 S 都是非确定性的随机变量，故 Z 也是一个非确定性的随机变量函数。

1.2.3　作用组合

在进行建筑构件设计时，应对两类极限状态（即承载能力极限状态和正常使用极限状态），根据结构的特点和使用要求给出具体的标志和限值，以作为结构设计的依据。这种以结构的各种功能要求的极限状态作为结构设计依据的设计方法，称为极限状态设计法。

1. 承载能力极限状态计算

在极限状态设计方法中，对于基本组合结构构件的承载能力计算应采用下列表达式：

$$\gamma_0 S_d \leqslant R_d \tag{1-1}$$

式中 γ_0——结构重要性系数,应按各相关建筑结构设计规范的规定采用;

R_d——结构构件抗力的设计值,应按各相关建筑结构设计规范的规定确定;

S_d——荷载组合的效应设计值。

按承载能力极限状态设计时,应考虑作用效应的荷载基本组合,必要时,还应考虑作用效应的偶然组合。《建筑结构可靠性设计统一标准》GB 50068—2018 规定:对持久设计状况和短暂设计状况,应采用作用的基本组合,并应符合下列规定:

(1) 基本组合的效应设计值按下式中最不利值确定:

$$S_d = S\left(\sum_{i\geqslant 1}\gamma_{G_i}G_{ik} + \gamma_P P + \gamma_{Q_1}\gamma_{L_1}Q_{1k} + \sum_{j>1}\gamma_{Q_j}\psi_{cj}\gamma_{L_j}Q_{jk}\right) \qquad (1-2)$$

式中 $S(\cdot)$——作用组合的效应函数;

G_{ik}——第 i 个永久作用的标准值;

P——预应力作用的有关代表值;

Q_{1k}——第 1 个可变作用的标准值;

Q_{jk}——第 j 个可变作用的标准值;

γ_{G_i}——第 i 个永久作用的分项系数,当作用效应对承载力不利时取 1.3;当作用效应对承载力有利时,不应大于 1.0;

γ_P——预应力作用的分项系数,当作用效应对承载力不利时取 1.3;当作用效应对承载力有利时,不应大于 1.0;

γ_{Q_1}——第 1 个可变作用的分项系数,当作用效应对承载力不利时取 1.5;当作用效应对承载力有利时取 0;

γ_{Q_j}——第 j 个可变作用的分项系数,当作用效应对承载力不利时取 1.5;当作用效应对承载力有利时取 0;

γ_{L_1}、γ_{L_j}——第 1 个和第 j 个考虑结构设计使用年限的荷载调整系数,其中 γ_{L_j} 为可变作用考虑设计使用年限的调整系数;结构设计使用年限为 5 年时取 0.9;结构设计使用年限为 50 年时取 1;结构设计使用年限为 100 年时取 1.1;

ψ_{cj}——第 j 个可变作用的组合值系数,应按现行有关标准的规定采用。

(2) 当作用与作用效应按线性关系考虑时,基本组合的效应设计值按下式中最不利值计算:

$$S_d = \sum_{i\geqslant 1}\gamma_{G_i}S_{G_{ik}} + \gamma_P S_P + \gamma_{Q_1}\gamma_{L1}S_{Q_{1k}} + \sum_{j>1}\gamma_{Q_j}\psi_{cj}\gamma_{L_j}S_{Q_{jk}} \qquad (1-3)$$

式中 $S_{G_{ik}}$——第 i 个永久作用标准值的效应;

S_P——预应力作用有关代表值的效应;

$S_{Q_{1k}}$——第 1 个可变作用标准值的效应；

$S_{Q_{jk}}$——第 j 个可变作用标准值的效应。

2. 正常使用极限状态计算

正常使用极限状态计算主要是验算构件的变形和抗裂度或裂缝宽度。应根据不同的设计要求，采用荷载的标准组合值、频遇组合值或准永久组合值，按下列设计表达式进行设计：

$$S_d \leqslant C \tag{1-4}$$

式中，C 为结构或结构构件达到正常使用要求的规定限值，例如变形、裂缝、振幅、加速度等的限值，应按各有关建筑结构设计规范的规定采用。

3. 耐久性

材料的耐久性是指它暴露在使用环境下，抵抗各种物理和化学作用的能力。对钢筋混凝土结构而言，钢筋在被浇筑的混凝土内，混凝土起到保护钢筋的作用。如果能够根据使用条件对钢筋混凝土结构进行正确的设计和施工，在使用过程中又能对混凝土认真地进行定期维护，可使其使用年限达百年以上，因此，它是一种很耐久的材料。

若将钢筋混凝土结构长期暴露在使用环境中，会使材料的耐久性降低。影响因素主要有材料的质量、钢筋的锈蚀、混凝土的抗渗及抗冻性、除冰盐对混凝土的破坏等。

1.2.4 荷载传递路径

要理解荷载是如何通过复杂的结构传递的，就要用到荷载路径的概念。这主要指的是结构构件之间的一系列荷载和反力。一个重要的观点是，相互连接的构件之间，一个构件的反力正是另一个构件的荷载。

以一根支撑于两墙之间的梁的简单例子来说，梁的反力"形成"了墙上的荷载（图 1-20）。

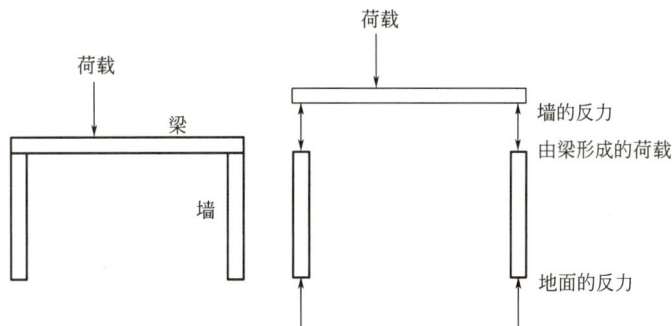

图 1-20　梁与墙荷载传递

梁与墙之间的双箭头代表反力和荷载。向上箭头表示墙提供给梁反力，向下箭头表示梁在墙上形成荷载（图1-21）。

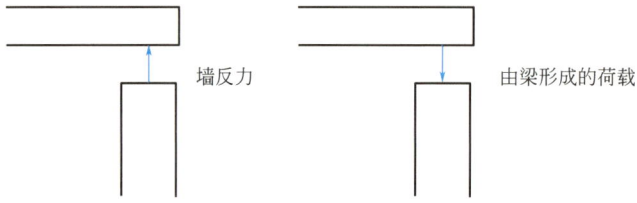

图 1-21　梁墙接触部位传递荷载

图 1-22 表示一种更为复杂的由墙支撑的两层梁的情况，所有上部结构又都位于一根大跨梁上。

这包括永久荷载，即梁与墙的自重和可变荷载，即施加在梁上的荷载（图 1-23）。

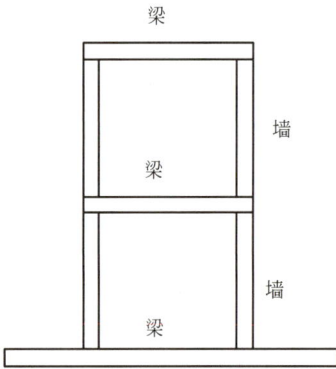

图 1-22　多层梁墙模型

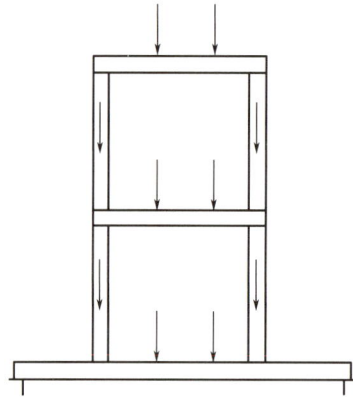

图 1-23　多层梁墙简化模型

荷载 P_1、P_2 和 P_5 是梁的自重，P_3 和 P_4 是墙的自重。荷载 P_6、P_7 和 P_8 是施加在梁上的荷载。为得到竖向平衡，所有的荷载从 P_1 到 P_8 必须通过最下面的大梁的反力予以平衡（图 1-24）。

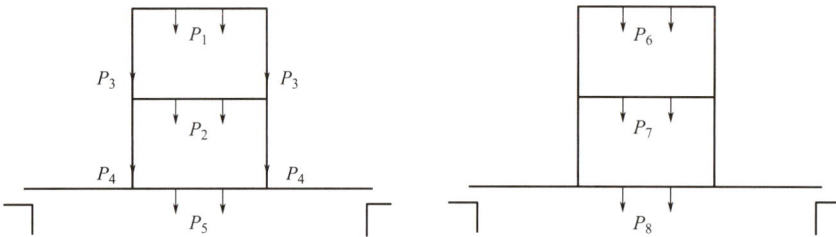

图 1-24　梁墙荷载分类

对于最下面的大梁：

$$反力之和＝P_1＋P_2＋P_3＋P_4＋P_5＋P_6＋P_7＋P_8$$

但是荷载是如何平衡反力的呢？

首先从上部梁开始。

上层墙荷载＝$P_1＋P_6$（图 1-25），上层墙承担上部梁荷载加上墙自重的荷载（图 1-26）。

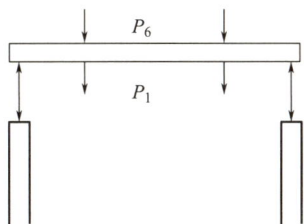

图 1-25　顶层梁柱受力分析

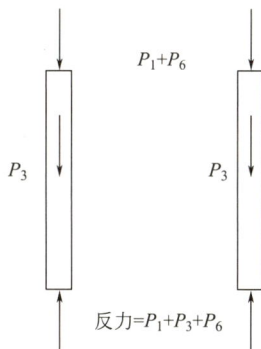

图 1-26　顶层柱受力分析

下层墙的顶部承担并提供上层墙和中部梁的反力（图 1-27）。

因此对于下层墙（图 1-28）：

$$下层墙的反力＝上层墙荷载＋中部梁荷载＋下层墙自重$$
$$＝(P_1＋P_6＋P_3)＋(P_2＋P_7)＋P_4$$

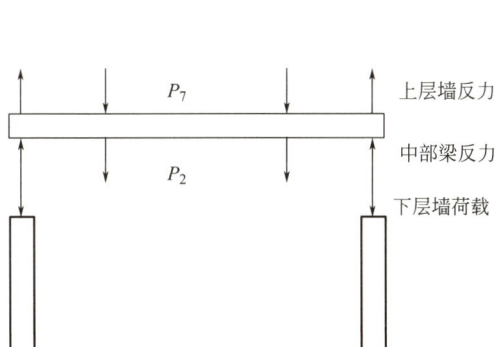

图 1-27　下层梁柱受力分析

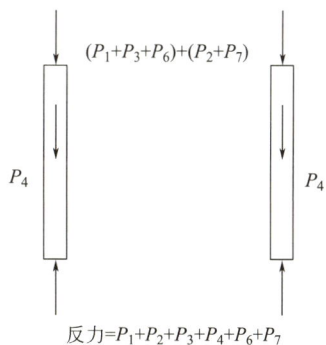

图 1-28　下层柱受力分析

下部梁不仅承担自重 P_5 和外荷载 P_8，而且承担下层墙所提供的反力（图 1-29）。

因此对于下部梁的竖向平衡：

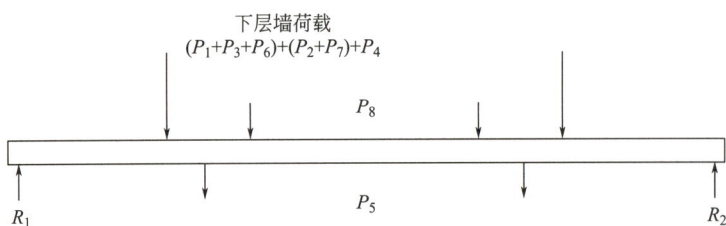

下层墙荷载
$(P_1+P_3+P_6)+(P_2+P_7)+P_4$

P_8

R_1 R_2

P_5

图 1-29　底层梁受力分析

反力＝上部梁自重＋中部梁自重＋下部梁自重＋上层墙自重＋下层墙自重＋

　　　上部梁施加荷载＋中部梁施加荷载＋下部梁施加荷载

即 $R_1+R_2=P_1+P_2+P_3+P_4+P_5+P_6+P_7+P_8$

荷载路径将荷载从作用点连接到最后支撑点。关于荷载路径有两点需要注意。

第一点是所有荷载肯定有一条从作用点到最后支撑点的荷载路径。结构设计人员必须识别所有荷载和所有荷载组合的荷载路径。

第二点是因为结构的功能是传递荷载，那么对每一荷载来说荷载路径就是结构。因此对于"什么是结构?"问题的回答对于不同的荷载，答案也是不同的。对于荷载 P_2 和 P_6，其结构是不同的（图 1-30）。

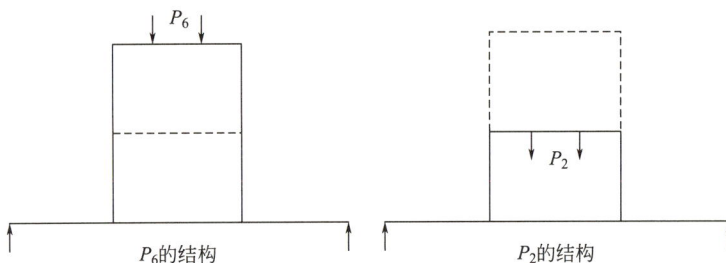

P_6

P_2

P_6的结构　　　　　　　　　P_2的结构

图 1-30　不同荷载下的结构

对于大多数建筑物的竖向荷载路径的识别是比较容易的。奇怪的是对于像住宅这类简单的建筑物，要识别其竖向荷载路径却是相当复杂的。

课后练习题

一、单项选择题

1. 按荷载随时间的变异分类，在室内增铺花岗石地面，导致荷载增加，对楼板来说是增加（　　）。

A. 永久荷载　　　　　　　　　　B. 可变荷载

C. 间接荷载　　　　　　　　　　D. 偶然荷载

2. 在室内增设隔墙，导致荷载增加，对楼板来说是增加（　　）。

A. 均布面荷载　　　　　　　　　B. 线荷载

C. 集中荷载　　　　　　　　　　D. 偶然荷载

3. 下列属于水平荷载的是（　　）。

A. 结构的自重　　　　　　　　　B. 地震作用

C. 雪荷载　　　　　　　　　　　D. 楼面活荷载

4. 下列属于偶然作用的有（　　）。

A. 地震　　　　　　　　　　　　B. 台风

C. 焊接变形　　　　　　　　　　D. 积灰荷载

二、简答题

1. 什么是承载能力极限状态？

2. 什么是建筑结构的设计工作年限？

项目2
力学基础

【知识目标】掌握静力学基本概念、静力学公理和推论，学会分析物体的受力情况，理解力系和力偶系等相关概念，掌握平面力系的合成和平衡方程，掌握梁和拉（压）杆的内力求解方法和内力图绘制方法。

【能力目标】能对简单物体（结构构件）进行受力分析并画出受力图，能够应用平面力系平衡方程求解支座反力及内力；能按照绘图规则绘制内力图。

【素质目标】具备严谨务实、一丝不苟、克服困难以及科技创新的思维能力。

【案例导入】在典型工程应用介绍中突出中国建设成就，如上海中心大厦、沪昆高铁北盘江特大桥、雅西高速腊八斤沟特大桥等（图 2-1）。以沪昆高铁北盘江特大桥为例，该桥是沪昆高速铁路全线建设难度最大的桥梁，经过多年科技攻关，创新了艰险山区高速铁路特大跨度混凝土拱桥的建造与运维关键技术，解决了高铁桥梁"特大跨度—高平顺性"的尖锐矛盾，克服了山区恶劣环境带来的诸多难题，实现高铁混凝土拱桥从 270m 到 445m 的巨大跨越。沪昆高速铁路连接上海与昆明，是"八纵八横"高速铁路主通道，是中国东西向线路里程最长、速度等级最高、经过省份最多的高速铁路。沪昆高速铁路开通后，上海到昆明的列车行程由 34h 缩短至 8h 左右，缩短了东西部的交通时间，带动了沿线区域经济协调发展，促进社会公平。沪昆高铁北盘江特大桥代表钢筋混凝土拱桥建造的世界最高水平，是跨度最大的高铁桥梁。

上海中心大厦
结构高度580m
27m×27m钢筋混凝土芯柱

沪昆高铁北盘江特大桥
主跨445m
世界第一跨度钢筋混凝土拱桥

腊八斤沟特大桥
墩高182m
亚洲第一个高墩

图 2-1 典型工程应用

塔式起重机如图 2-2 所示，机架重 $G=700\text{kN}$，作用线通过塔架中心。最大起重量 $F_{W1}=200\text{kN}$，最大悬臂长为 12m，轨道 A、B 的间距为 4m，平衡块重 F_{W2}，到机身中心线距离为 6m。试问：

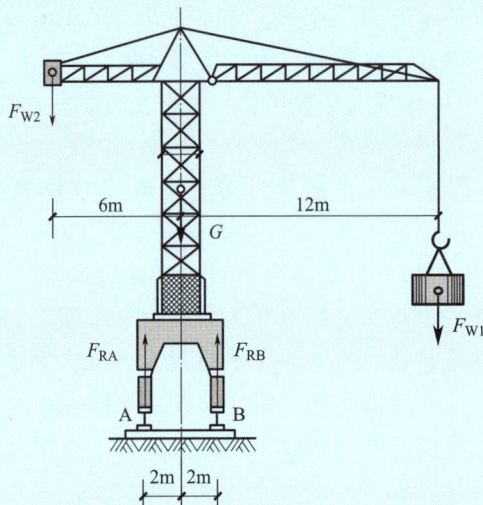

图 2-2　塔式起重机

(1) 保证起重机在满载和空载都不致翻倒，求平衡块的重量 F_{W2} 应为多少？

(2) 当平衡块重 $F_{W2}=180\text{kN}$ 时，求满载时轨道 A、B 给起重机轮子的反力。

任务分析

了解静力学基本概念及常见的约束，分析系统内每个物体的受力情况。了解力在平面直角坐标轴上的投影，学习平面力系的合成与平衡分析方法。

任务 2.1　静力学基本概念

2.1.1　力与力系的概念

1. 静力学简介

静力学是研究物体在力作用下的平衡规律的科学。平衡是物体机械运动的特殊形式，物体相对于惯性参照系处于静止或做匀速直线运动的状态称为平衡。对于一般工程问题，平衡状态是以地球为参照系确定的。例如，相对于地球静止不动的建筑物和沿直线均速起吊的物体，都处于平衡状态。

2. 杆件及杆系结构

在建筑物或构筑物中起骨架（承受和传递荷载）作用的部分称为建筑结构，组成建筑结构的基本部件称为构件。

细而长的构件称为杆件，由杆件组成的结构称为杆系结构。杆系结构是建筑工程中应用最广的一种结构。

3. 力的概念

力是物体间相互的机械作用，这种作用的效果会使物体的运动状态发生变化（外效应），或者使物体产生变形（内效应）。力是物体和物体之间的相互作用，不能脱离物体而单独存在。有受力物体时必定有施力物体。

实践证明，力对物体的作用效果取决于力的大小、方向和作用点，即力的三要素。力的大小表示力对物体作用的强弱程度。力的单位是牛顿（N）或千牛顿（kN）。力的方向包括力作用线在空间的方位以及力的指向。力的作用点表示力对物体的作用位置。力的作用位置实际上有一定的范围，是分布力，如作用在墙上的风压力。当分布力的作用范围与物体相比很小时，可以将分布力理想化为作用于一点的合力，称为集中力。

力有大小和方向，表明力是矢量。力用一段带箭头的直线段来表示，线段的长度表示力的大小；线段与某定直线的夹角表示力的方位，箭头表示力的指向；线段的起点或终点表示力的作用点。

用字母符号表示力矢量时，常用黑体字 F 表示，普通字母 F 只表示力矢量的大小。

4. 力系

作用在物体上的一组力，称为力系。按照力系中各力作用线分布的不同形式，力系可分为：

（1）汇交力系——力系中各力作用线汇交于一点。

（2）力偶系——力系中各力可以组成若干力偶或力系由若干力偶组成。

（3）平行力系——力系中各力作用线相互平行。

（4）一般力系——力系中各力作用线既不完全交于一点，也不完全相互平行。

2.1.2　静力学公理

静力学公理是人类在长期的生产和生活实践中，经过反复观察和试验总结出来的变化规律。它阐述了力的一些基本性质，是静力分析的基础。

1. 二力平衡公理

作用在同一刚体上的两个力，使刚体保持平衡的充要条件是：这两个力大小相等、方向相反，且作用在同一直线上，如图 2-3 所示，$F_A = -F_B$。

二力平衡公理说明了作用于刚体上最简单的力系平衡条件。对于刚体，这个条件是既必要又充分的；但对于变形体，这个条件是必要但不充分的。例如，软绳受两个等值反向的拉力作用可以平衡，而受两个等值反向的压力作用就不能平衡。

受两个力而处于平衡的杆件称为二力杆件，简称二力杆。二力杆所受二力的作用线一定是沿着此二力作用点的连线方向且大小相等、方向相反，如图 2-4 所示，$N_C = -N_D$。

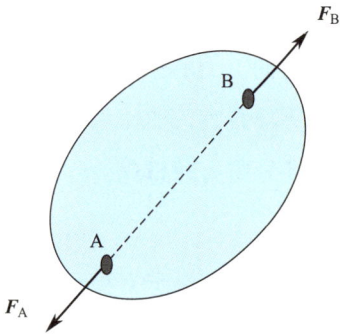

图 2-3　二力平衡构件　　　　　　　　图 2-4　二力杆件

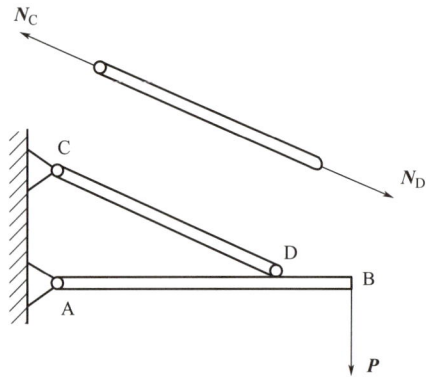

2. 加减平衡力系公理

作用于刚体的任意力系中，加上或减去任意平衡力系，并不改变原力系的作用效应。如果两个力系只相差一个或几个平衡力系，则它们对刚体的作用效果是相同的，因此可以等效替换。

推论 1：力的可传性原理

作用在刚体上的力可沿其作用线移动到刚体内的任意点，而不改变该力对刚体的作用效应。

利用加减平衡力系公理，很容易证明力的可传性原理。

证明：（1）设力 F 作用于刚体的 A 点，如图 2-5 所示。

（2）在其作用线上的任意一点 B 加上一对平衡力并且使 $F_2 = -F_1 = F$。根据加减平衡力系公理可知，这样做不会改变原力 F 对刚体的作用效应。

（3）根据二力平衡条件可知，F 和 F_2 亦为平衡力系，可以撤去。所以，剩下的

力 F_1 与原力 F 等效，就相当于把作用在刚体上 A 点的力 F 沿其作用线移到 B 点。

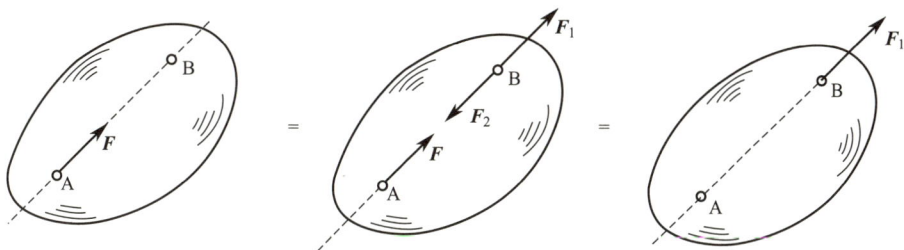

图 2-5　力的可传性

3. 力的平行四边形公理

作用在物体上同一点的两个力，可以合成为一个合力，合力的作用点仍在该点，合力的大小和方向，由以这两个力为邻边构成的平行四边形的对角线矢量来表示，如图 2-6 所示。

这个公理说明，力的合成是遵循矢量加法的，只有当两个力共线时才能用代数加法，即 $F_R = F_1 + F_2$。

F_R 称为 F_1、F_2 的合力，F_1、F_2 称为合力 F_R 的分力。

在工程实际问题中，常把一个力 F 沿直角坐标轴方向分解，可得出两个互相垂直的分力 F_x 和 F_y，如图 2-7 所示。F_x 和 F_y 的大小可由三角公式求得：

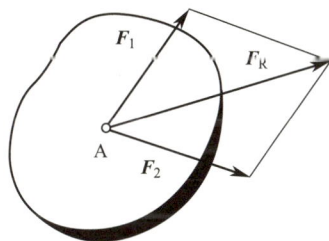

图 2-6　力的合成　　　　　图 2-7　力的分解

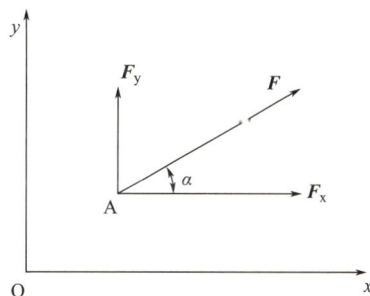

$$\left. \begin{array}{l} F_x = F\cos\alpha \\ F_y = F\sin\alpha \end{array} \right\} \tag{2-1}$$

式中　α ——F 与 x 轴所夹的锐角。

这个公理总结了最简单的力系简化规律，它是复杂力系简化的基础。

推论 2：三力平衡汇交定理

刚体在三个力作用下处于平衡状态，若其中两个力的作用线交于一点，则第三个力的作用线也通过该汇交点，且此三力的作用线在同一平面内。

证明：（1）设在刚体上的 A、B、C 三点，分别作用不平行的三个力 F_1、F_2、F_3，刚体处于平衡状态，如图 2-8 所示。

（2）根据力的可传性原理，将力 F_1、F_2 移到其汇交点 O，然后根据力的平行四边形法则，得合力 F_{R12}，则力 F_3 应与 F_{R12} 平衡。

（3）由二力平衡公理可知，F_3 与 F_{R12} 必共线。因此，力 F_3 的作用线必通过 O 点并与力 F_1、F_2 共面。于是定理得证。

应当指出，三力平衡汇交公理只说明了不平行的三力平衡的必要条件，而不是充分条件。它常用来确定刚体在不平行三力作用下平衡时，其中某一未知力的作用线。

4. 作用力和反作用力公理

作用力和反作用力总是同时存在，两力的大小相等、方向相反、沿着同一直线，分别作用在两个相互作用的物体上。

这个公理概括了任何两个物体间相互作用的关系。有作用力，必定有反作用力。两者总是同时存在，又同时消失。这里，要注意二力平衡公理和作用力与反作用力公理是不同的，前者是对一个物体而言，而后者则是对物体之间而言，如图 2-9 所示。

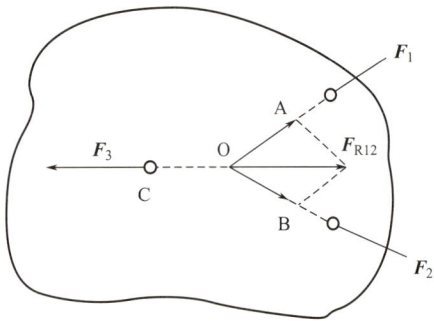

图 2-8 三力平衡汇交   图 2-9 作用力与反作用力

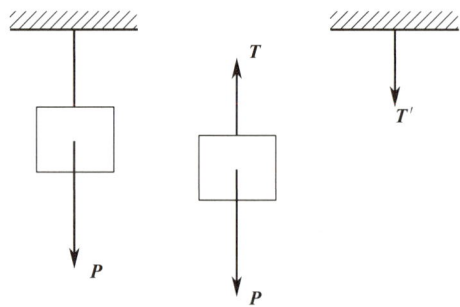

2.1.3 约束和约束反力

在工程实际中，任何构件都受到与它相联系的其他构件的限制，而不能自由运动。例如，梁受到柱子的限制，柱子受到基础的限制，桥梁受到桥墩的限制等。在空间可以自由运动的物体称为自由体；而某些方向的运动受到限制的物体称为非自由体。工程构件的运动大多受到某些限制，因此都是非自由体。

一个物体的运动受到周围物体的限制时，这些周围物体就称为该物体的约束。例如上面提到的柱子是梁的约束，基础是柱子的约束，桥墩是桥梁的约束。

当物体的某种运动受到约束的限制时，物体与约束之间必然相互作用着力。约束作用于物体的力称为约束反力，简称反力。由于约束限制了物体某些方向的运动，故约束反力的方向与其所能限制的物体运动方向相反。与约束反力相对应，凡是能主动使物体运动或使物体有运动趋势的力称为主动力，如重力、水压力、土压力等。主动力在工程上也称为荷载。

工程上的物体，一般同时受到主动力和约束反力的共同作用。对它们进行受力分析，就是要分析这两方面的力。通常主动力是已知的，约束反力是未知的，所以问题的关键在于正确地分析约束反力。一般条件下，根据约束的性质只能判断约束力的作用点位置或作用力方向。约束反力的大小要根据作用在物体上的已知力以及物体的运动状态来确定。约束反力作用在约束与被约束物体的接触处，其方向总是与该约束所能限制的运动趋势方向相反。应用这个准则，可以确定约束反力的方向或作用线的位置。

现将工程上常见的几种约束类型分述如下。

1. 柔体约束

由柔绳、胶带、链条等形成的约束称为柔体约束。由于柔体只能拉物体，而不能压物体，即柔体约束只能限制物体沿着柔体约束中心线离开柔体约束的运动，而不能限制物体沿其他方向的运动，所以柔体约束的约束反力通过接触点，其方向沿着柔体约束的中心线背离物体，恒为拉力，通常用 F_T 表示。如图 2-10 所示。

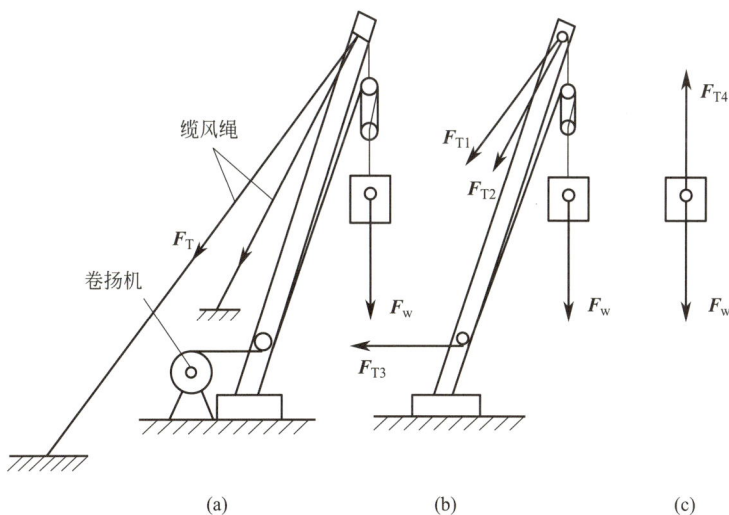

图 2-10 柔体约束

2. 光滑接触面约束

当两个物体直接接触，而接触面处的摩擦力可以忽略不计时，两物体彼此的约束称为光滑接触面约束。

光滑接触面约束的约束反力一定通过接触点，沿该点的公法线方向指向被约束物体，恒为压力，通常用 F_N 表示，如图 2-11 所示。

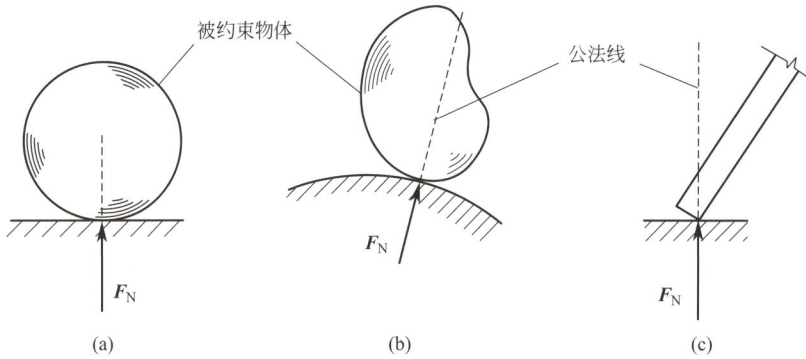

图 2-11　光滑接触面约束

3. 光滑圆柱铰链约束

圆柱铰链约束是由圆柱形销钉插入两个物体的圆孔构成，如图 2-12（a）、（b）所示，且认为销钉与圆孔的表面是完全光滑的，这种约束通常如图 2-12（c）所示。由于圆柱形销钉常用于连接两个构件而处在结构物的内部，所以也把它称为中间铰。

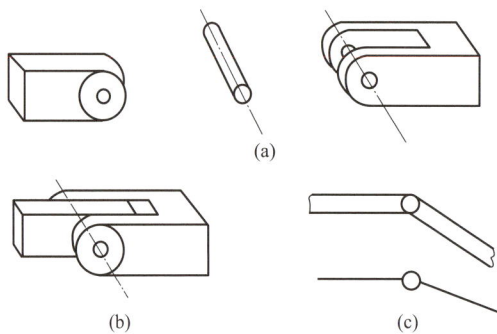

图 2-12　圆柱铰链约束

圆柱铰链约束只能限制物体在垂直于销钉轴线平面内的任何移动，而不能限制物体绕销钉轴线的转动。如图 2-13 所示，销钉和物体之间实际是两个光滑圆柱面接触，当物体受力后，形成线接触，按照光滑接触面约束反力的特点，销钉给物体的约束反力 F_N 应沿接触点 **K** 公法线方向指向受力物体，即沿接触点的半径方向通过销钉中心。但由于接触点的位置与主动力有关，一般不能预先确定，因此，约束反力的方向也不能预先确定，故通常用通过销钉中心互相垂直的两个分力来表示。

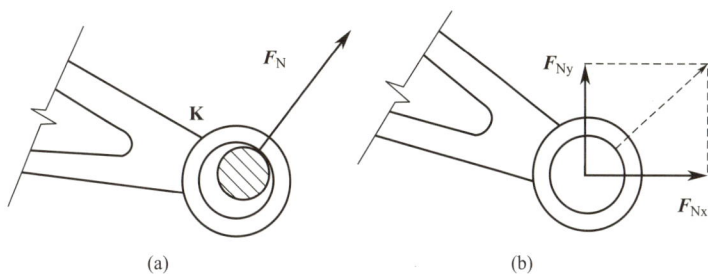

图 2-13　圆柱铰链约束详图

4. 链杆约束

两端用铰链与不同的两个物体分别相连且中间不受力的直杆称为链杆，图 2-14 （a）、（b）中 AB、BC 杆都属于链杆约束。这种约束只能限制物体沿链杆中心线趋向或离开链杆的运动。

链杆约束的约束反力沿链杆中心线，指向未定。链杆约束的简图及其反力如图 2-14 （c）、（d）所示。链杆都是二力杆，只能受拉或者受压。

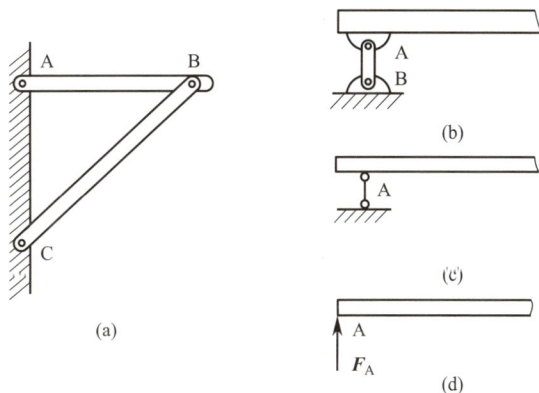

图 2-14　链杆约束

5. 固定铰支座

用光滑圆柱铰链将物体与支承面或固定机架连接起来，称为固定铰支座，如图 2-15 （a）所示，计算简图如图 2-15 （b）所示。其约束反力在垂直于铰链轴线的平面内，通过销钉中心，方向不定。一般情况下，可用图 2-15 （c）所示的两个正交分力表示。

6. 可动铰支座

在固定铰支座的座体与支承面之间加辊轴就成为可动铰支座，如图 2-16 （a）所示计算简图如图 2-16（b）所示，其约束反力必垂直于支承面，如图 2-16（c）所示。

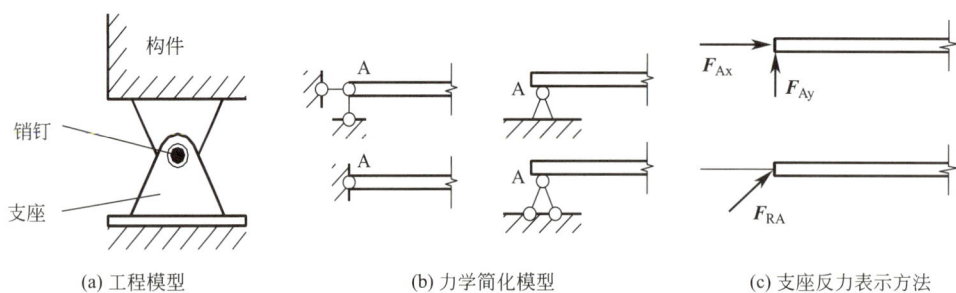

图 2-15　固定铰支座

在房屋建筑中，梁通过混凝土垫块支承在砖柱上，如图 2-16（d）所示，不计摩擦时可视为可动铰支座。

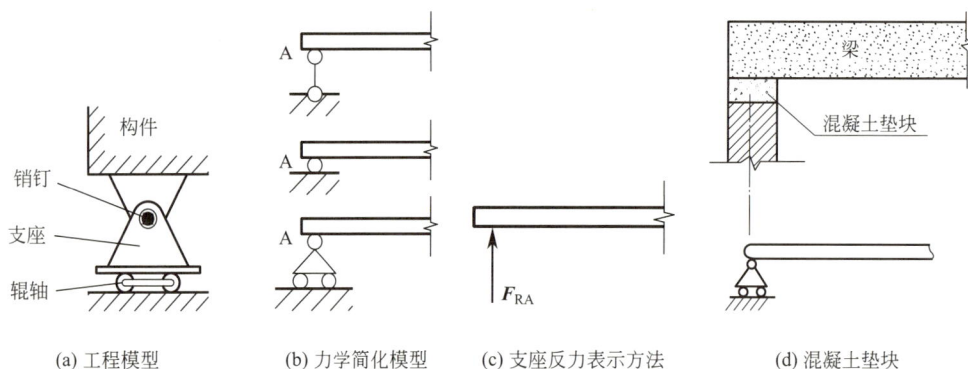

图 2-16　可动铰支座

7. 固定端支座

如房屋的雨篷、挑梁，其一端嵌入墙里，如图 2-17（a）所示，墙对梁的约束既限制它沿任何方向移动，同时又限制它的转动，这种约束称为固定端支座。它的简

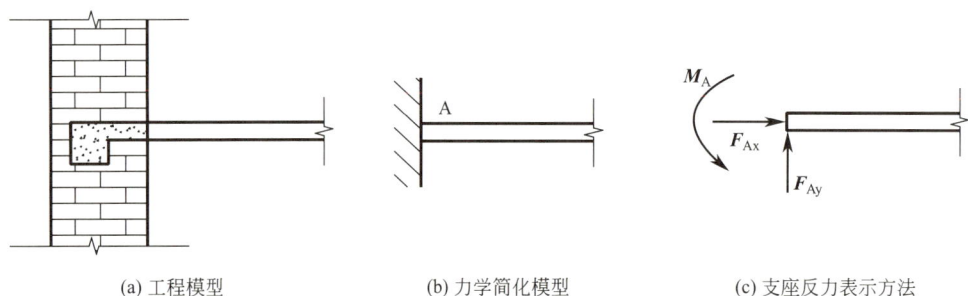

图 2-17　固定端支座

图可用图 2-17（b）表示，它除了产生水平和竖直方向的约束反力外，还有一个阻止转动的约束反力偶，如图 2-17（c）所示。

2.1.4　受力分析和受力图

1. 受力分析及受力图的概念

解决力学问题时，首先选定需要进行研究的物体，即选择研究对象，然后根据已知条件、约束类型并结合基本概念和公理分析研究对象的受力情况，这个过程称为受力分析。

在解决工程实际中的力学问题时，首先要对物体进行受力分析。由于主动力在实际问题中通常已经给出，而约束反力的大小和方向只有对物体进行受力分析后，利用力学规律通过计算才能确定。所以正确对物体进行受力分析是解决力学问题的前提。在受力分析时，当约束被人为地解除，即人为地撤去约束时，必须在接触点上用一个相应的约束反力来代替。在物体的受力分析中，通常把被研究的物体的约束全部解除后单独画出，称之为隔离体。把全部主动力和约束反力用力的图示表示在隔离体上，这样得到的图形称为受力图。物体的受力图形象地反映了物体全部受力情况，是进一步利用力学规律进行计算的依据。

受力图的画法可以概括为以下几个步骤：

（1）取隔离体。根据题意（按指定要求或综合分析已知条件和所求）恰当地选取研究对象，将研究对象从与其联系的周围物体中分离出来，即取隔离体。

（2）画主动力。画出隔离体所受的全部主动力。

（3）画约束反力。在隔离体上原来存在约束（即与其他物体相联系、相接触）的地方，按照约束类型逐个画出约束反力。

2. 受力分析实例

下面将通过例题来说明物体受力图的画法。

【例题 2-1】重为 G 的小球置于光滑的斜面上，并用绳索系上，如图 2-18（a）所示，试画出小球的受力图。

【解】（1）以小球为研究对象，画出隔离体；

（2）画主动力 G；

（3）画约束反力，A 处是光滑接触面约束，约束反力通过接触点 A，沿着公法线并指向球心，用 F_{NA} 表示；B 处是柔体约束，约束反力作用于接触点 B，沿着绳的中心线且背离球心，用 F_{TB} 表示。小球的受力图如图 2-18 (b) 所示。

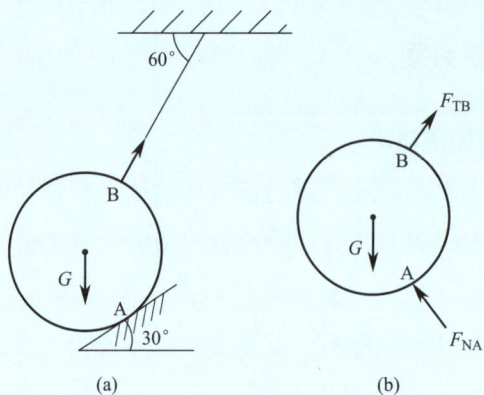

图 2-18　例题 2-1 图

【例题 2-2】如图 2-19 (a) 所示简支梁 AB，跨中受到集中力 F 作用，画出简支梁 AB 的受力图。杆件自重忽略不计。

【解】(1) 以梁 AB 为研究对象，画出隔离体；

(2) 画主动力 F；

(3) 画约束反力，A 处是固定铰支座，支座反力用通过铰链中心 A 并相互垂直的分力 F_{Ax} 和 F_{Ay} 表示；B 处是可动铰支座，支座反力通过铰链中心 B 且垂直于支承面，指向可假定。梁的受力图如图 2-19 (b) 所示。

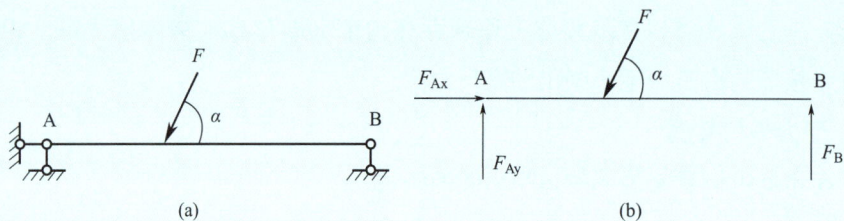

图 2-19　例题 2-2 图

【例题 2-3】如图 2-20 (a) 所示简支梁 AB，跨中受到均布荷载 q 作用，画出简支梁 AB 的受力图。杆件自重忽略不计。

【解】(1) 以梁 AB 为研究对象，画出隔离体；

(2) 画主动力 q；

（3）画约束反力，A 处是固定铰支座，支座反力用通过铰链中心 A 并相互垂直的分力 F_{Ax} 和 F_{Ay} 表示；B 处是可动铰支座，支座反力通过铰链中心 B 且垂直于支承面，指向可假定。梁的受力图如图 2-20（b）所示。

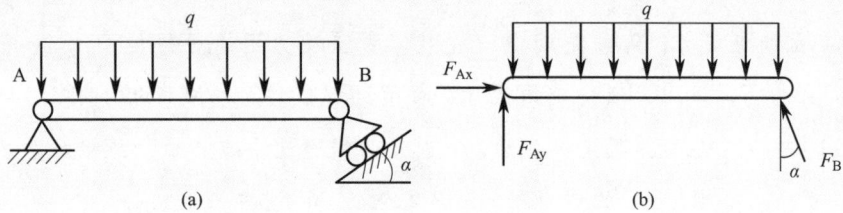

图 2-20　例题 2-3 图

【例题 2-4】如图 2-21（a）所示梁 AB，AB 段作用均布载荷 q，D 端作用一集中力 F，画出简支梁 AB 的受力图。杆件自重忽略不计。

【解】（1）以梁 AB 为研究对象，画出隔离体；

（2）画主动力 q 和 F；

（3）画约束反力，A 处是固定端支座，支座反力用通过铰链中心 A 并相互垂直的分力 F_{Ax} 和 F_{Ay} 及一个力偶 M_A 表示。梁的受力图如图 2-21（b）所示。

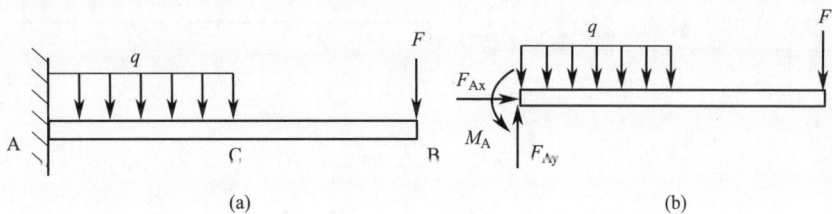

图 2-21　例题 2-4 图

【例题 2-5】多跨连续梁受力如图 2-22（a）所示，试画出连续梁的整体受力图，AC 部分及 CB 部分的受力图。杆件自重忽略不计。

【解】（1）画整体受力图

1）以梁 AB 为研究对象，画出隔离体；

2）画主动力 M、P、q；

3）画约束反力，A 处是固定端支座，支座反力用通过铰链中心 A 并相互垂直的分力 F_{Ax} 和 F_{Ay} 及一个力偶 M_A 表示；B 处是可动铰支座，支座反力通过铰链中心 B 且垂直于支承面，指向可假定。梁整体的受力图如图 2-22（b）所示。

（2）画 AC 部分受力图

1）以梁 AC 为研究对象，画出隔离体；

2）画主动力 M、P；

3）画约束反力，A 处是固定端支座，支座反力用通过铰链中心 A 并相互垂直的分力 F_{Ax} 和 F_{Ay} 及一个力偶 M_A 表示，F_{Ax}、F_{Ay} 和 M_A 的指向假定应与图 2-22（b）一致；C 处是固定铰支座，支座反力用通过铰链中心 C 并相互垂直的分力 F_{Cx} 和 F_{Cy} 表示。AC 的受力图如图 2-22（c）所示。

（3）画 CB 部分受力图

1）以梁 CB 为研究对象，画出隔离体；

2）画主动力 q（集中力 P 已经画在 AC 部分受力图上，这里不能再重复画）；

3）画约束反力，C 处是固定铰支座，支座反力用通过铰链中心 C 并相互垂直的分力 F'_{Cx} 和 F'_{Cy} 表示，F'_{Cx} 与 F_{Cx}、F'_{Cy} 与 F_{Cy} 构成两对作用力与反作用力；B 处是可动铰支座，支座反力通过铰链中心 B 且垂直于支承面，F_B 的指向假定应与图 2-22（b）一致。CB 的受力图如图 2-22（d）所示。

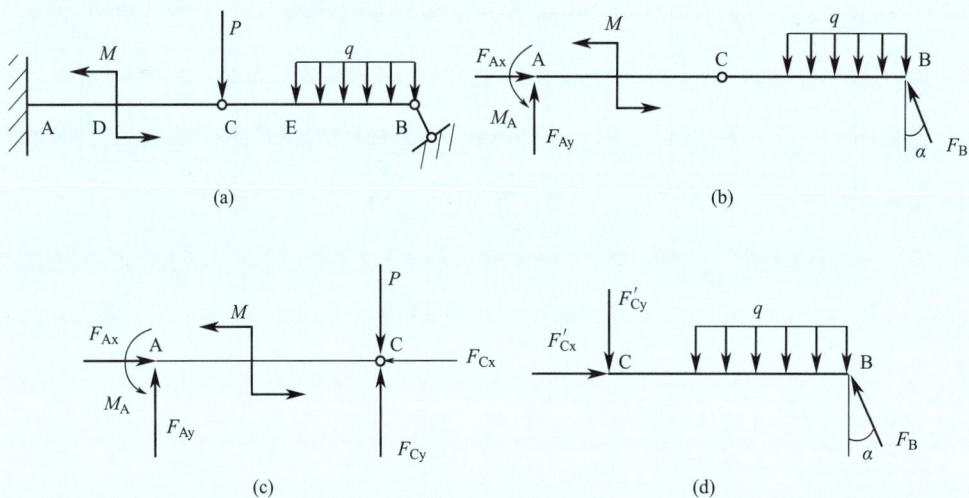

图 2-22　例题 2-5 图

在例题 2-5 中有两点需注意：一是作用力 F_{Cx} 和 F_{Cy} 的方向一经假定，其反作用 F'_{Cx} 和 F'_{Cy} 的方向必定与其相反，不能再随意假设；二是同一约束处的约束反力同时出现在整体受力图和局部受力图时，其指向必须一致，如图 2-22（b）、（c）中 A 处的约束反力画法。

【例题 2-6】 如图 2-23（a）所示，等腰三角形构架 ABC 的顶点 A、B、C 都用铰连接，底边 AC 固定，而 AB 边的中点 D 作用有平行于固定边 AC 的力 F。不计各杆自重，试画出杆 AB、杆 BC 及整体受力图。

【解】（1）画杆 BC 受力图

1）以杆 BC 为研究对象，画出隔离体；

2）画约束反力，杆 BC 两端通过铰与其他物体连接，中间不受力，可判断其为二力杆，F_B 和 F_C 必定大小相等，方向相反，作用线沿 BC 杆的中心线方向，指向可假定。杆 BC 的受力图如图 2-23（b）所示。

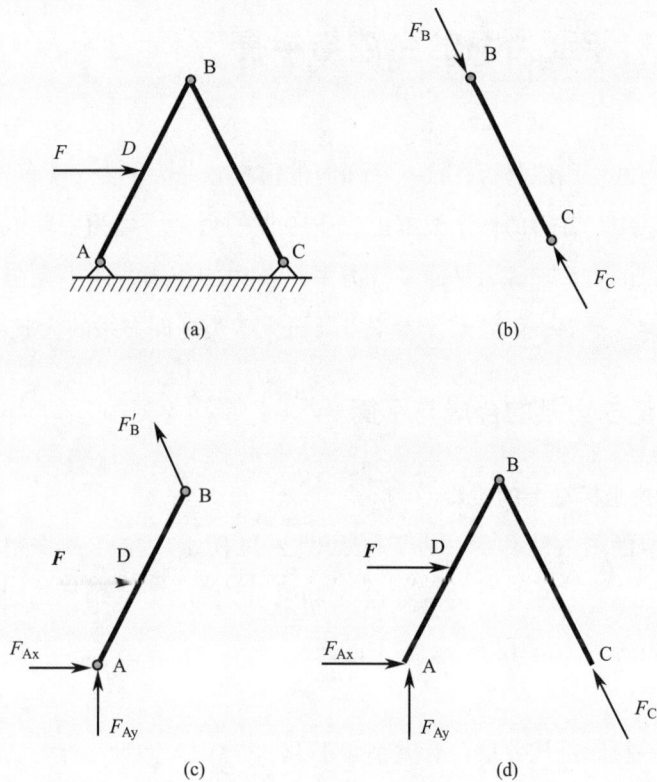

(a)   (b)

(c)   (d)

图 2-23　例题 2-6 图

（2）画杆 AB 的受力图

1）以杆 AB 为研究对象，画出隔离体；

2）画主动力 F；

3）画约束反力，A 处是固定铰支座，支座反力用通过铰链中心 A 并相互垂直的两个分力 F_{Ax} 和 F_{Ay} 表示；B 处的约束反力 F'_B 与图 2-23（b）中的 F_B 组成一对作用力与反作用力。杆 AB 的受力图如图 2-23（c）所示。

（3）画整体受力图

1）以三角形构架 ABC 为研究对象，画出隔离体；

2）画主动力 F；

3）画约束反力 F_{Ax}，A 处是固定铰支座，支座反力用通过铰链中心 A 并相互垂直的两个分力 F_{Ax} 和 F_{Ay} 表示，F_{Ax}、F_{Ay} 的指向假定应与图 2-23（c）一致；C 处的约束反力 F_C 应与图 2-23（b）中的指向假定一致。整体受力图如图 2-23（d）所示。

任务 2.2　平面力系的合成与平衡

力系按各力的作用线是否在同一平面内的情况，分为平面力系和空间力系。

在平面力系中，各力的作用线都汇交于一点的力系，称为平面汇交力系；各力作用线互相平行的力系，称为平面平行力系；各力的作用线既不完全平行又不完全汇交的力系，称为平面一般力系。本章主要研究各类平面力系的合成与平衡。

2.2.1　平面汇交力系的合成与平衡

1. 力在直角坐标轴上的投影

设在刚体上的点 A 上作用一力 F，如图 2-24 所示，在力 F 作用线所在平面内任取直角坐标系 xoy，过力 F 的两端点 A 和 B 分别向 x、y 轴作垂线，则所得两垂足之间的直线就称为力 F 在 x、y 轴上的投影，记作 F_x、F_y。

力在轴上的投影是代数量，有大小和正负，其正负号的规定为：从力的始端 A 的投影 a（a'）到末端 B 的投影 b（b'）的方向与投影轴正向一致时，力的投影取正值；反之取负值。

通常采用力 F 与坐标轴 x 轴所夹的锐角来计算投影，设力 F 与 x 轴的夹角为 α，投影 F_x 与 F_y 可用下式计算：

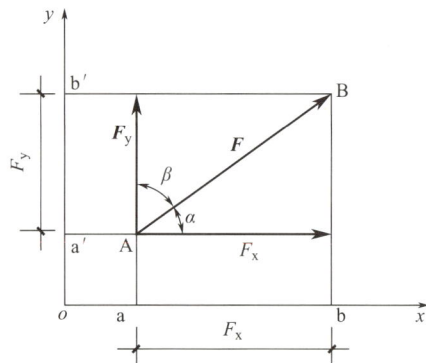

图 2-24　力的投影

$$F_x = \pm F\cos\alpha \\ F_y = \pm F\sin\alpha \quad \Big\} \qquad (2\text{-}2)$$

当力与坐标轴垂直时,投影为零;力与坐标轴平行时,投影的绝对值等于该力的大小。

若已知力 F 在 x 轴和 y 轴上的投影 F_x 和 F_y,由图 2-23 的几何关系可求出力 F 的大小和方向,计算公式如下:

$$F = \sqrt{F_x^2 + F_y^2} \\ \tan\alpha = \left| \dfrac{F_y}{F_x} \right| \quad \Big\} \qquad (2\text{-}3)$$

【例题 2-7】 如图 2-25 所示,试分别求出图中各力在 x 轴和 y 轴上的投影,已知 $F_1 = F_2 = 200\text{kN}$,$F_3 = F_4 = 300\text{kN}$。

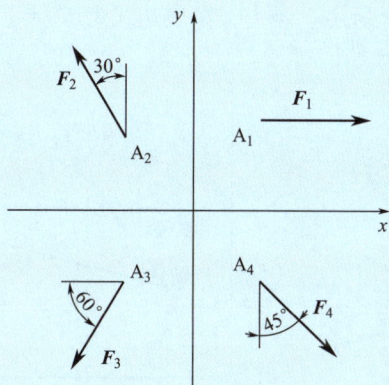

图 2-25 例题 2-7 图

【解】 由式(2-2)可得出各力在 x、y 轴上的投影为:

$F_{1x} = \pm F_1\cos\alpha = 100 \times \cos0° = 100\text{kN}$

$F_{1y} = \pm F_1\sin\alpha = 100 \times \sin0° = 0\text{kN}$

$F_{2x} = \pm F_2\cos\alpha = -200 \times \cos60° = -200 \times \dfrac{1}{2} = -100\text{kN}$

$F_{2y} = \pm F_2\sin\alpha = 200 \times \sin60° = 200 \times \dfrac{\sqrt{3}}{2} = 173.2\text{kN}$

$F_{3x} = \pm F_3\cos\alpha = -300 \times \cos60° = -300 \times \dfrac{1}{2} = -150\text{kN}$

$F_{3y} = \pm F_3\sin\alpha = -300 \times \sin60° = -300 \times \dfrac{\sqrt{3}}{2} = -259.8\text{kN}$

$$F_{4x} = \pm F_4 \cos\alpha = 400 \times \cos45° = 400 \times \frac{\sqrt{2}}{2} = 282.8\text{kN}$$

$$F_{4y} = \pm F_4 \sin\alpha = -400 \times \sin45° = -400 \times \frac{\sqrt{2}}{2} = -282.8\text{kN}$$

2. 平面汇交力系的合成

作用于物体上同一点的两个力，可以合成为一个合力。合力的作用点仍在这点，合力的大小和方向由这两个力为邻边构成的平行四边形的对角线矢量来表示，如图 2-26 所示。其矢量表达式为 $\boldsymbol{F}_R = \boldsymbol{F}_1 + \boldsymbol{F}_2$。

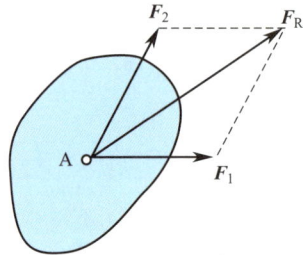

图 2-26　力平行四边形图

当求两个以上汇交力系合力时，可连续应用平行四边形法则（三角形法则）。如图 2-27（a）所示，墙上的 O 点处受到一组汇交力系作用，连续应用三角形法则，得合力 $\boldsymbol{F}_R$，如图 2-27（b）所示，合力矢量表达式为 $\boldsymbol{F}_R = \boldsymbol{F}_1 + \boldsymbol{F}_2 + \boldsymbol{F}_3 + \boldsymbol{F}_4$。

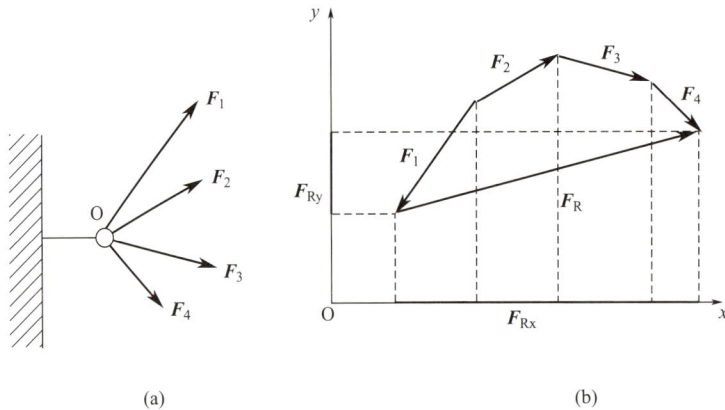

图 2-27　平面汇交力系合成

运用力在直角坐标轴上的投影原理，合力 $\boldsymbol{F}_R$ 在 x 轴、y 轴上投影可以表达为：

$$F_{Rx} = F_{1x} + F_{2x} + F_{3x} + \cdots + F_{nx} = \sum F_x$$

$$F_{Ry} = F_{1y} + F_{2y} + F_{3y} + \cdots + F_{ny} = \sum F_y$$

于是得到结论：合力在任一轴上的投影，等于它的各分力在同一轴上的投影的代数和——合力投影定理。由合力投影定理可求出平面汇交力系的合力，合力的大小和方向为：

大小：$F_R = \sqrt{F_{Rx}^2 + F_{Ry}^2} = \sqrt{\left(\sum F_x\right)^2 + \left(\sum F_y\right)^2}$

　　　　　　　　　　　　　　　　　　　　　　　　建筑力学与结构

方向：$\tan\alpha = \left| \dfrac{F_{Ry}}{F_{Rx}} \right|$

式中：$\sum F_x$、$\sum F_y$ 分别是原力系中各力在 x 轴和 y 轴上投影的代数和。α 是合力 F_R 与坐标轴 x 所夹的锐角，合力的指向由 $\sum F_x$ 和 $\sum F_y$ 的正负号决定，合力的作用线通过力系的汇交点 O。

【例题 2-8】在同一个平面内的三根绳连接在一个固定的圆环上（图 2-28）。已知三根绳上拉力的大小分别为 $F_1=50\mathrm{N}$，$F_2=100\mathrm{N}$，$F_3=200\mathrm{N}$。求这三根绳作用在圆环上的合力。

【解】建立坐标系 xoy，如图 2-28 所示，由合力投影定理得：

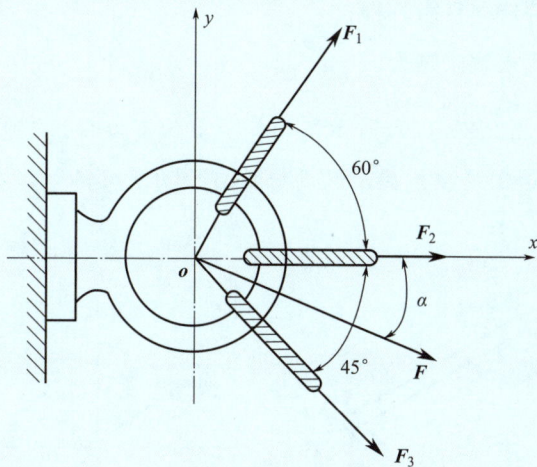

图 2-28 例题 2-8 图

$F_{Rx}=\sum F_x=F_{1x}+F_{2x}+F_{3x}=50\times\cos60°+100+200\times\cos45°=266\mathrm{N}$

$F_{Ry}=\sum F_y=F_{1y}+F_{2y}-F_{3y}=50\times\sin60°+0-200\times\sin45°=-98.1\mathrm{N}$

故合力的大小和方向分别为：

$F_R=\sqrt{F_{Rx}^2+F_{Ry}^2}=\sqrt{266^2+(-98.1)^2}=284\mathrm{N}$

$\tan\alpha=\left|\dfrac{F_{Ry}}{F_{Rx}}\right|=\left|\dfrac{-98.1}{266}\right|=0.369，\alpha\approx20°15'$

因 $F_{Rx}>0$，$F_{Ry}<0$，故合力 F_R 在第四象限。

3. 平面汇交力系的平衡条件

如果一个物体受到平面汇交力系作用而处于平衡，等效于该物体受到一个合力

F_R 的作用而处于平衡，很显然其充要条件是合力 $F_R = 0$，即 $F_R = \sqrt{F_{Rx}^2 + F_{Ry}^2} = \sqrt{\left(\sum F_x\right)^2 + \left(\sum F_y\right)^2} = 0$。

由此可以推断合力在任意两个直角坐标轴上的投影也必然为零，即：

$$\sum F_x = 0$$

$$\sum F_y = 0$$

上式称为平面汇交力系的平衡条件，其含义是平面汇交力系中各力在两个坐标轴上投影的代数和分别为零。

运用平面汇交力系平衡条件求解未知力的步骤为：

（1）合理确定研究对象，画出受力图；

（2）由平衡条件建立平衡方程；

（3）由平衡方程求解未知力。

【例题 2-9】如图 2-29（a）所示，已知一重物重力 $G = 980N$，悬挂在支架铰接点 B 处，A、C 为固定铰支座，假设杆件自重均忽略不计，求重物处于平衡时 AB、BC 杆所受的力。

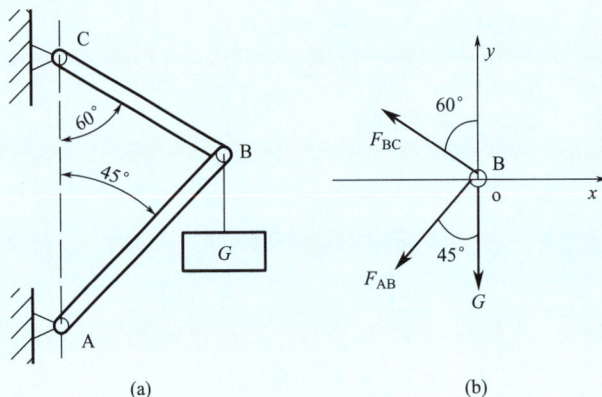

图 2-29　例题 2-9 图

【解】图示支架中，AB 杆和 BC 杆均为链杆，以 B 点为研究对象，画出受力图，并建立坐标系 xoy，如图 2-29（b）所示，根据平衡条件建立平衡方程：

$$\sum F_x = 0 \quad -F_{BC}\cos30° - F_{AB}\cos45° = 0$$

$$\sum F_y = 0 \quad -G + F_{BC}\sin30° - F_{AB}\sin45° = 0$$

解得：$F_{AB} = -878.8N$，$F_{BC} = 717.4N$

本案例中，在画受力图时，假设 BC 杆和 AB 杆均为拉杆，承受拉力作用。

計算結果顯示 F_{AB} 為負值，說明 AB 杆實際受力方向與假設方向相反，AB 杆為壓杆；F_{BC} 為正值，說明 BC 杆實際受力方向與假設方向相同，BC 杆為拉杆。

2.2.2 平面力偶系的合成與平衡

1. 力矩

（1）力矩的概念

力對物體的作用，既能產生平動效應，又能產生轉動效應。如圖 2-30 所示，扳手旋轉螺母，由經驗可知，螺母能否旋動，取決於力 F 的大小和點 O 到 F 作用線的垂直距離 d。故用 F 與 d 的乘積 Fd 再加上正負號來表示力 F 使物體繞 O 點轉動的效應，稱為力 F 對 O 點之矩，簡稱力矩，用符號 $M_O(F)$ 或 M_O 表示：

$$M_O(F) = \pm Fd$$

O 點稱為矩心。矩心 O 到力 F 作用線的垂直距離 d 稱為力臂。因為同一個力對於不同矩心的力臂可能不同，其力矩也就不同，所以在談到力矩時應同時指明矩心的位置。

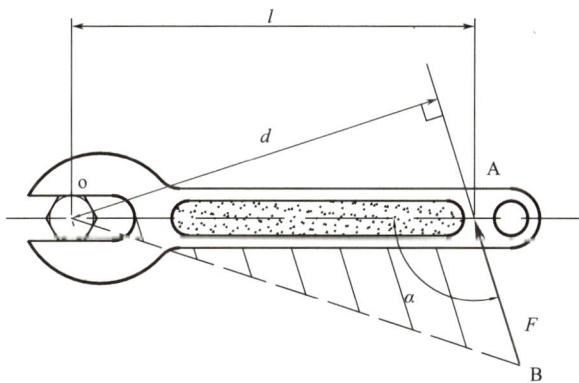

图 2-30 力 F 对 O 点之矩

力使物體繞矩心轉動的方向就是力矩的轉向。它可能是順時針轉向，也可能是逆時針轉向。為了區分這兩種轉向，我們用力矩的正負號來表示。習慣上規定，若力使物體繞矩心作逆時針方向轉動時力矩為正，反之為負。

在平面問題中，力矩或為正值，或為負值，因此可視為代數量。力矩的單位是牛頓米（N·m）或千牛頓米（kN·m）。

（2）力矩的性質

1）力對矩心之矩，不僅與力的大小和方向有關，而且與矩心位置有關。

2）力沿其作用线任意滑移时，力矩不变。

3）力的作用线通过矩心时，力矩为零。

4）合力对平面内任一点之矩等于各分力对同一点之矩的代数和，即：

$$M_o(F_R) = \sum M_o(F)$$

此即平面力系的合力矩定理。

应用合力矩定理可以简化力矩的计算。在求一个力对某点之矩时，若力矩不易计算，就可将该力分解为两个相互垂直的分力，求出两分力对该点之矩的代数和来代替原力对该点之矩。

【例题 2-10】 大小相等的三个力，以不同的方向加在扳手的 A 端，如图 2-31 所示。若 $F=100$N，其他尺寸（长度以 mm 为单位）如图所示。试求三种情形下力 F 对 O 点之矩。

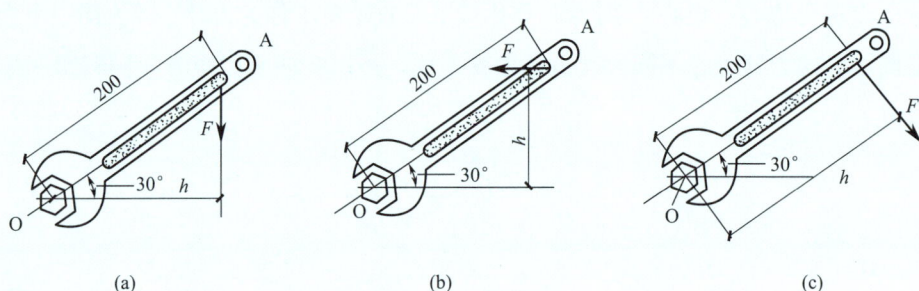

图 2-31　例题 2-10 图

【解】 三种情形下，虽然力的大小、作用点均相同，矩心也相同，但由于力的作用线方向不同，因此力臂不同，所以力对 O 点之矩也不同。

对于图 2-31（a）中的情况，力臂 $d=200\cos30°$mm。故力对 O 点之矩为：

$$M_O(F) = -Fd = -100 \times 200 \times 10^{-3} \times \frac{\sqrt{3}}{2} = -17.3\text{N} \cdot \text{m}$$

对于图 2-31（b）中的情况，力臂 $d=200\sin30°$mm，故力对 O 点之矩为：

$$M_O(F) = Fd = 100 \times 200 \times 10^{-3} \times \frac{1}{2} = 10\text{N} \cdot \text{m}$$

对于图 2-31（c）中的情况，力臂 $d=200$mm，故力对 O 点之矩为：

$$M_O(F) = -Fd = -100 \times 200 \times 10^{-3} = -20\text{N} \cdot \text{m}$$

可见，三种情形中，图 2-30（c）中的力对 O 点之矩数值最大，这与实践是一致的。

【例题 2-11】 如图 2-32 所示,求图中均布线荷载 q 对 A 点之矩。

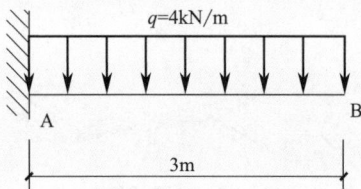

图 2-32 例题 2-11 图

【解】 求均布线荷载对某点之矩,一般先计算其合力,再套用公式计算力矩。

均布线荷载的合力为: $F=ql=4\times3=12$kN (↓),作用点在 AB 中间位置。

根据力矩定义, $M_A=-Fd=-12\times\dfrac{3}{2}=-18$kN·m

【例题 2-12】 构件尺寸如图 2-33 (a) 所示,在 B 处有大小为 20kN 的力 F,试求力 F 对 A 点之矩。

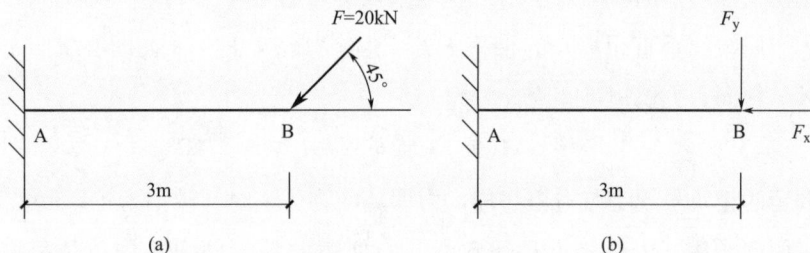

图 2-33 例题 2-12 图

【解】 本题中,力臂 d 不易计算,故将力 F 正交分解成两个分力,如图 2-33 (b) 所示,根据三角关系可得:

$$F_x=F\cdot\cos45°,\ F_y=F\cdot\sin45°$$

由合力矩定理得:

$$M_A(F)=M_A(F_x)+M_A(F_y)=0-F_y\cdot d_y$$

$$=-F\sin45°\cdot d_y=-20\times\frac{\sqrt{2}}{2}\times3$$

$$=-42.4\text{kN}\cdot\text{m}$$

2. 力偶

(1) 力偶的概念

日常生活中,常见物体同时受到大小相等、方向相反、作用线互相平行的两个力作用。例如，用手拧开水龙头、用旋具上紧螺钉、两手转动方向盘等（图 2-34）。在力学上，把大小相等、方向相反、作用线互相平行的一对力称为力偶，记作 ($\boldsymbol{F}$，$\boldsymbol{F}'$)。

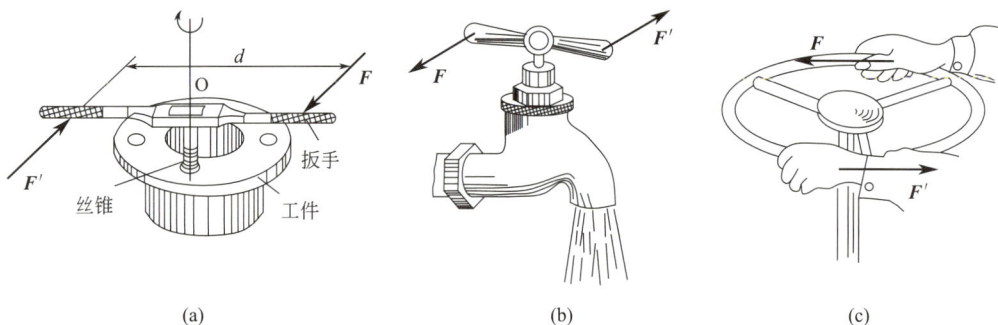

图 2-34　力偶应用示例图

力偶是一个不能再简化的基本力系。它对物体的作用效果是使物体产生单纯的转动。

力偶使刚体产生的转动效应用力偶矩来表达，它等于力偶中一力的大小与力偶臂（二力作用线间垂直距离）的乘积 Fd，记作 $M(\boldsymbol{F}, \boldsymbol{F}')$，如图 2-35（a）所示。考虑物体的转向，力偶矩可写为：

$$M(\boldsymbol{F}, \boldsymbol{F}') = \pm Fd$$

力偶矩的正负号规定与力矩一样，力偶矩使物体逆时针转动为正；反之为负。

在平面问题中，力偶矩也是代数量。力偶矩的单位同力矩的单位相同，即牛顿·米（N·m）、千牛顿·米（kN·m）等。在画图表示力偶时，常用图 2-35（b）（c）的符号。

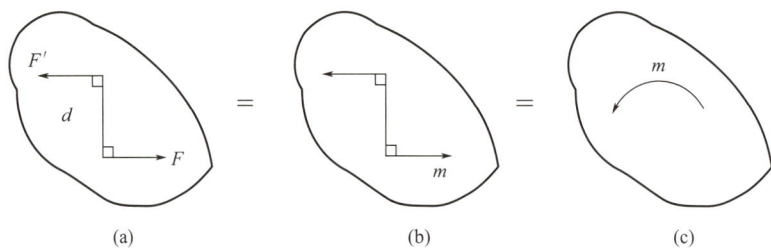

图 2-35　力偶的表示方法

（2）力偶的性质

1）力偶没有合力

力偶既不能用一个力代替，也不能与一个力平衡。

　　　　　　　　　　　　　　　建筑力学与结构

力偶在任一轴上的投影恒等于零，说明力偶不能和一个力平衡，力偶只能与力偶平衡。

2）力偶对其所在平面内任一点的矩恒等于力偶矩，与矩心位置无关。

如图 2-36 所示，在力偶作用面内任取一点 O 为矩心，以 $M_O(F, F')$ 表示力偶对点 O 之矩，则

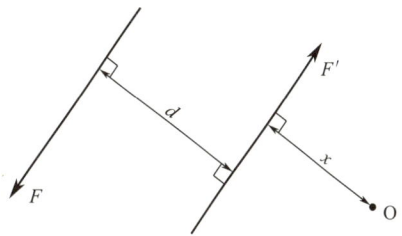

图 2-36　力偶对点之矩示意图

$$M_O(F, F') = M_O(F) + M_O(F') = F(x+d) - F'x = Fd$$

因为矩心 O 是任意选取的，由此可知，力偶的作用效果取决于力的大小和力偶臂的长短，与矩心的位置无关。

3）同一平面内的两个力偶，只要其力偶矩（包括大小和转向）相等，则此两力偶等效，如图 2-37 所示。

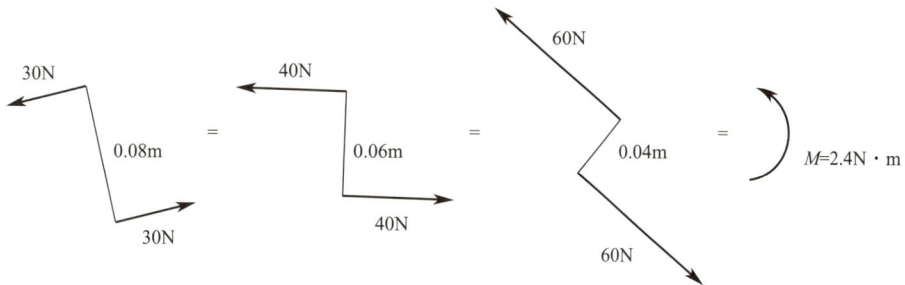

图 2-37　力偶的等效性质

3. 平面力偶系的合成

作用在同一个物体上的若干个力偶组成一个力偶系，若力偶系中各力偶均作用在同一个平面，则称为平面力偶系。

如图 2-38（a）所示，物体受到两个共面力偶 M_1 和 M_2 的作用，根据力偶的等效性质，将两个力偶中的力分别改成 $F_1 = F_1' = \dfrac{M_1}{d}$ 和 $F_2 = F_2' = \dfrac{M_2}{d}$，如图 2-38（b）所示，可以看到，A 点的两个力 F_1 和 F_2' 反向共线，将其合成为一个合力 F_R，B 点的两个力同理，合成为合力 F_R'，如图 2-38（c）所示。显然，F_R 和 F_R' 大小相等，方向相反，作用线互相平行，构成一个合力偶。于是，得到结论：两个力偶 M_1 和 M_2 可以合成为一个合力偶，其合力偶矩为

$$M = F_R \times d = (F_1 - F_2) \times d = M_1 - M_2 = M_1 + (-M_2)$$

将其推广到平面内 n 个力偶的情形：平面力偶系可以合成为一个合力偶，其合

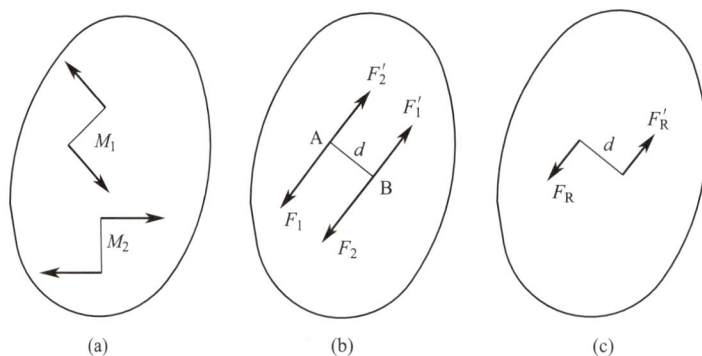

图 2-38　平面力偶系的合成

力偶矩等于各分力偶矩的代数和。即：

$$M = M_1 + M_2 + \cdots + M_n = \sum_{i=1}^{n} M_i$$

【例题 2-13】如图 2-39 所示，某物体受三个共面力偶的作用，已知 $F_1 = 9\text{kN}$，$d_1 = 1\text{m}$，$F_2 = 6\text{kN}$，$d_2 = 0.5\text{m}$，$M_3 = -12\text{kN} \cdot \text{m}$，试求其合力偶。

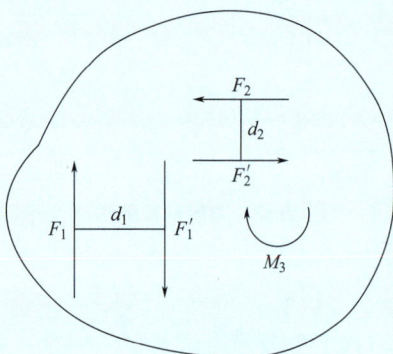

图 2-39　例题 2-13 图

【解】$M_1 = -F_1 \cdot d_1 = -9 \times 1 = -9\text{kN} \cdot \text{m}$

$$M_2 = F_2 \cdot d_2 = 6 \times 0.5 = 3\text{kN} \cdot \text{m}$$

合力偶矩：$M_{合} = M_1 + M_2 + M_3 = -9 + 3 - 12 = -18\text{kN} \cdot \text{m}$

4. 平面力偶系的平衡条件

如果一个物体受到平面力偶系作用而处于平衡，等效于该物体受到一个合力偶的作用而处于平衡，很显然其充要条件是合力偶矩 $M = 0$，即各分力偶矩的代数和为零，即：

$$M = \sum M = 0$$

　建筑力学与结构

上式被称为平面力偶系的平衡方程。

平面力偶系只有一个独立的平衡方程，只能求解一个未知量。

【例题 2-14】如图 2-40（a）所示，某梁受一力偶作用，力偶矩 $M=10$kN·m。已知梁长 AB=4m，试求支座 A、B 的反力。

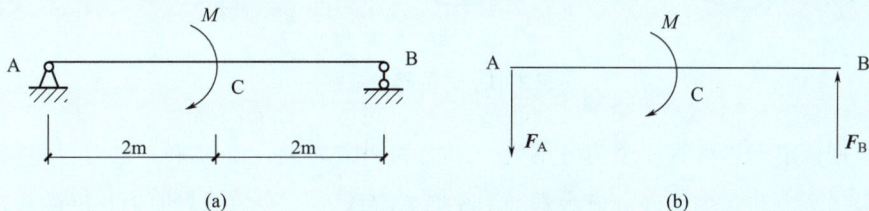

图 2-40　例题 2-14 图

分析：梁 AB 的主动力为一力偶，根据力偶的性质，力偶只能与力偶平衡，故 A、B 两处的力要形成一个反向力偶。

【解】（1）取梁 AB 为研究对象，画受力图，如图 2-40（b）所示。

（2）根据平衡条件建立平衡方程。

$$\sum M=0 \quad 4F_A-M=0$$

解得：$F_A=\dfrac{M}{4}=2.5$kN　$F_B=F_A=2.5$kN

2.2.3　平面一般力系的简化与平衡

1. 力的平移定理

定理：作用于刚体上的力可平行移动到刚体内的任一点，但必须同时附加一个力偶，这个附加力偶的矩等于原来的力对新作用点之矩。这样，平移前的一个力与平移后的一个力和一个力偶对刚体的作用效果等效。

证明：图 2-41（a）中的力 F 作用于刚体的点 A，在同一刚体内任取一点 B，并在点 B 上加两个等值反向的力 F' 和 F''，使它们与力 F 平行，且 $F=F'=-F''$，如图 2-41（b）所示。显然，三个力 F、F'、F'' 与原来 F 是等效的；而这三个力又可视为过 B 点的一个力 F' 和作用在点 B 与力 F 决定平面内的一个力偶 $M(F', F'')$，如图 2-41（c）所示。所以作用在点 A 的力 F 就与作用在点 B 的力 F' 和力偶矩为 M 的力偶（F，F''）等效，其力偶矩为 $M=Fd=M_B(F)$，证明完毕。

这表明，作用于刚体上的力可平移至刚体内任一点，但不是简单的平移，平移必须附加力偶，该力偶的矩等于原力对平移点之矩。

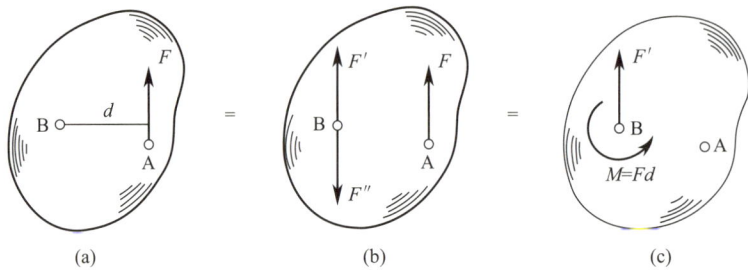

图 2-41　力的等效平移

根据该定理，可将一个力分解为一个力和一个力偶；反过来，也可以将同一平面内的一个力和一个力偶合成为与原力平行，且大小、方向都与原力相同的一个力。力的平移定理及其逆定理不仅是力系简化的基本依据，也是分析力对物体作用效应的一个重要手段。

2. 平面一般力系向平面内一点简化

设刚体上作用着平面一般力系 F_1、F_2、$\cdots$、F_n，如图 2-42（a）所示。在力系所在平面内任选一点 O，称该点为简化中心。应用前面已叙述过的力的平移定理，将各个力平行移至 O 点，同时附加相应的力偶，如图 2-42（b）所示。对整个力系来说，原力系就等效地分解成了两个简单力系，一个是汇交于 O 点的平面汇交力系 F'_1、F'_2、$\cdots$、F'_n；另一个是作用于该平面内的各附加力偶组成的力偶系，即 M_1、M_2、$\cdots$、M_n。

平面汇交力系中，各力的大小和方向分别与原力系中相对应的各力相同，即：

$$F'_1 = F_1 \text{、} F'_2 = F_2 \text{、} \cdots \text{、} F'_n = F_n$$

将平面汇交力系合成，得到作用在点 O 的一个合力，即：

$$F'_R = F'_1 + F'_2 + \cdots + F'_n = F_1 + F_2 + \cdots + F_n = \sum F$$

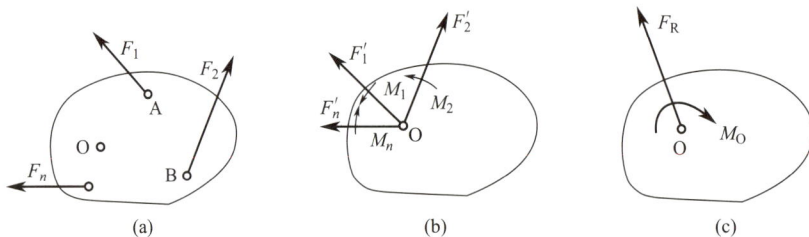

图 2-42　平面内任意力系向一点简化示意图

$\boldsymbol{F}'_R$ 称为原力系的主矢量，简称为主矢，它等于原力系中各力的矢量和，其作用线通过简化中心，大小和方向利用合力投影定理计算：

建筑力学与结构

$$\begin{cases} F'_{Rx} = F_{1x} + F_{2x} + \cdots + F_{nx} = \sum F_x \\ F'_{Ry} = F_{1y} + F_{2y} + \cdots + F_{ny} = \sum F_y \end{cases}$$

$$F'_R = \sqrt{F'^2_{Rx} + F'^2_{Ry}} = \sqrt{\left(\sum F_x\right)^2 + \left(\sum F_y\right)^2}$$

$$\tan\alpha = \left|\frac{F'_{Ry}}{F'_{Rx}}\right| = \left|\frac{\sum F_y}{\sum F_x}\right|$$

式中　α——F'_R 与 x 轴所夹的锐角，F'_R 的指向由 $\sum F_x$ 和 $\sum F_y$ 的正负号确定。

对于附加的力偶系 M_1、M_2、$\cdots$、M_n，这些力偶作用在同一平面内，构成共面力偶系。共面力偶系的合成结果为一个合力偶，该合力偶的矩 M_O 等于各力偶矩的代数和，即：

$$M_O = M_1 + M_2 + \cdots + M_n$$

因为各附加力偶矩分别等于原力系中各力对简化中心 O 点的矩，即：

$$M_1 = M_O(F_1)$$

$$M_2 = M_O(F_2)$$

$$\vdots$$

$$M_n = M_O(F_n)$$

可得：

$$M_O = M_1 + M_2 + \cdots + M_n = M_O(F_1) + M_O(F_2) + \cdots + M_O(F_n) = \sum M_O(F_i)$$

$\boldsymbol{M}_O$ 称为原力系对简化中心的主矩，它等于原力系中各力对简化中心之矩的代数和。同样，主矩既不能代替原力系对刚体的作用，也不是原力系的合力偶矩。

当选取不同的简化中心时，由于原力系中各力的大小与方向一定，它们的矢量和也是一定的，因此力系的主矢与简化中心的位置无关；但力系中各力对于不同的简化中心的矩不同，一般来说它们的代数和也不同，所以说力系的主矩一般与简化中心的位置有关。因而，对于主矩，必须指明简化中心的位置，符号 $\boldsymbol{M}_O$ 表示简化中心为 O 点，$\boldsymbol{M}_A$ 表示简化中心为 A 点。

综上所述，平面一般力系向平面内任一点简化的一般结果是一个力和一个力偶，该力作用于简化中心，其力矢等于原力系中各力的矢量和，其大小和方向与简化中心的位置无关；该力偶在原力系作用面内，其矩等于原力系中各力对简化中心的矩的代数和，其值一般与简化中心的位置有关，这个力的矢量称为原力系的主矢，这个力偶的力偶矩称为原力系对简化中心的主矩。

【例题 2-15】如图 2-43（a）所示，物体受 F_1、F_2、F_3、F_4、F_5 五个力的作用，已知各力的大小均为 10N，试将该力系分别向 A 点和 D 点简化。

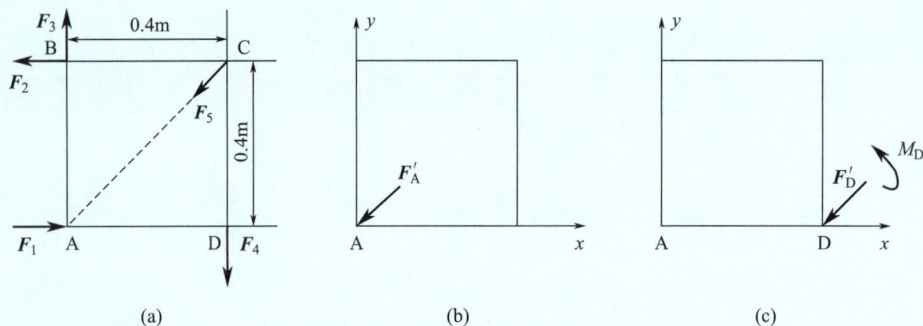

图 2-43　例题 2-15 图

【解】（1）建立直角坐标系 $x\mathrm{A}y$，向 A 点简化：

$$F'_{\mathrm{Ax}} = \sum F_{\mathrm{x}} = F_1 - F_2 - F_5\cos45° = 10 - 10 - 10 \times \frac{\sqrt{2}}{2} = -5\sqrt{2}\,\mathrm{N}$$

$$F'_{\mathrm{Ay}} = \sum F_{\mathrm{y}} = F_3 - F_4 - F_5\cos45° = 10 - 10 - 10 \times \frac{\sqrt{2}}{2} = -5\sqrt{2}\,\mathrm{N}$$

$$F'_{\mathrm{A}} = \sqrt{F'^2_{\mathrm{Ax}} + F'^2_{\mathrm{Ay}}} = \sqrt{\left(-5\sqrt{2}\right)^2 + \left(-5\sqrt{2}\right)^2} = 10\,\mathrm{N}$$

$$\tan\alpha = \left|\frac{-5\sqrt{2}}{-5\sqrt{2}}\right| = 1,\ \alpha = 45°$$

$$M'_{\mathrm{A}} = \sum M_{\mathrm{A}}(F) = 0.4F_2 - 0.4F_4 = 0$$

向 A 点简化的结果，如图 2-43（b）所示。

（2）建立直角坐标系 $x\mathrm{A}y$，向 D 点简化：

$$F'_{\mathrm{Dx}} = \sum F_{\mathrm{x}} = F_1 - F_2 - F_5\cos45° = 10 - 10 - 10 \times \frac{\sqrt{2}}{2} = -5\sqrt{2}\,\mathrm{N}$$

$$F'_{\mathrm{Dy}} = \sum F_{\mathrm{y}} = F_3 - F_4 - F_5\cos45° = 10 - 10 - 10 \times \frac{\sqrt{2}}{2} = -5\sqrt{2}\,\mathrm{N}$$

$$F'_{\mathrm{D}} = \sqrt{F'^2_{\mathrm{Dx}} + F'^2_{\mathrm{Dy}}} = \sqrt{\left(-5\sqrt{2}\right)^2 + \left(-5\sqrt{2}\right)^2} = 10\,\mathrm{N}$$

$$M'_{\mathrm{D}} = \sum M_{\mathrm{D}}(F) = 0.4F_2 - 0.4F_3 + 0.4F_5\sin45°$$

$$= 0.4 \times 10 - 0.4 \times 10 + 0.4 \times 10 \times \frac{\sqrt{2}}{2} = 2\sqrt{2}\,\mathrm{N} \cdot \mathrm{m}$$

向 D 点简化的结果，如图 2-43（c）所示。

3. 平面一般力系的平衡及应用

平面一般力系简化后，若主矢量 $\boldsymbol{F}_R'$ 为零，则刚体无移动效应；若主矩 $\boldsymbol{M}_O'$ 为零，则刚体无转动效应。若二者均为零，则刚体既无移动效应也无转动效应，即刚体保持平衡；反之，若刚体平衡，主矢、主矩必同时为零。所以平面一般力系平衡的充分和必要条件是力系的主矢和主矩同时为零，即：

$$\boldsymbol{F}_R'=0, \quad \boldsymbol{M}_O'=0$$

由于

$$F_R'=\sqrt{F_{Rx}'^{2}+F_{Ry}'^{2}}=0, \quad M_O'=\sum M_O(\boldsymbol{F})=\sum M_O=0$$

于是平面一般力系的平衡条件为：

$$\begin{cases} \sum F_x=0 \\ \sum F_y=0 \\ \sum M_O=0 \end{cases}$$

上式称为平面一般力系平衡方程的一般形式。平面一般力系平衡方程还有两种常用形式，即二矩式和三矩式。

二矩式：

$$\begin{cases} \sum F_x=0 \\ \sum M_A=0 \\ \sum M_B=0 \end{cases}$$

应用二矩式的条件是 A、B 两点连线不垂直于投影轴。

三矩式：

$$\begin{cases} \sum M_A=0 \\ \sum M_B=0 \\ \sum M_C=0 \end{cases}$$

应用三矩式的条件是 A、B、C 三点不共线。

平面一般力系平衡方程形式有三种，解题时采用哪种主要取决于计算是否简便。但不管采用哪种形式求解，对于同一个平面一般力系，只能列出三个平衡方程，求解三个未知力。其计算步骤为：

（1）确定研究对象。应选取同时有已知力和未知力作用的物体为研究对象，画出隔离体的受力图。

（2）选取坐标轴和矩心，列出平衡方程求解。

由力矩的特点可知，如有两个未知力互相平行，可选垂直两个力的直线为坐标轴；如有两个未知力相交，可选两个未知力的交点为矩心，这样可使方程很简单。

【例题 2-16】 如图 2-44（a）所示简支梁 AC，AB 段上作用均布荷载 q，C 处作用集中力 F，求支座 A、B 处的支座反力。

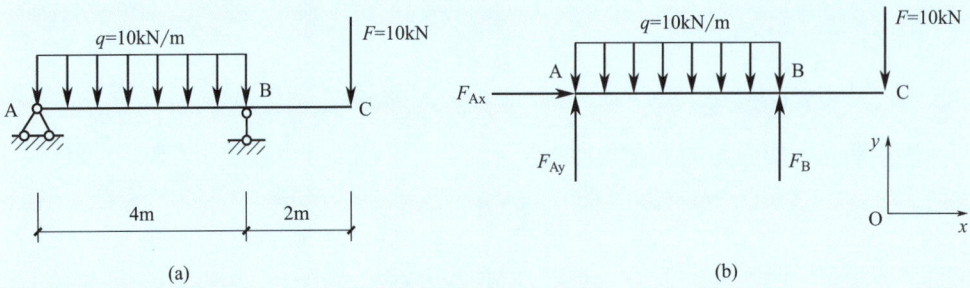

图 2-44　例题 2-16 图

【解】（1）选取梁 AC 为研究对象，画受力图，如图 2-44（b）所示。

（2）建立直角坐标系，根据平衡条件列平衡方程：

$$\sum M_A(F)=0 \quad F_B\times 4-10\times 4\times 2-10\times 6=0$$

$$\sum F_x=0 \qquad F_{Ax}=0$$

$$\sum F_y=0 \qquad F_{Ay}+F_B-10\times 4-10=0$$

解得：$F_{Ax}=0$kN，$F_{Ay}=15$kN，$F_B=35$kN

计算结果均为正号，表示力的实际方向与受力图中假设的指向一致。

【例题 2-17】 如图 2-45（a）所示管道支架，其上搁置两条管道，设支架所承受的管重 $F_1=12$kN，$F_2=7$kN。不计支架自重，求支座 A、C 处的支座反力。

【解】 分析：管道支架中的 CD 杆为链杆，C 处约束反力沿着 CD 杆连线方向作用。

（1）选取支架整体为研究对象，画受力图，如图 2-45（b）所示。

（2）建立直角坐标系，根据平衡条件列平衡方程：

$$\sum M_A(F)=0 \quad F_C\sin 60°\times \frac{0.6}{\tan 60°}-F_1\times 0.3-F_2\times 0.6=0$$

$$\sum F_x=0 \qquad F_C\sin 60°+F_{Ax}=0$$

$$\sum F_y=0 \qquad F_C\cos 60°+F_{Ay}-F_1-F_2=0$$

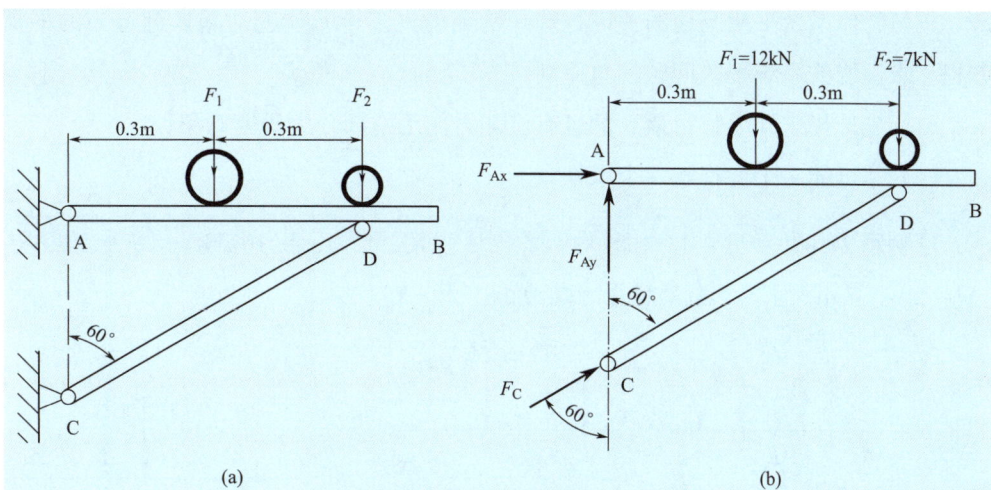

图 2-45 例题 2-17 图

解得：$F_{Ax}=-22.5kN$，$F_{Ay}=6kN$，$F_C=26kN$

F_{Ax} 计算结果为负，表示力的实际方向与受力图中假设的指向相反。

此题还可以采用二矩式平衡方程求解，由 $\sum M_D(F)=0$ 得：

$$-F_{Ay}\times0.6+F_1\times0.3=0 \rightarrow F_{Ay}=6kN$$

同样，可以采用三矩式平衡方程求解，保留上面的平衡方程 $\sum M_A(F)=0$ 和 $\sum M_D(F)=0$，并建立平衡方程 $\sum M_C(F)=0$，即：

$$-F_{Ax}\times\frac{0.6}{\tan60°}-F_1\times0.3-F_2\times0.6=0 \rightarrow F_{Ax}=-22.5kN$$

可见，不管采用哪种平衡方程形式求解，结果是一致的。另外，在本例题中虽然总共建立了五个平衡方程，但其中只有三个是彼此独立的，最多能求解三个未知力。

4. 物体系统的平衡

前面讨论的都是单个物体的平衡问题。实际工程中，结构一般都是由若干物体借助一定约束组成的物体系统。要对这类问题进行分析，还应进一步研究物体系统的平衡问题。

研究物体系统的平衡时，组成系统的每个部分也是平衡的。在分析物体系统平衡问题时，既可选取整个物体系统，也可选取其中某部分物体为研究对象，每个研究对象均可列出 3 个平衡方程。若物体系统由 n 个物体组成，则共有 $3n$ 个独立的平衡方程，可求解 $3n$ 个未知力。如系统中有的物体受平面汇交力系或平面平行力系作用时，则系统的平衡方程数目相应减少。

求解物体系统平衡问题的关键：选择恰当的（多个）研究对象，列适当的平衡方程，求解物体系统平衡问题的总原则：

（1）先选择未知力数目最少的且有已知力作用的部分为研究对象；

（2）尽可能一个方程解一个未知力。

【例题 2-18】如图 2-46（a）所示多跨连续梁，已知 $q=10\text{kN/m}$，$F=20\text{kN}$，$M=20\text{kN·m}$。求 A、B 处的支座反力。

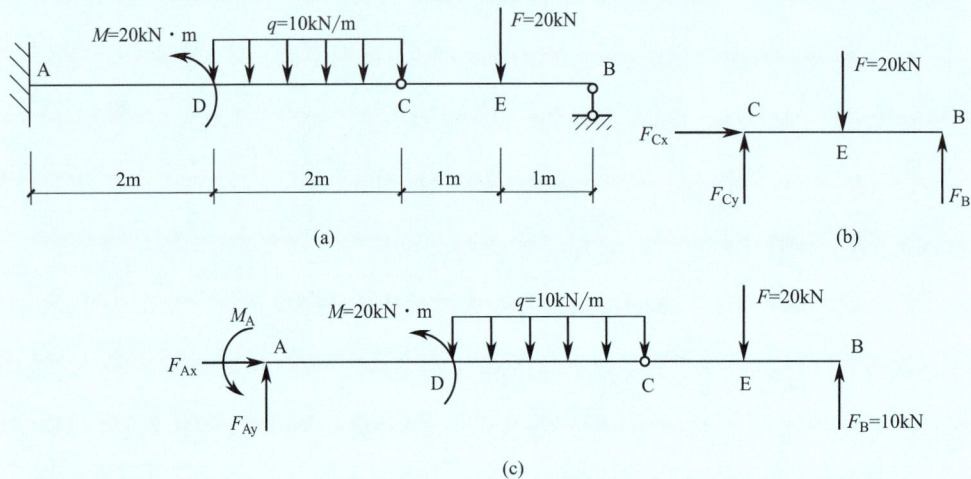

图 2-46　例题 2-18 图

【解】分析：多跨连续梁由梁 AC 和梁 CB 通过铰 C 连接而成。若以 AB 整体为研究对象，A 处有三个约束反力，B 处有一个约束反力，共四个未知力，而平面一般力系的平衡条件只有三个，无法全部求解，因此需拆开物体系统。

（1）取梁 BC 为研究对象，画受力图，如图 2-46（b）所示，列平衡方程：

$$\sum M_C(F)=0 \quad F_B \times 2 - 20 \times 1 = 0 \to F_B = 10\text{kN}$$

（2）取整体为研究对象，画受力图，如图 2-46（c）所示，列平衡方程：

$$\sum M_A(F)=0 \quad M_A + 20 - 10 \times 2 \times (2+1) - 20 \times 5 + 10 \times 6 = 0 \to M_A = 80\text{kN·m}$$

$$\sum F_x = 0 \quad F_{Ax} = 0 \to F_{Ax} = 0$$

$$\sum F_y = 0 \quad F_{Ay} - 10 \times 2 - 20 + 10 = 0 \to F_{Ay} = 30\text{kN}$$

【例 2-19】已知塔式起重机机架重 $G=700\text{kN}$，作用线通过塔架中心。最大起重量 $F_{W1}=200\text{kN}$，最大悬臂长为 12m，轨道 A、B 的间距为 4m，平衡块重 F_{W2}，到机身中心线距离为 6m。试问：

（1）为保证起重机在满载和空载都不致翻倒，求平衡块的重量 F_{W2} 应为多少？

（2）当平衡块重 $F_{W2}=180kN$ 时，求满载时轨道 A、B 给起重机轮子的反力。

【解】（1）画起重机的受力图，起重机受的力有：荷载的重力 F_{W1}，机架的重力 G，平衡块重力 F_{W2}，以及轨道的约束力 F_{RA}、F_{RB}，各力的作用线相互平行，这些力组成平面平行力系，如图 2-47 所示。

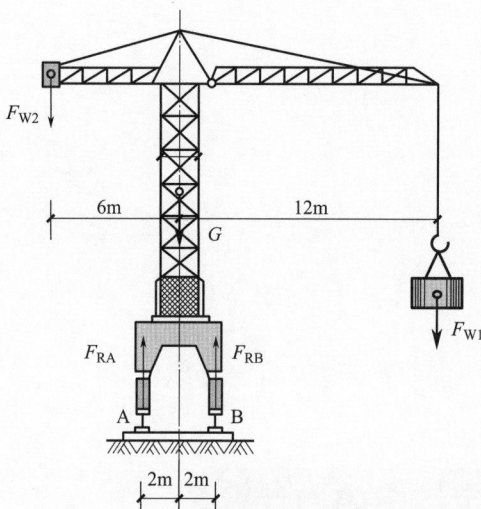

图 2-47　起重机受力图

（2）求起重机在满载和空载时都不致翻倒的平衡块重 F_{W2} 的大小。

当满载时，为使起重机不绕 B 点翻倒，这些力必须满足平衡方程 $\sum M_B(F)=0$。在临界情况下，$F_{RA}=0$，限制条件 $F_{RA} \geqslant 0$，才能保证起重机不绕 B 点翻倒。

$$\sum M_B(F)=0, \quad F_{W2} \times (6+2) + G \times 2 - F_{W1} \times (12-2) - F_{RA} \times (2+2) = 0$$

限制条件：$F_{RA} \geqslant 0$

由此解出：$F_{W2} \geqslant \dfrac{10F_{W1}-2G}{8} = 75kN$

当空载时，此时 $F_{W1}=0$，为使起重机不绕 A 点翻倒，则必须满足平衡方程 $\sum M_A(F)=0$，在临界情况下，$F_{RB}=0$，限制条件 $F_{RB} \geqslant 0$，才能保证起重机不绕 A 点翻倒。

$$\sum M_A(F)=0, \quad F_{W2} \times (6-2) - G \times 2 + F_{RB} \times (2 \times 2) = 0$$

限制条件：$F_{RB} \geqslant 0$

由此解出：$F_{W2} \leqslant \dfrac{G}{2} = 350kN$

因此，平衡块重量应满足以下的关系：$75kN \leqslant F_{W2} \leqslant 350kN$。

由于起重机实际工作时不允许处于极限状态，要使起重机不会翻倒，平衡块重量 F_{W2} 满足关系：$75kN < F_{W2} < 350kN$。

（3）当 $F_{W2} = 180kN$ 时，求满载（$F_{W1} = 200kN$）情况下，轨道 A、B 给起重机轮子的反力 F_{RA}、F_{RB}。

根据平行力系的平衡方程，有

$$\sum M_A(F) = 0, \quad F_{W2} \times (6-2) - G \times 2 - F_{W1} \times (12+2) + F_{RB} \times 4 = 0$$

$$\sum F_y = 0, \quad -F_{W2} - G - F_{W1} + F_{RA} + F_{RB} = 0$$

解得：$F_{RB} = \dfrac{14F_{W1} + 2G - 4F_{W2}}{4} = 870kN$，$F_{RA} = F_{W2} + G + F_{W1} - F_{RB} = 210kN$

任务 2.3　静定结构内力计算

2.3.1　变形固体基本知识

1. 变形固体

在研究静力学问题时，通常把所有研究对象都当成刚体看待，忽略物体的变形效应。实际工程中所用的构件都是由固体材料制成的，如钢、混凝土、木材等，它们在外力作用下或多或少会产生变形。我们把在外力作用下会产生变形的固体称为变形固体。

变形固体在外力作用下会产生两种不同性质的变形：①外力消除时，变形随之消失，称为弹性变形（图 2-48）；②外力消失后不能消失的变形，称为塑性变形（图 2-49）。一般情况下，物体受力后，既有弹性变形，又有塑性变形，称为弹塑性变形。但对于工程中常用的材料，当外力不超过一定范围时，塑形变形很小，可忽略不计，这种只有弹性变形的变形固体称为完全弹性体，只引起弹性变形的外力范围称为弹性范围。本任务中主要讨论材料在弹性范围内的受力和变形。

2. 变形固体的假设

变形固体多种多样，组成和性质非常复杂。对于用变形固体材料做成的构件进

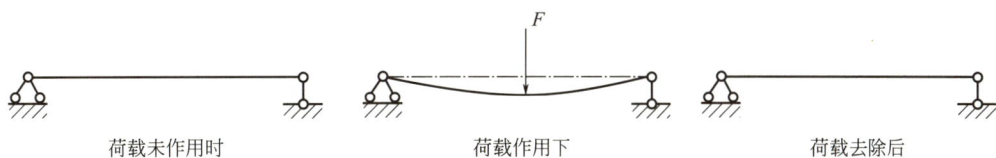

图 2-48　弹性变形示意图

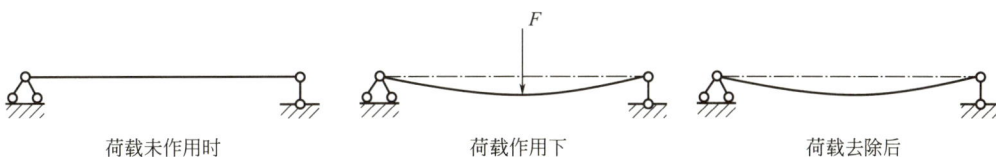

图 2-49　塑性变形示意图

行强度、刚度和稳定性计算时，为使问题得到简化，常略去一些次要的性质，只保留主要性质，对变形固体作出如下假设。

（1）连续性假设：固体材料中毫无空隙地填充了物质，可以用连续函数和微积分来分析和求解问题。

（2）均匀性假设：构件内各点处的力学性能完全相同，故可从构件内任何位置取出一小部分来研究材料的性质，其结果可代表整个构件。

（3）各向同性假设：构件内任一点各方向的力学性能相同，材料的弹性常数 E、G、μ 不因方向不同而变化。

（4）线弹性假设：固体受力后只产生弹性变形，变形与力的大小呈线性关系。

（5）小变形假设：认为物体受力后，变形很小，可忽略不计。研究构件平衡条件时，可按变形前的原始尺寸和形状进行计算。

实践证明，基于以上几个假设基础上建立的理论可以满足工程实际要求。

3. 杆件变形的基本形式

实际工程中，作用在杆件上的荷载是多种多样的，对应的杆件变形也是多种多样的，将其归纳为以下四种基本变形：

（1）轴向拉伸与压缩

如图 2-50（a）（b）所示的等直杆，在一对作用线与杆轴线重合的外力作用下，杆的主要变形是轴向伸长或缩短。

（2）剪切

如图 2-50（c）所示的等直杆，在一对作用线相距很近、指向相反、大小相等的横向外力作用下，杆的主要变形是横截面沿外力作用方向发生相对错动。

（3）扭转

如图 2-50（d）所示的圆截面等直杆，在一对作用面垂直于杆轴线、转向相反、大小相等的外力偶作用下，杆的变形为相邻的横截面绕杆轴线发生相对转动。

（4）弯曲

如图 2-50（e）（f）所示的等直杆，在一对作用在纵向对称平面内、大小相等、转向相反的外力偶或垂直于杆轴线的横向外力作用下，杆变形的特征为所用纵向纤维弯成曲线。

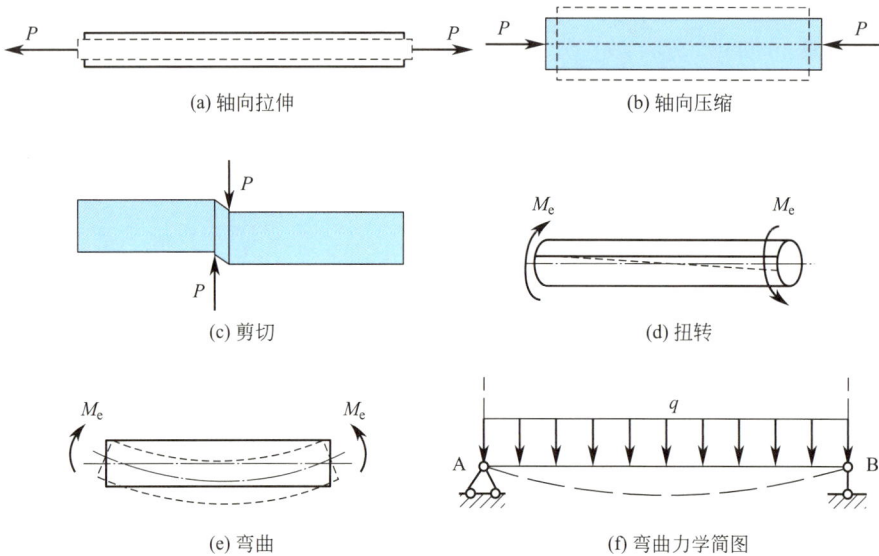

图 2-50　杆件的基本变形示意图

2.3.2　单跨静定梁的内力计算

1. 平面弯曲梁的受力特点

弯曲变形是工程中最常见的一种基本变形，例如房屋建筑中的楼面梁和阳台挑梁，受到楼面荷载和梁自重的作用，将发生弯曲变形，如图 2-51（a）（b）所示。杆件受到垂直于轴线的外力作用或纵向平面内力偶的作用，杆件的轴线由直线变成了曲线，如图 2-51（c）（d）所示。因此，工程上将以弯曲变形为主的杆件称为梁。

工程中常见的梁都具有一根对称轴，对称轴与梁轴线所组成的平面，称为纵向对称平面，如图 2-52 所示。如果作用在梁上的所有外力都位于纵向对称平面内，梁变形后，轴线将在纵向对称平面内弯曲，成为一条曲线。这种梁的弯曲平面与外力作用面相重合的弯曲，称为平面弯曲。它是最简单、最常见的弯曲变形。

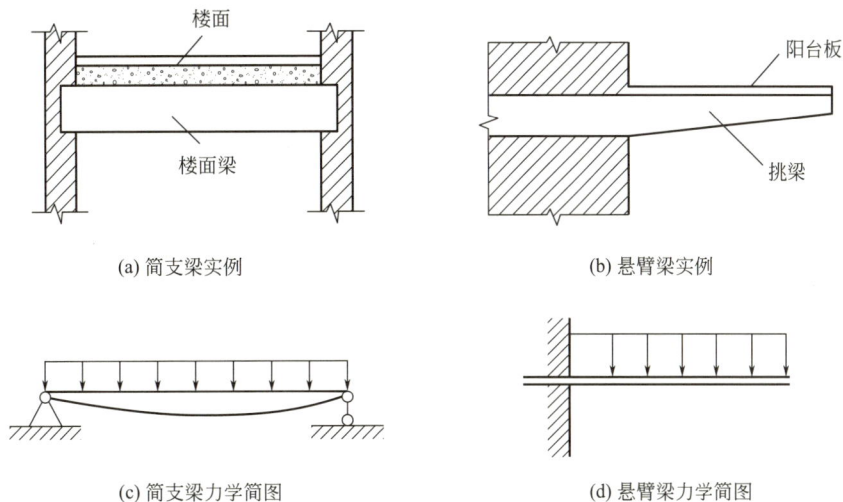

(a) 简支梁实例

(b) 悬臂梁实例

(c) 简支梁力学简图

(d) 悬臂梁力学简图

图 2-51　弯曲变形实例

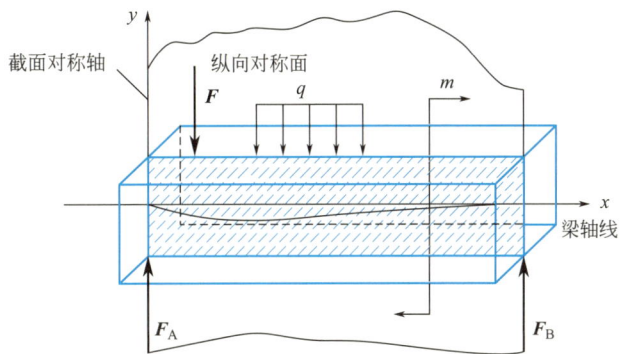

图 2-52　梁的横截面图

工程中常见的梁按支座形式分为三种：

（1）悬臂梁。梁一端为固定端，另一端为自由端，如图 2-53（a）所示。

（2）简支梁。梁一端为固定铰支座，另一端为可动铰支座，如图 2-53（b）所示。

（3）外伸梁。梁一端或两端伸出支座的简支梁，如图 2-53（c）所示。

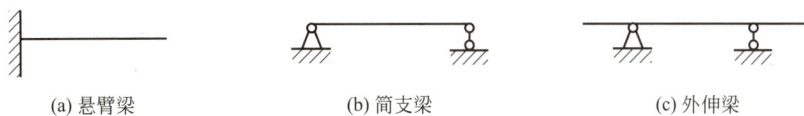

(a) 悬臂梁

(b) 简支梁

(c) 外伸梁

图 2-53　单跨静定梁力学简图

2. 内力的概念

凡其他物体对研究对象的作用都视为外力，如支座反力、荷载等。

构件内部各部分之间存在相互作用力，以维护构件各部分间的联系及构件的形状和尺寸。当构件受到外力作用时，会发生对应的变形，使构件内部各部分间的相对位置发生变化，从而引起各部分之间相互作用力发生改变，这种在外力作用下构件内部各部分之间相互作用力的改变量称为附加内力，简称内力。

不同的外力作用会引起不同的变形，而不同变形的构件存在着不同的内力。附加内力特点是：内力由外力引起，随外力增大而增大，随外力减小而减小，当外力为零时，附加内力也为零。当内力达到某一极限值时，构件便发生破坏。对于确定的材料，内力的大小及在构件内部的分布方式与构件的承载能力密切相关，因此，内力的分析是研究构件的强度、刚度、稳定性的基础。

3. 求解内力的基本方法——截面法

求解构件内力的基本方法是截面法，即假想将杆件沿所求内力的截面截开，将杆分成两部分，任取其中一部分作为研究对象。此时，截面上的内力被显示了出来，杆件在内力和外力的作用下保持平衡，由静力平衡条件可求出内力，这种求内力的方法被称为截面法。

用截面法求内力的具体步骤如下：

（1）截取：在所求内力的截面，用一个假想的平面将杆件截开，将杆件分成两部分，任取其中一部分为研究对象。

（2）代替：用内力代替弃去的部分对留下部分的作用，在留下部分的截面上画出内力。

（3）平衡：根据研究对象的平衡条件，求出内力的大小和方向。

4. 梁的内力——剪力和弯矩

（1）梁的内力——剪力和弯矩

如图 2-54（a）所示简支梁在外力作用下处于平衡状态，讨论与 A 支座距离为 x 的截面 m-m 上的内力。

1）求支座反力

取梁 AB 为研究对象，进行受力分析，画受力图，如图 2-54（b）所示。

根据平衡条件列平衡方程：

$$\sum M_A = 0, \quad F_P a - F_B l = 0 \rightarrow F_B = \frac{F_P a}{l}$$

$$\sum M_y = 0, \quad F_{Ay} + F_B - F_P = 0 \rightarrow F_{Ay} = \frac{F_P(l-a)}{l}$$

$$\sum F_x = 0, \quad F_{Ax} = 0$$

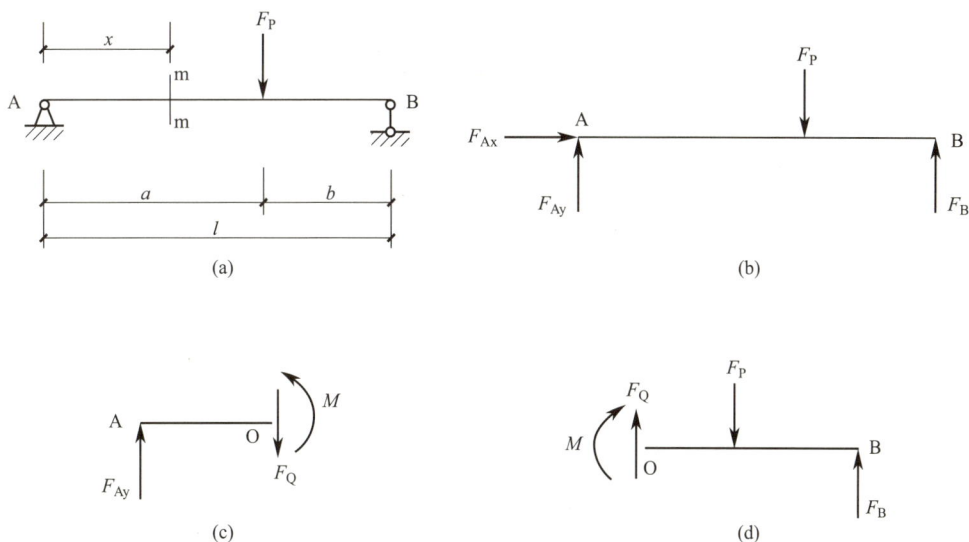

图 2-54 单跨简支梁集中荷载受力分析图

2）用截面假想沿 m-m 处截开，取左段梁为研究对象，因梁整体处于平衡状态，故左段梁也应保持平衡状态。从图 2-54（c）中可看到，A 端有支座反力 F_{Ay}，要使左段梁不发生移动（即满足 $\sum F_y = 0$），在截开的截面上必须有一个大小与 F_{Ay} 相等、方向与 F_{Ay} 相反的内力 F_Q 与之平衡；同时，F_{Ay} 对 m-m 截面的形心 O 点将有一个力矩 $F_{Ay}x$，会引起左段梁的转动，为使梁不发生转动（即满足 $\sum M_O = 0$），在截开的截面上还必须有一个与上述力矩相等、转向相反的力偶矩 M，才能保持平衡。F_Q、M 即为梁截面上的内力。

由此可见，梁发生弯曲时，横截面上同时存在着两个内力，即剪力 F_Q 和弯矩 M。剪力和弯矩的大小，可由左段梁的静力平衡方程求得。

$$\sum F_y = 0, \quad F_{Ay} - F_Q = 0 \rightarrow F_Q = F_{Ay}$$

$$\sum M_O = 0, \quad M - F_{Ay}x = 0 \rightarrow M = F_{Ay}x$$

如果取右段梁作为研究对象，同样可以求得截面 m-m 上的 F_Q 和 M，根据作用与反作用的关系，它们与从右段梁求 m-m 处截面上的 F_Q 和 M 大小相等，方向相反，如图 2-54（d）所示。

（2）剪力和弯矩的正、负号的规定

为了使从左、右两段梁求得同一截面上的剪力 F_Q 和弯矩 M 具有相同的正、负号，并考虑土建工程上的习惯要求，对剪力和弯矩的正、负号作如下规定：

1）剪力的正、负号：使梁段有顺时针转动趋势的剪力为正；反之，为负

（图 2-55a）。

2）弯矩的正、负号：使梁段产生下侧受拉的弯矩为正；反之，为负（图 2-55b）。

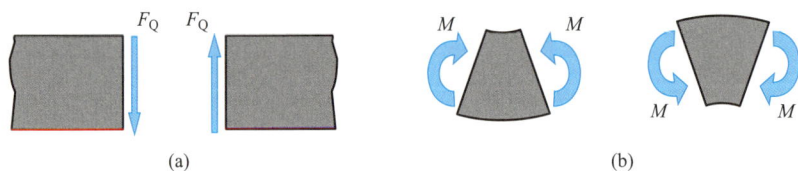

图 2-55　梁内力正负号

（3）截面法求梁内力实例

用截面法求指定截面上的剪力和弯矩的步骤如下：

1）计算支座反力。

2）用假想的截面在所求内力处将梁截成两段，取其中任一段为研究对象。

3）画出研究对象的受力图（截面上的 F_Q 和 M 都先假设为正方向）。

4）根据平衡条件建立平衡方程，求解内力。

【例题 2-20】求图 2-56（a）梁跨中 E 截面处的剪力 F_{QE} 和弯矩 M_E。

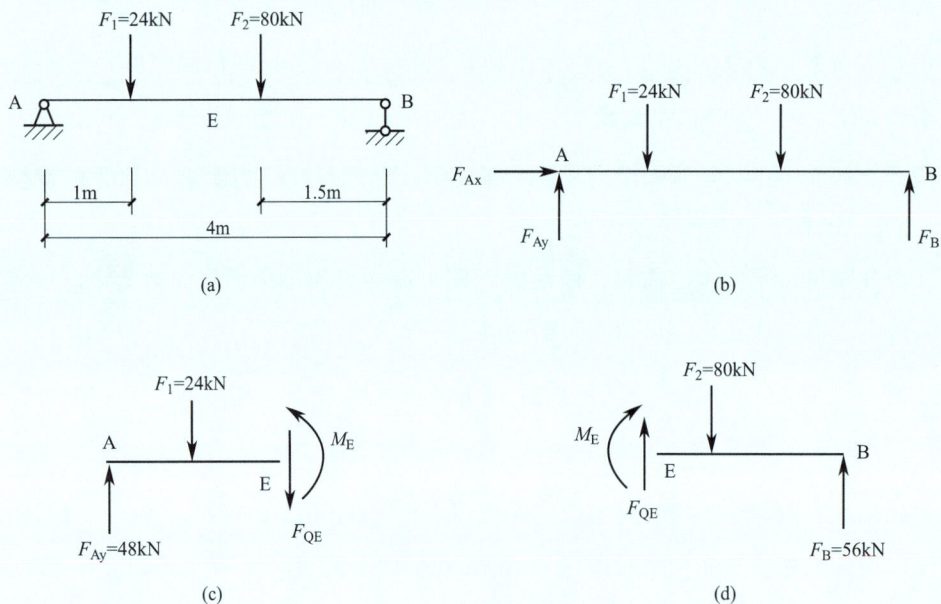

图 2-56　例题 2-20 图

【解】（1）计算梁的支座反力

以梁 AB 为研究对象，画受力图（图 2-56b），列平衡方程求解。

$$\sum F_x = 0, \quad F_{Ax} = 0$$

$$\sum M_A = 0, \quad F_B \times 4 - 24 \times 1 - 80 \times (4 - 1.5) = 0 \rightarrow F_B = 56\text{kN}$$

$$\sum M_B = 0, \quad -F_{Ay} \times 4 + 24 \times (4 - 1) + 80 \times 1.5 = 0 \rightarrow F_{Ay} = 48\text{kN}$$

（2）求 E 截面处的剪力 F_{QE} 和弯矩 M_E

假想沿 E 截面处截开，取左段梁为研究对象，画受力图（图 2-56c），列平衡方程求解。

$$\sum F_y = 0, \quad F_{Ay} - F_1 - F_{QE} = 0 \rightarrow F_{QE} = F_{Ay} - F_1 = 24\text{kN}$$

$$\sum M_E = 0, \quad M_E - F_{Ay} \times 2 + F_1 \times 1 = 0 \rightarrow M_E = F_{Ay} \times 2 - F_1 \times 1 = 72\text{kN} \cdot \text{m}$$

当然，也可以取右段梁为研究对象，画受力图（图 2-56d），列平衡方程求解。

$$\sum F_y = 0, \quad F_{QE} - F_2 + F_B = 0 \rightarrow F_{QE} = F_2 - F_B = 24\text{kN}$$

$$\sum M_E = 0, \quad -M_E - F_2 \times 0.5 + F_B \times 2 = 0 \rightarrow M_E = -F_2 \times 0.5 + F_B \times 2 = 72\text{kN} \cdot \text{m}$$

【例题 2-21】外伸梁受力情况如图 2-57（a）所示，试求指定截面的剪力 F_Q 和弯矩 M。

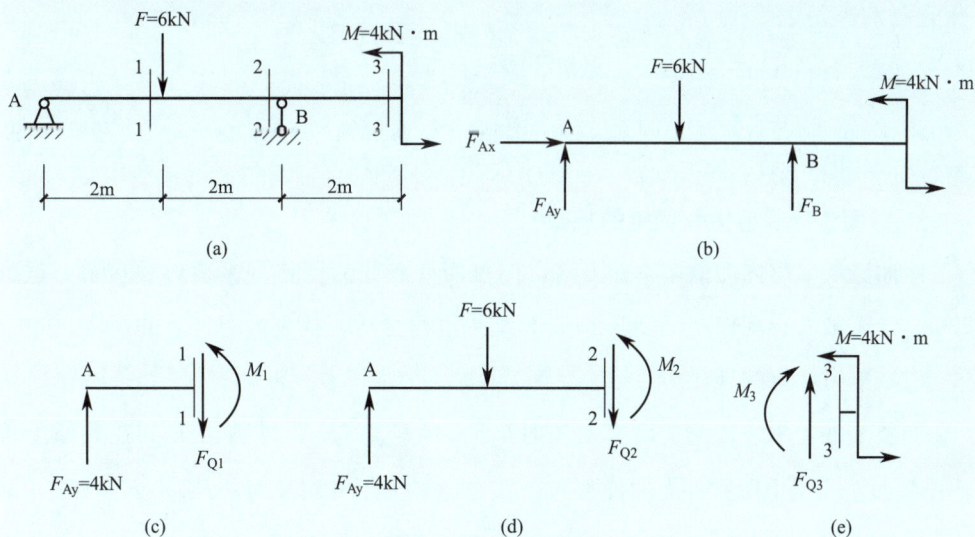

图 2-57　例题 2-21 图

【解】（1）计算梁的支座反力

以梁整体为研究对象，画受力图（图 2-57b），列平衡方程求解。

$$\sum F_x = 0, \quad F_{Ax} = 0$$

$$\sum M_A = 0, \quad F_B \times 4 - 6 \times 2 + 4 = 0 \rightarrow F_B = 2\text{kN}$$

$$\sum F_y = 0, \quad F_{Ay} + F_B - 6 = 0 \rightarrow F_{Ay} = 4\text{kN}$$

（2）求 1-1 截面处的剪力 F_{Q1} 和弯矩 M_1

假想沿 1-1 截面处截开，取左段梁为研究对象，画受力图（图 2-57c），列平衡方程求解。

$$\sum F_y = 0, \quad F_{Ay} - F - F_{Q1} = 0 \rightarrow F_{Q1} = F_{Ay} - F = -2\text{kN}$$

$$\sum M_{O1} = 0, \quad M_1 - F_{Ay} \times 2 = 0 \rightarrow M_1 = F_{Ay} \times 2 = 8\text{kN} \cdot \text{m}$$

（3）求 2-2 截面处的剪力 F_{Q2} 和弯矩 M_2

假想沿 2-2 截面处截开，取左段梁为研究对象，画受力图（图 2-57d），列平衡方程求解。

$$\sum F_y = 0, \quad F_{Ay} - F - F_{Q2} = 0 \rightarrow F_{Q2} = F_{Ay} - F = -2\text{kN}$$

$$\sum M_{O2} = 0, \quad M_2 - F_{Ay} \times 4 + F \times 2 = 0 \rightarrow M_2 = F_{Ay} \times 4 - F \times 2 = 4\text{kN} \cdot \text{m}$$

（4）求 3-3 截面处的剪力 F_{Q3} 和弯矩 M_3

假想沿 3-3 截面处截开，取右段梁为研究对象，画受力图（图 2-57e），列平衡方程求解。

$$\sum F_y = 0, \quad F_{Q3} = 0$$

$$\sum M_{O3} = 0, \quad -M_3 + M = 0 \rightarrow M_3 = M = 4\text{kN} \cdot \text{m}$$

5. 截面法计算剪力和弯矩的规律

截面法是求解内力最基本的方法，但是需要画受力图再列平衡方程求解，过程烦琐、计算量大。现根据例题 2-20 计算结果进行分析，找到内力计算的规律。

（1）剪力计算的规律

例题 2-20：取左段梁为研究对象时，$F_{QE} = F_{Ay} - F_1$，即剪力 F_{QE} 在数值上等于 E 截面左段梁上所有外力的代数和；取右段梁为研究对象时，$F_{QE} = F_2 - F_B$，即剪力 F_{QE} 在数值上等于 E 截面右段梁上所有外力的代数和。

于是得到结论：梁上任一横截面上的剪力 F_Q 在数值上等于此截面左侧（或右侧）梁上所有外力的代数和。

当以左侧梁为研究对象时，向上的外力取正值，向下取负值；以右侧梁为研究对象时，向下的外力取正值，向上取负值（左上右下为正）。

（2）弯矩计算的规律

例题 2-20：取左段梁为研究对象时，$M_E = F_{Ay} \times 2 - F_1 \times 1$，即弯矩 M_E 在数值上等于 E 截面左段梁上所有外力对 E 截面形心力矩的代数和；取右段梁为研究对象时，$M_E = -F_2 \times 0.5 + F_B \times 2$，即弯矩 M_E 在数值上等于 E 截面右段梁上所有外力对 E 截面形心力矩的代数和。

于是得到结论：梁上任一横截面上的弯矩 M 在数值上等于此截面左侧（或右侧）梁上所有外力对该截面形心的力矩代数和。

当以左侧梁为研究对象时，外力对截面形心的力矩顺时针取正值；以右侧梁为研究对象时，外力对截面形心的力矩逆时针取正值（左顺右逆为正）。

对例题 2-21 计算结果进行分析，可得到同样的结论。

以上就是截面法求解剪力和弯矩的规律，利用该规律，可以直接列代数和，快速求解静定梁内力。

【例题 2-22】外伸梁受力情况如图 2-58（a）所示，试求指定截面的剪力 F_Q 和弯矩 M。

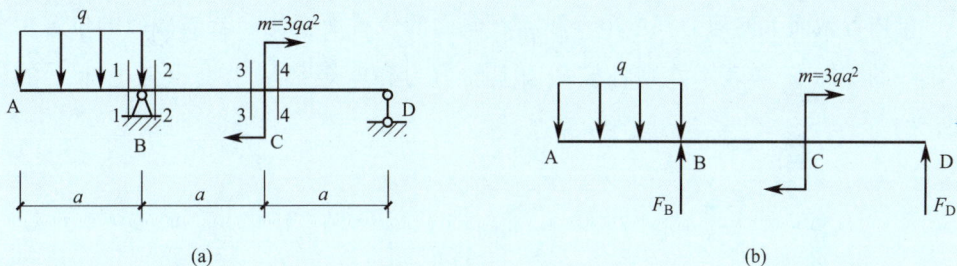

图 2-58 例题 2-22 图

【解】（1）计算梁的支座反力

以梁 AD 为研究对象，画受力图（图 2-58b），列平衡方程求解。

$$\sum M_B = 0, \quad qa \cdot \frac{a}{2} - 3qa^2 + F_D \cdot 2a = 0 \rightarrow F_D = \frac{5}{4}qa$$

$$\sum F_y = 0, \quad -qa + F_B + F_D = 0 \rightarrow F_B = -\frac{1}{4}qa$$

（2）求 1-1 截面上的内力（以左段梁作为计算依据）

$$F_{Q1} = -qa$$

$$M_1 = -qa \cdot \frac{1}{2}a = -\frac{1}{2}qa^2$$

（3）求 2-2 截面上的内力（以左段梁作为计算依据）

$$F_{Q2} = -qa + F_B = -qa + \left(-\frac{1}{4}qa\right) = -\frac{5}{4}qa$$

$$M_2 = -qa \cdot \frac{1}{2}a + F_B a = -\frac{1}{2}qa^2 + \left(-\frac{1}{4}qa\right)a = -\frac{3}{4}qa^2$$

（4）求 3-3 截面上的内力（以右段梁作为计算依据）

$$F_{Q3} = -F_D = -\frac{5}{4}qa$$

$$M_3 = -m + F_D a = -3qa^2 + \frac{5}{4}qa^2 = -\frac{7}{4}qa^2$$

（5）求 4-4 截面上的内力（以右段梁作为计算依据）

$$F_{Q4} = -F_D = -\frac{5}{4}qa$$

$$M_4 = F_D \cdot a = \frac{5}{4}qa \cdot a = \frac{5}{4}qa^2$$

6. 梁的内力图——剪力图和弯矩图

（1）剪力方程和弯矩方程

梁内各截面上的剪力和弯矩一般随着截面的位置而变化。若横截面的位置用沿梁轴线的坐标 x 来表示，则各横截面上的剪力和弯矩都可以表示为坐标 x 的函数，即：

$$F_Q = F_Q(x)$$

$$M = M(x)$$

以上两个函数式表示梁内剪力和弯矩沿梁轴线的变化规律，分别称为剪力方程和弯矩方程。

（2）剪力图和弯矩图

为了形象地表示剪力和弯矩沿梁轴线的变化规律，可以根据剪力方程和弯矩方程分别绘制剪力图和弯矩图。绘图时，通常正对梁的结构图，在梁结构图下方作平行于梁轴线的 x 轴，取向右为正方向，以沿梁轴线的横坐标表示梁横截面的位置，以纵坐标表示相应横截面上的剪力或弯矩。

在土建工程中，习惯上把正剪力画在 x 轴上方，负剪力画在 x 轴下方；而把弯矩图画在梁受拉的一侧，即正弯矩画在 x 轴下方，负弯矩画在 x 轴上方。

下面将通过例题来说明剪力图和弯矩图的绘制方法。

【例题 2-23】 如图 2-59 (a) 所示悬臂梁受集中力作用，列出剪力方程和弯矩方程，并画出剪力图和弯矩图。

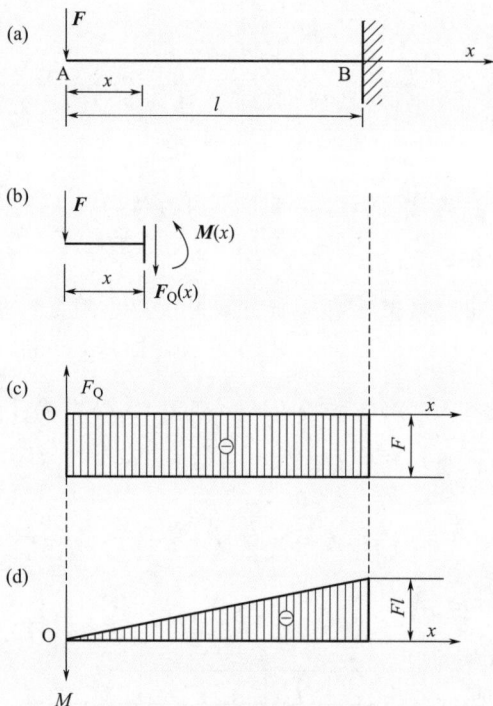

图 2-59　例题 2-23 图

【解】 (1) 列剪力方程和弯矩方程

把坐标原点取在梁左端，x 轴沿梁轴线如图 2-59 (a) 所示。假想把梁在距原点为 x 的截面处截成两段，取左段为研究对象，如图 2-59 (b) 所示，可写出该截面的剪力和弯矩分别为：

$$F_Q(x) = -F \quad (0 < x < l)$$
$$M(x) = -Fx \quad (0 \leqslant x \leqslant l)$$

因截面位置为任意，故式中 x 是一个变量，上面两式即为梁的剪力方程和弯矩方程。

(2) 绘制剪力图和弯矩图

先建立两个坐标系，Ox 轴与梁轴线平行，原点 O 与梁的 A 点对应，横坐标表示横截面位置，纵坐标分别表示剪力和弯矩，然后按方程作图。

由剪力方程可知 $F_Q(x)$ 为一常数，即全梁各截面剪力相同。F_Q 图为一平行于 x 轴的直线，如图 2-59 (c) 所示。

由弯矩方程式可知，$M(x)$ 为 x 的一次函数，应为一直线图形，故只需确定两个截面的弯矩值，即可确定直线位置。

$$x=0, \ M=0$$
$$x=l, \ M=-Fl$$

把它们标在图 2-59（d）所示的 MOx 坐标系中，连接这两点即可作出梁的弯矩图。

上述根据内力方程的性质和需要而算出内力值的几个截面称为控制截面，内力图上相应的点称为控制点。

从本例题可以看出，梁上没有分布荷载时，剪力图是一条水平直线，弯矩图是一条斜直线。

根据工程要求，剪力图和弯矩图上应标明图名（F_Q 图、M 图）、正负号、控制点的内力值及单位，坐标轴可省略不画。

【例题 2-24】如图 2-60（a）所示悬臂梁受均布荷载作用，列出剪力方程和弯矩方程，并画出剪力图和弯矩图。

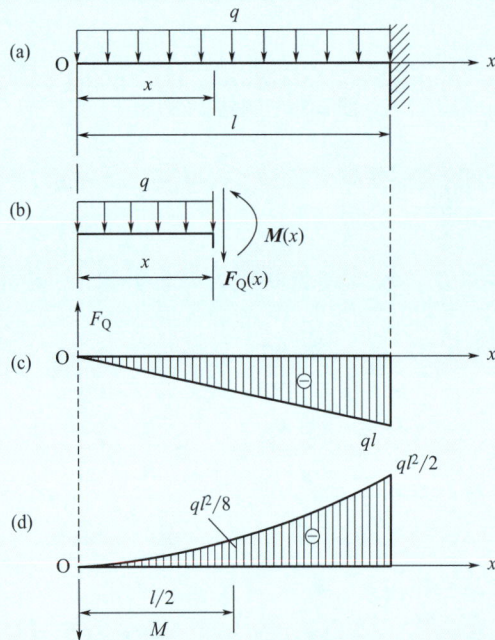

图 2-60　例题 2-24 图

【解】（1）列剪力方程和弯矩方程

把坐标原点取在梁左端，x 轴沿梁轴线如图 2-60（a）所示。假想把梁在距原

　　　　　　　　　　　　　建筑力学与结构

点为 x 的截面处截成两段，取左段为研究对象，如图 2-60（b）所示，可写出该截面的剪力和弯矩分别为

$$F_Q(x) = -qx \qquad (0 < x < l)$$

$$M(x) = -\frac{1}{2}qx^2 \qquad (0 \leqslant x \leqslant l)$$

（2）绘制剪力图和弯矩图

剪力方程为直线方程，由两个控制点的数值即可绘出直线。

$$x = 0, \ F_Q = 0$$

$$x = l, \ F_Q = -ql$$

绘出 F_Q 图，如图 2-60（c）所示。

弯矩方程是二次曲线方程，至少需要三个控制点才能大致描出曲线形状。

$$x = 0, \ M = 0$$

$$x = \frac{l}{2}, \ M = -\frac{1}{8}ql^2$$

$$x = l, \ M = -\frac{1}{2}ql^2$$

绘出 M 图如图 2-60（d）所示。

从本例题可以看出，梁上有分布荷载时，剪力图是一条斜直线，弯矩图是一条二次抛物线，曲线的凸向与均布荷载 q 的指向一致。

【例题 2-25】如图 2-61（a）所示简支梁受均布荷载作用，列出剪力方程和弯矩方程，并画出剪力图和弯矩图。

【解】（1）计算支座反力

由整体的平衡条件可得：

$$F_{Ay} = \frac{Fb}{l}, \ F_{By} = \frac{Fa}{l}$$

（2）列剪力方程和弯矩方程

梁上作用的集中力把梁分为 AC 和 CB 两段，若分别用截面在 AC 和 CB 段将梁截开，均取截面以左部分作为研究对象，则 AC 段上外力只有 F_{Ay}，CB 段上外力有 F_{Ay} 和 F，这样，两段的内力必然不同，故梁的内力方程应分段列出。

AC 段：

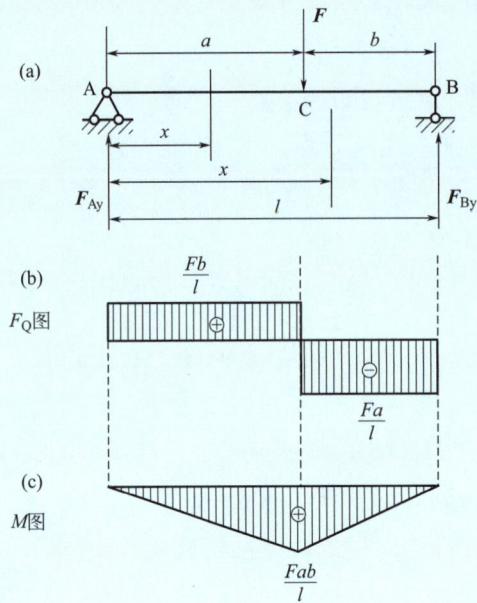

图 2-61　例题 2-25 图

$$F_Q(x) = F_{Ay} = \frac{Fb}{l} \qquad (0 \leqslant x \leqslant a)$$

$$M(x) = F_{Ay}x = \frac{Fb}{l}x \qquad (0 \leqslant x \leqslant a)$$

CB 段：

$$F_Q(x) = F_{Ay} - F = -\frac{Fa}{l} \qquad (a < x < l)$$

$$M(x) = F_{Ay}x - F(x-a) = \frac{Fa}{l}(l-x) \qquad (a \leqslant x \leqslant l)$$

（3）绘制剪力图和弯矩图

AC 段剪力为常数 $\dfrac{Fb}{l}$，弯矩图为斜直线，由 $x=0$、$M=0$ 和 $x=a$、$M=\dfrac{Fab}{l}$ 可画出。

CB 段剪力为常数 $-\dfrac{Fa}{l}$，弯矩图为斜直线，由 $x=l$、$M=0$ 和 $x=a$、$M=\dfrac{Fab}{l}$ 可画出。

绘出剪力图和弯矩图如图 2-61（b）（c）所示。

当梁上荷载不连续时，应分段列出内力方程，画内力图。

从本例题再次看到梁上没有分布荷载时，剪力图是一条水平直线，弯矩图是一条斜直线。另外，在集中力作用截面处：1) 弯矩图出现一个尖角，尖角的指向与集中力的指向一致；2) 剪力图突变，突变方向与集中力的指向一致，突变量的大小等于集中力的大小。

【例题 2-26】 如图 2-62 (a) 所示简支梁受均布荷载作用，列出剪力方程和弯矩方程，并画出剪力图和弯矩图。

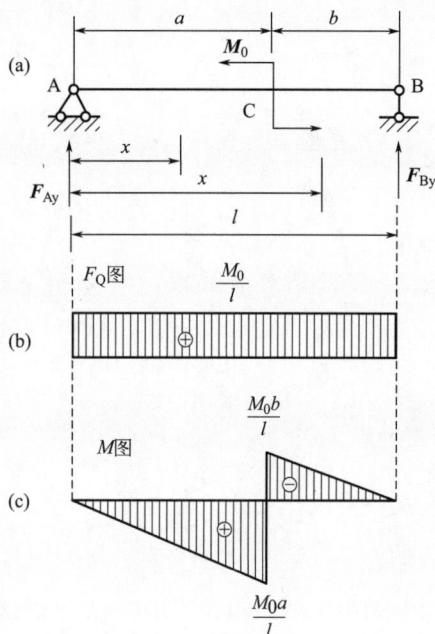

图 2-62　例题 2-26 图

【解】 (1) 计算支座反力

由整体的平衡条件可得：

$$F_{Ay} = \frac{M_0}{l}(\uparrow), \ F_{By} = -\frac{M_0}{l}(\downarrow)$$

(2) 列剪力方程和弯矩方程

梁上作用的集中力偶把梁分为 AC 和 CB 两段，若分别用截面在 AC 和 CB 段将梁截开，均取截面以左部分作为研究对象，则 AC 段上外力只有 F_{Ay}，CB 段上有外力 F_{Ay} 和 M_0，这样，两段的内力必然不同，故梁的内力方程应分段列出。

AC 段：

$$F_Q(x) = F_{Ay} = \frac{M_0}{l} \qquad (0 < x < a)$$

$$M(x) = F_{Ay}x = \frac{M_0}{l}x \qquad (0 \leqslant x < a)$$

CB 段：

$$F_Q(x) = F_{Ay} = \frac{M_0}{l} \qquad\qquad (a < x < l)$$

$$M(x) = F_{Ay}x - M_0 = \frac{M_0}{l}(x - l) \quad (a < x \leqslant l)$$

（3）绘制剪力图和弯矩图

AC 段剪力为常数 $\dfrac{M_0}{l}$，弯矩图为斜直线，由 $x = 0$、$M = 0$ 和 $x = a$、$M = \dfrac{M_0 a}{l}$ 可画出。

CB 段剪力为常数 $\dfrac{M_0}{l}$，弯矩图为斜直线，由 $x = l$，$M = 0$ 和 $x = a$，$M = -\dfrac{M_0 b}{l}$ 可画出。

绘出剪力图和弯矩图如图 2-62（b）（c）所示。

由本例可以看出，在集中力偶作用处，剪力图不受影响，弯矩图出现突变，突变量的大小等于集中力偶的大小。

通过以上例题，可以归纳出作剪力图和弯矩图的一般规律。

（1）梁上没有均布荷载作用的区段，剪力值为常数，剪力图为水平直线，弯矩图为斜直线，直线斜率为剪力值。

（2）梁上有均布荷载作用的区段，剪力图为斜直线，弯矩图为抛物线，且抛物线的凸向与均布荷载作用方向一致。

（3）在剪力 $F_Q = 0$ 的截面上（F_Q 图与 x 轴的交点），弯矩有极值。

（4）有集中力作用截面处，剪力图发生突变，突变值等于该集中力大小，突变方向与集中力方向一致。弯矩图在该截面处发生转向。

（5）有集中力偶作用截面处，剪力图无变化，弯矩图发生突变，突变值等于该集中力偶矩。

以上归纳总结的内力图规律中，前两条反映了一段梁上的内力图形状，后三条反映了梁上某些特殊截面的内力变化规律。梁的荷载、剪力图、弯矩图之间的相互关系列于表 2-1 中，以便掌握、记忆和应用。

梁上外力情况	剪力图	弯矩图
无分布荷载 （$q=0$）	$\dfrac{\mathrm{d}F_Q}{\mathrm{d}x}=0$，剪力图平行于 x 轴 $F_Q=0$ $F_Q>0$ $F_Q<0$	$\dfrac{\mathrm{d}M}{\mathrm{d}x}=F_Q=0$　$M<0$／$M=0$／$M>0$ $\dfrac{\mathrm{d}M}{\mathrm{d}x}=F_Q>0$　下斜直线 $\dfrac{\mathrm{d}M}{\mathrm{d}x}=F_Q<0$　上斜直线
均布荷载向上作用 $q>0$	$\dfrac{\mathrm{d}F_Q}{\mathrm{d}x}=q>0$　上斜直线	$\dfrac{\mathrm{d}^2M}{\mathrm{d}x^2}=q>0$　上凸曲线
均布荷载向下作用 $q<0$	$\dfrac{\mathrm{d}F_Q}{\mathrm{d}x}=q<0$　下斜直线	$\dfrac{\mathrm{d}^2M}{\mathrm{d}x^2}=q<0$　下凸曲线
集中力作用 F	在集中力作用截面突变	在集中力作用截面出现尖角
集中力偶作用 M_0	无影响	在集中力偶作用截面突变

　　根据剪力方程和弯矩方程作 F_Q、M 图是作内力图的基本方法。当梁上荷载沿梁轴线变化较多时，根据内力方程作图将很麻烦。多数情况下，将利用梁的内力规律作内力图，此方法称为简捷法。

　　简捷法绘制内力图的一般步骤：

　　（1）求支座反力，并将支座反力的实际数值和方向在梁的计算简图中标出。

　　（2）分段：凡外力作用不连续处均应作为分段点，包括均布荷载的起点和终点、集中力作用截面、集中力偶作用截面。

　　（3）定点：根据内力规律判断各梁段内力图的大致形状，并选定控制截面；用截面法求出这些控制截面的内力值，按比例绘出相应的内力竖标，便定出了内力图的各控制点。

（4）连线：根据各梁段的内力图形状，分别用直线和曲线将各控制点依次相连，得内力图。

【例题 2-27】 如图 2-63（a）所示，用简捷法作图示梁的剪力图和弯矩图。

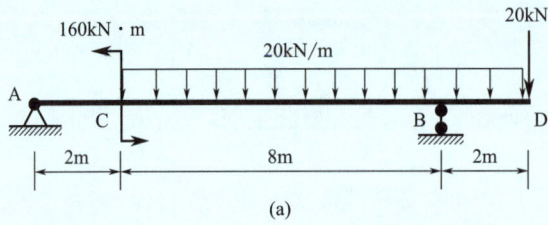

(a)

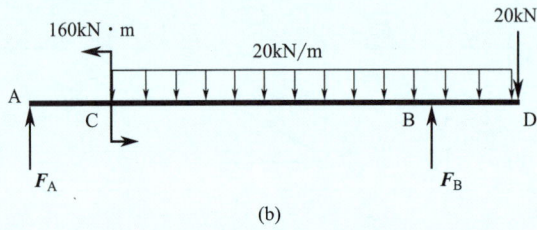

(b)

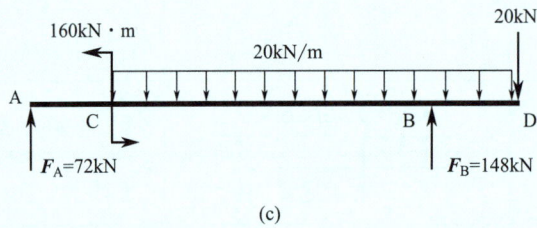

(c)

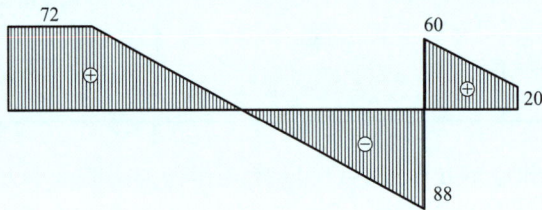

(d) 剪力图(单位：kN)

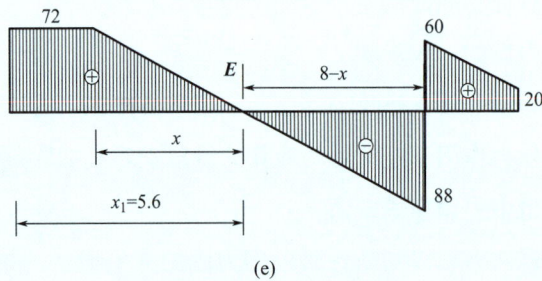

(e)

图 2-63　例题 2-27 图（一）

　　　　　　　　　　　　　　　　　　　　建筑力学与结构

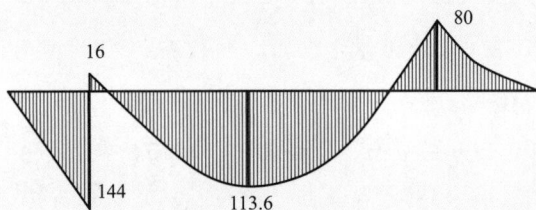

(f) 弯矩图(单位：kN·m)

图 2-63　例题 2-27 图（二）

【解】（1）计算支座反力

以梁 AD 为研究对象，受力分析，画受力图，如图 2-63（b）所示，根据平衡条件建立平衡方程：

$$\sum M_B = 0, \quad -F_A \times 10 + 160 + 20 \times 10 \times 3 - 20 \times 2 = 0$$

$$\sum M_A = 0, \quad F_B \times 10 + 160 - 20 \times 10 \times 7 - 20 \times 12 = 0$$

解得：$F_A = 72\text{kN}$（↑），$F_B = 148\text{kN}$（↑）

把支座反力的实际数值和方向在梁的计算简图中标出，如图 2-63（c）所示。

（2）分段：根据梁上荷载作用情况将梁分为 AC、CB、BD 三段。

（3）作剪力图

AC 段上没有分布荷载，剪力图为一条水平直线，需要定一个控制点（即需要选定一个控制截面，求出控制截面的剪力）。CB 和 BD 段上有均布荷载，剪力图为一条斜直线，需要定两个控制点。用截面法求各控制截面的剪力：

AC 段：$F_{QAC} = 72\text{kN}$

CB 段：$F_{QC右} = 72\text{kN}$，$F_{QB左} = 72 - 20 \times 8 = -88\text{kN}$

BD 段：$F_{QB右} = 72 - 20 \times 8 + 148 = 60\text{kN}$，$F_{QD左} = 20\text{kN}$

把各梁段控制截面上的剪力按比例绘出，用直线依次将各控制点连接起来，即得到剪力图，如图 2-63（d）所示。

（4）作弯矩图

AC 段上没有分布荷载，弯矩图为一条斜直线，需要定两个控制点（即需要选定两个控制截面，求出控制截面的弯矩）。CB 和 BD 段上有均布荷载，弯矩图为一条二次抛物线，需要定三个控制点。用截面法求各控制截面的弯矩：

AC 段：$M_A = 0$，$M_{C左} = 72 \times 2 = 144\text{kN·m}$

CB 段：$M_{C右} = 72 \times 2 - 160 = -16\text{kN·m}$，$M_B = -20 \times 2 - 20 \times 2 \times 1 = -80\text{kN·m}$

BD 段：$M_B = -20 \times 2 - 20 \times 2 \times 1 = -80 \text{kN} \cdot \text{m}$，$M_D = 0$

需要注意的是，在 CB 段的剪力图上，存在 $F_Q = 0$ 的截面，此截面上的弯矩存在极值，需要求解。

假设 $F_Q = 0$ 的截面为 E 截面，E 截面到 C 截面的距离为 x，则 E 截面到 B 截面的距离为 $8-x$，如图 2-63（e）所示，根据相似三角形成比例的关系，可得：

$$\frac{72}{x} = \frac{88}{8-x}$$

解得：$x = 3.6 \text{m}$

用截面法求得 E 截面的弯矩（即 CB 段弯矩图的第三个控制点）：

$$M_E = 72 \times 5.6 - 160 - 20 \times 3.6 \times \frac{3.6}{2} = 113.6 \text{kN} \cdot \text{m}$$

把各梁段控制截面上的弯矩按比例绘出，用直线或曲线依次将各控制点连接起来，即得到弯矩图，如图 2-63（f）所示。

2.3.3　轴向拉（压）杆的内力计算

1. 轴向拉压杆的内力

工程上将以拉伸或压缩变形为主的构件称为轴向拉（压）杆。

跟梁一样，轴向拉（压）杆的内力也可通过截面法求解，下面将举例说明。

如图 2-64（a）所示，求杆件 m-m 截面的内力。

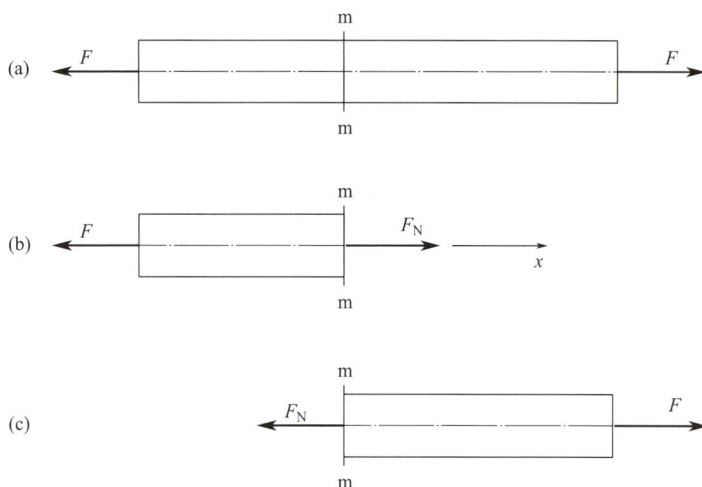

图 2-64　轴向拉（压）杆的内力

假想用一截面将杆件沿 m-m 截面截开，取左段部分为研究对象，画受力图，如图 2-64（b）所示。因整个杆件处于平衡状态，故左段部分也保持平衡。由平衡条件 $\sum F_x=0$ 可知，$F_N-F=0$，即 $F_N=F$，其指向背离截面。同样，若取右段为研究对象，如图 2-63（c）所示，可得出相同的结果。

内力 F_N 的作用线与杆轴线重合，故称 F_N 为轴力。为了轴力的计算结果具有一致性，对轴力的正、负号作如下规定：轴力使杆件受拉为正，受压为负。

在计算轴力时，通常将未知轴力按正方向假设，若计算结果为正，则表示轴力的实际指向与所假设指向相同，轴力为拉力；反之则为压力。

【例题 2-28】杆件受力如图 2-65（a）所示，试分别求出 1-1、2-2、3-3 截面上的轴力。

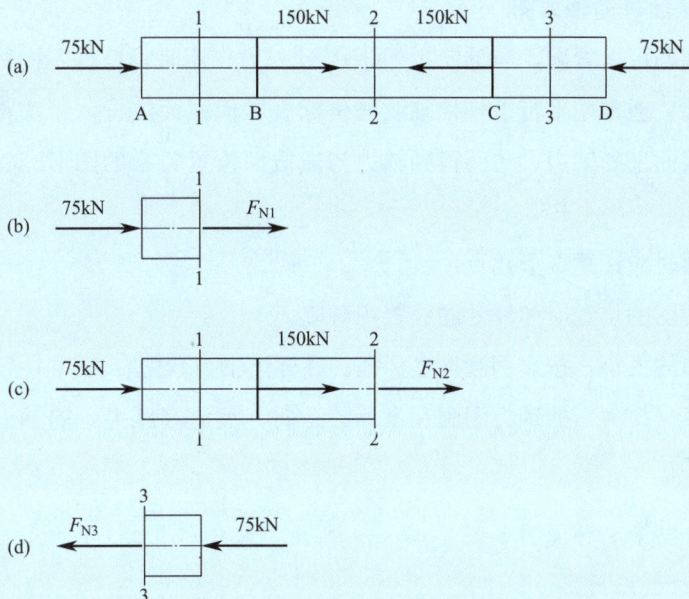

图 2-65　例题 2-28 图

【解】（1）计算 1-1 截面轴力

假想将杆件沿 1-1 截面截开，取左段为研究对象，画受力图，假设轴力 F_{N1} 为拉力，其指向背离横截面，如图 2-65（b）所示，列平衡方程求解：

$$\sum F_x=0,\ F_{N1}+75=0$$

解得：$F_{N1}=-75\text{kN}$

负号说明轴力 F_{N1} 的实际方向与受力图上假设方向相反，杆件受压，为压力。

（2）计算 2-2 截面轴力

假想将杆件沿 2-2 截面截开，取左段为研究对象，画受力图，假设轴力 F_{N2} 为拉力，其指向背离横截面，如图 2-65（c）所示，列平衡方程求解：

$$\sum F_x = 0, \quad F_{N2} + 75 + 150 = 0$$

解得：$F_{N2} = -225\text{kN}$

（3）计算 3-3 截面轴力

假想将杆件沿 3-3 截面截开，取右段为研究对象，画受力图，假设轴力 F_{N3} 为拉力，其指向背离横截面，如图 2-65（d）所示，列平衡方程求解：

$$\sum F_x = 0, \quad -F_{N3} - 75 = 0$$

解得：$F_{N3} = -75\text{kN}$

2. 轴向拉压杆的轴力图

从以上例题可以看出，当轴向拉-压杆受到外力作用时，杆件不同横截面上的轴力可能不相同，通常用平行于杆件轴线的坐标表示横截面位置，用垂直于杆轴线的坐标表示横截面上的轴力，从而得到轴力与横截面位置关系的图形，将其称之为轴力图。

作轴力图时应注意以下几点：

（1）轴力图的位置应和杆件的位置相对应。

（2）轴力的大小，按比例画在坐标上，并标出轴力数值。

（3）正值（拉力）的轴力图画在坐标的正向；负值（压力）的轴力图画在坐标的负向。

【例题 2-29】杆件受力如图 2-66（a）所示，试分别求出 1-1、2-2、3-3 截面上的轴力，并绘制轴力图。

【解】

假想将杆件沿 1-1 截面截开，取左段为研究对象，画受力图，如图 2-66（c）所示，由平衡方程求得：

$$F_{N1} = 5\text{kN}$$

同理，可求得 2-2 截面（图 2-66d）和 3-3 截面（图 2-66e）轴力：

$$F_{N2} = 15\text{kN}, \quad F_{N3} = 30\text{kN}$$

按照绘制轴力图的原则，画出轴力图，如图 2-66（b）所示。

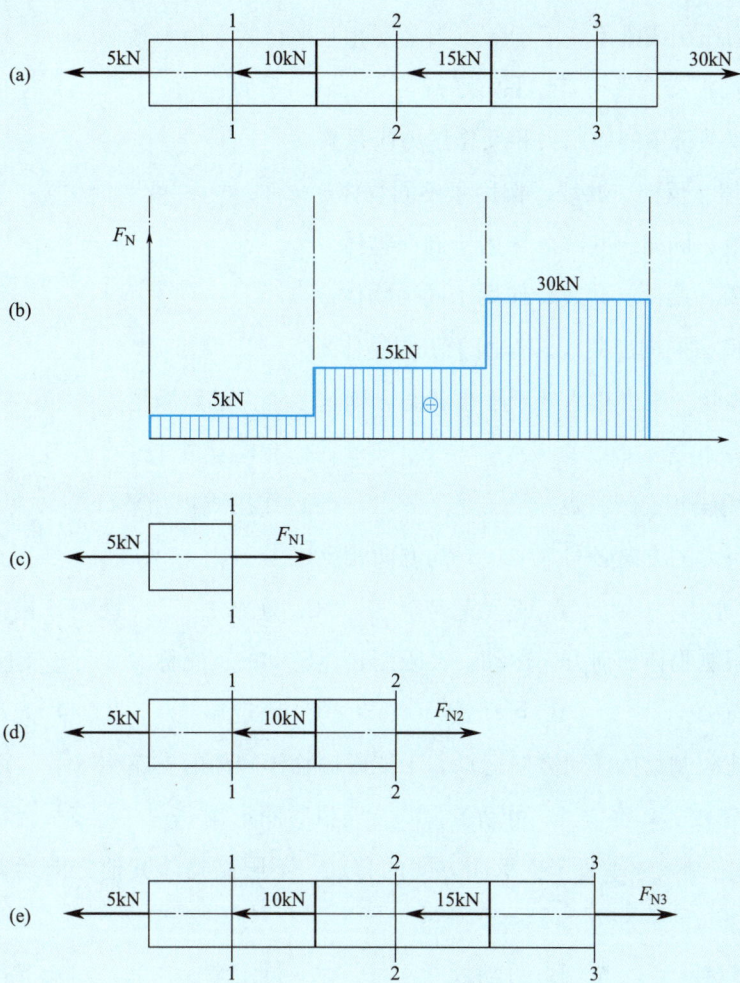

图 2-66　例题 2-29 图

课后练习题

一、单项选择题

1. 力的三要素不包括（　　）。

A. 力的正负　　　　B. 力的大小　　　　C. 力的方向　　　　D. 力的作用点

2. 力的作用线都相互平行的平面力系称（　　）力系。

A. 平面汇交　　　　B. 平面平行　　　　C. 平面一般　　　　D. 空间平行

3. 力的作用线都交汇于一点的力系称（　　）力系。

A. 平面汇交   B. 平面平行   C. 平面一般   D. 空间平行

4. 力的作用线既不交汇于一点，又不相互平行的平面力系称（   ）力系。

A. 平面汇交   B. 平面平行   C. 平面一般   D. 空间平行

5. 物体系统中的作用力和反作用力应是（   ）。

A. 等值、反向、共线、作用于不同物体

B. 等值、同向、共线、作用于同一物体

C. 等值、反向、共线、作用于同一物体

D. 等值、同向、共线、作用于不同物体

6. 物体受三个力作用处于平衡状态，则这三个力必然满足关系（   ）。

A. 大小相等   B. 方向互成 120°

C. 作用线相交于一点   D. 作用线相互平行

7. 约束力的方向必与（   ）的方向相反。

A. 主动力   B. 运动趋势   C. 重力   D. 内力

8. 既限制物体任何方向运动，又限制物体转动的支座称（   ）支座。

A. 固定铰   B. 可动铰   C. 固定端   D. 光滑面

9. 只能限制物体任何方向运动，不能限制物体转动的支座称（   ）支座。

A. 固定铰   B. 可动铰   C. 固定端   D. 光滑面

10. 只限制物体垂直于支承面方向的移动，不限制物体其他方向运动的支座称
（   ）支座。

A. 固定铰   B. 可动铰   C. 固定端   D. 光滑面

11. 柔性约束的约束力方向总是（   ）受约束物体。

A. 沿绳索背离   B. 沿绳索指向

C. 铅垂指向   D. 水平指向

12. 固定端约束通常有（   ）个约束反力。

A. 一   B. 二   C. 三   D. 四

13. 如图 2-67 所示系统只受 F 作用而处于平衡，欲使 A 支座约束反力的作用线
与 AB 成 30°角，则斜面的倾角 α 应为（   ）。

A. 0°   B. 30°   C. 45°   D. 60°

14. 如图 2-68 所示，$F=8\text{kN}$，力 F 在 y 轴的投影为（   ）。

A. $F_y=-4\sqrt{3}\,\text{kN}$ B. $F_y=-4\text{kN}$

C. $F_y=4\sqrt{3}\,\text{kN}$ D. $F_y=4\text{kN}$

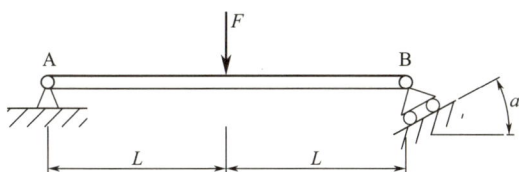
图 2-67 题 13 图

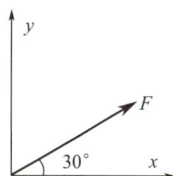
图 2-68 题 14 图

15. 平面汇交力系平衡的必要和充分条件是该力系的（　　）为零。

A. 合力　　　　　　B. 合力偶　　　　　　C. 主矢　　　　　　D. 主矢和主矩

16. 力使物体绕定点转动的效果用（　　）来度量。

A. 力矩　　　　　　　　　　　　　　　B. 力偶矩

C. 力的大小和方向　　　　　　　　　　D. 力对点之矩

17. 关于力偶，下列说法错误的是（　　）。

A. 力偶不可以用一个力去代替

B. 力偶是由大小相等、方向相反、作用线互相平行但不共线的两个力组成

C. 力偶对物体的转动效应取决于力偶的作用面、力偶矩的大小和力偶的转向

D. 力偶对其作用面内任一点的矩都等于零

18. 平面力偶系合成的结果是一个（　　）。

A. 合力　　　　　　B. 合力偶　　　　　　C. 主矩　　　　　　D. 主矢和主矩

19. 下列关于力对点之矩的说法，（　　）是错误的。

A. 力对点之矩与力的大小有关，而与力的方向无关

B. 力对点之矩不会因为力矢沿其作用线移动而改变

C. 力的数值为零或力的作用线通过矩心时，力矩均为零

D. 互相平衡的两个力对同一点之矩的代数和等于零

20. 力矩和力偶矩，它们与矩心位置的关系是（　　）。

A. 都与矩心无关

B. 力矩与矩心有关，而力偶矩与矩心无关

C. 都与矩心有关

D. 力矩与矩心无关，而力偶矩与矩心有关

21. 如图 2-69 所示，$F=10kN$，力 F 对 A 点之矩为（　　）。

A. $-10\sqrt{2}\,kN\cdot m$　　　　　　　　B. $10\sqrt{2}\,kN\cdot m$

C. $-20kN\cdot m$　　　　　　　　　　　D. $20kN\cdot m$

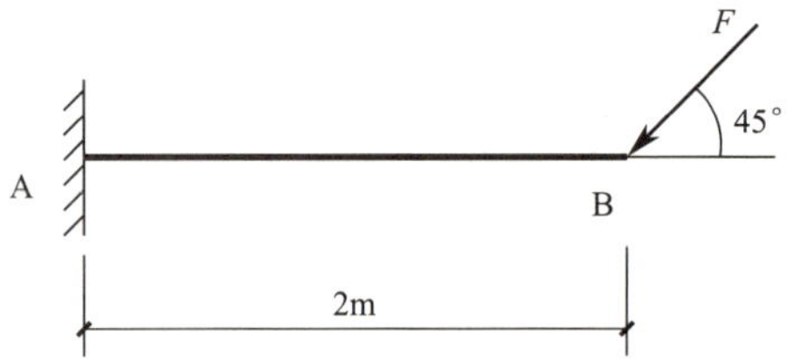

图 2-69　题 21 图

22. 平面一般力系的平衡方程是（　　　）。

A. $\sum F_x = 0$

B. $\sum F_y = 0$

C. $\sum M_O(F) = 0$

D. 以上三个都是

23. 下列说法中错误的是（　　　）。

A. 有均布荷载作用时，M 图为二次抛物线

B. 有均布荷载作用时，Q 图为斜直线

C. 梁上作用集中力偶对 M 图无影响

D. 梁上作用集中力偶对 Q 图无影响

24. 梁在集中力荷载作用的截面处，其内力图（　　　）。

A. 剪力图有突变，弯矩图光滑连续

B. 剪力图有突变，弯矩图有尖角

C. 弯矩图有突变，剪力图光滑连续

D. 弯矩图有突变，剪力图有尖角

25. 集中力偶作用处，梁的弯矩图和剪力图为（　　　）。

A. 弯矩图有突变，剪力图为零

B. 弯矩图有突变，剪力图无变化

C. 弯矩图有转折，剪力图为零

C. 弯矩图有转折，剪力图无变化

26. 若梁上作用向下的均布荷载，则该梁段的弯矩图形状为（　　　）。

A. 向下凸的抛物线

B. 向上凸的抛物线

C. 斜直线

D. 水平线

27. 梁横截面上弯矩的正负号规定为（　　　）。

A. 顺时针转向为正，逆时针转向为负

B. 逆时针转向为正，顺时针转向为负

C. 使所选脱离体下侧受拉为正，反之为负

D. 使所选脱离体上侧受拉为正，反之为负

　　　　　　　　建筑力学与结构

28. 梁横截面上剪力的正负号规定为（　　）。

A. 向上作用的剪力为正，向下作用的剪力为负

B. 向下作用的剪力为正，向上作用的剪力为负

C. 使所选脱离体顺时针转为正，反之为负

D. 使所选脱离体逆时针转为正，反之为负

29. 如图 2-70 所示悬臂梁，梁长为 l，梁上作用均布荷载 q，则 A 截面处的内力为（　　）。

A. $F_{QA右}=\dfrac{1}{2}ql$　$M_A=-\dfrac{1}{2}ql^2$　　　　B. $F_{QA右}=ql$　$M_A=-\dfrac{1}{2}ql^2$

C. $F_{QA右}=\dfrac{1}{2}ql$　$M_A=\dfrac{1}{8}ql^2$　　　　D. $F_{QA右}=ql$　$M_A=\dfrac{1}{8}ql^2$

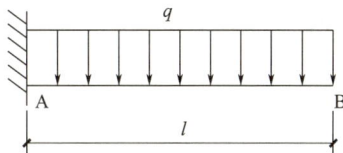

图 2-70　题 29 图

30. 杆件在一对大小相等、方向相反、作用线与杆轴线重合的外力作用下，杆件产生的变形称为（　　）变形。

A. 剪切　　　　　　B. 弯曲　　　　　　C. 轴向拉压　　　　D. 扭转

二、填空题

1. 力的三要素是_____、_____、_____。

2. 只受两个力作用而处于平衡的刚体，叫做_____。

3. 一刚体受不平行的三个力作用而平衡时，这三个力的作用线必_____。

4. 一刚体上作用两个力，且刚体保持平衡，则该两力一定大小_____、方向_____，并且_____。

5. 使物体产生运动或产生运动趋势的力称为_____。

6. 约束反力的方向总是和该约束所能阻碍物体的运动方向_____。

7. 力 F 与投影轴垂直，则力 F 在轴上的投影为_____。

8. $\sum F_x=0$ 表示力系中所有的力在 x 轴上投影的_____为零。

9. 力可以在同一刚体内平移，但需附加一个_____，力偶矩等于_____对新作用点之矩。

10. 力 F 的作用线通过 A 点，则力 F 对 A 点的力矩 $M_A(F)=$_____。

11. 力偶在任一轴上的投影都等于_____。

12. 图 2-71 所示力偶的力偶矩为_____。

13. 平面力偶系有_____个独立的平衡方程，平面汇交力系有_____个独立的平衡方程，平面一般力系有_____个独立平衡方程。

14. 工程中对于单跨静定梁，按其支座情况分为_____梁、_____梁和_____梁三种形式。

（图右侧）
12kN

4m

12kN

图 2-71 题 12 图

15. 以弯曲变形为主要变形的杆件称为_____。

16. 在有均布载荷作用的一段梁内，对应的剪力图图形为_____。

17. 在有均布载荷作用的一段梁内，对应的弯矩图图形为_____。

18. 集中力偶作用处，梁弯矩图_____，剪力图_____。

19. 轴向拉压时与轴线相重合的内力称为_____。

20. 轴力的正负号规定：轴力使杆件_____为正。

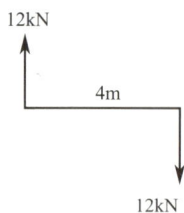

三、判断题

1. 两物体间的作用力与反作用力总是一对等值、反向、共线且分别作用在这两个物体上的力。（　　）

2. 合力一定大于分力。（　　）

3. 凡是两端用铰链连接的直杆都是二力杆。（　　）

4. 如果作用在刚体上的三个力共面且交汇于一点，则刚体一定平衡。（　　）

5. 光滑接触面的约束反力一定通过接触点，垂直于光滑面的压力。（　　）

6. 约束是限制物体运动的装置。（　　）

7. 力在轴上的投影是矢量，有大小和方向。（　　）

8. 两个力在 x 轴上的投影相等，则这两个力大小相等。（　　）

9. 当力沿其作用线移动时，不会改变力对某点的矩。（　　）

10. 力偶矩使物体绕矩心逆时针方向转动为正，顺时针转动为负。（　　）

11. 根据力的平移定理，可以将一个力分解成一个力和一个力偶。反之，一个力和一个力偶可以合成为一个力。（　　）

12. 平面一般力系平衡的必要与充分条件是：力系的合力等于零。（　　）

13. 土建工程中，习惯上把正剪力画在 x 轴的上方，负剪力画在 x 轴的下方。（　　）

14. M 图应画在梁受拉一侧。（　　）

15. 简支梁在跨中受集中力 P 作用时，跨中弯矩一定最大。（　　）

16. 有集中力作用处，剪力图有突变，弯矩图有尖点。（　　）

17. 若弯矩图抛物线下凸，则该梁上均布荷载向下作用。（　　）

18. 当梁发生弯曲时，若某段上无荷载作用，则弯矩图在此段内必为平行于轴线的直线。（　　）

19. 由于外力作用，构件的一部分对另一部分的作用称为内力。（　　）

20. 横截面上的内力与截面形状和尺寸有关。（　　）

四、受力分析

1. 如图 2-72 所示，作出杆件 AB 的受力图（杆件自重不计）。

2. 如图 2-73 所示，作出刚架 AB 的受力图（刚架自重不计）。

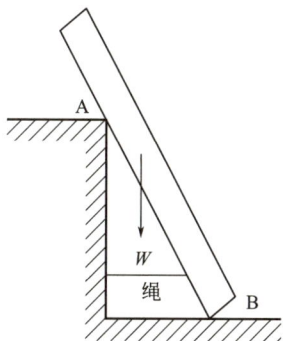

图 2-72　题 1 图

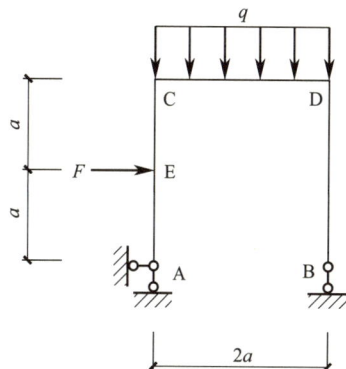

图 2-73　题 2 图

3. 如图 2-74 所示，作出梁 AB 的受力图（梁自重不计）。

4. 如图 2-75 所示，假设 A 支座支承面与水平方向的夹角为 30°，作山梁 AB 的受力图（梁自重不计）。

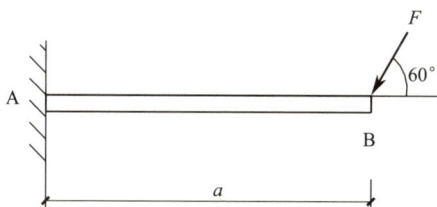

图 2-74　题 3 图

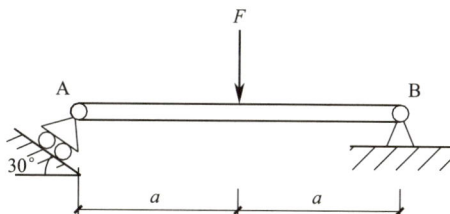

图 2-75　题 4 图

5. 如图 2-76 所示，画出 AB 部分、CD 部分及物体整体的受力图（杆件自重不计）。

6. 如图 2-77 所示，画出 AB 部分、BC 部分及物体整体的受力图（杆件自重不计）。

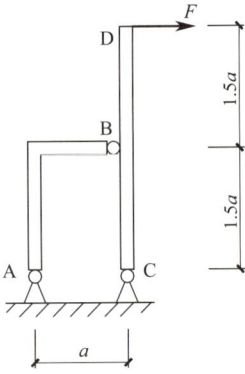

图 2-76　题 5 图

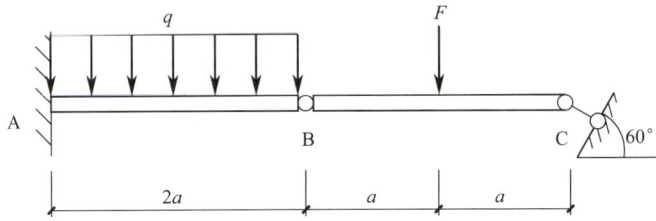

图 2-77　题 6 图

五、计算题

1. 已知 $F_1 = F_2 = F_3 = 200\text{kN}$，$F_4 = 100\text{kN}$，各力的方向如图 2-78 所示。

（1）选取适当的坐标系，计算力在坐标轴上的投影。

（2）求该力系的合力。

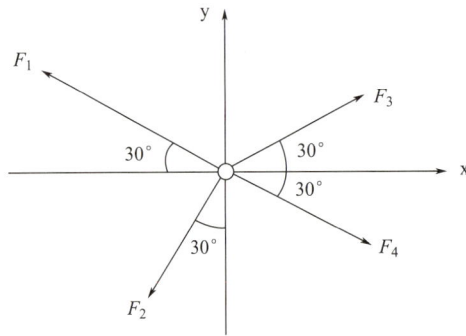

图 2-78　题 1 图

2. 已知 $F = 10\text{kN}$，A、B、C 三处都是铰接，杆的自重不计，求图 2-79 所示三角支架各杆所受的力。

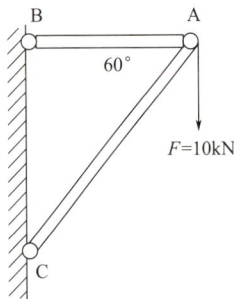

图 2-79　题 2 图

　建筑力学与结构

3. 简支梁 AB 受力如图 2-80 所示，分别求力 F 对 A、B 点之矩。

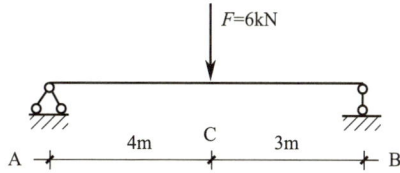

图 2-80　题 3 图

4. 如图 2-81 所示，试计算梁上均布荷载 q 对 A 点的力矩。

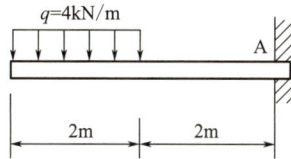

图 2-81　题 4 图

5. 如图 2-82 所示，求力 F 对 A 点之矩。

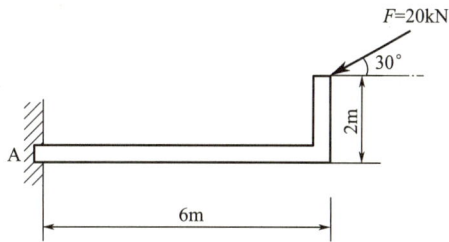

图 2-82　题 5 图

6. 悬臂刚架的尺寸和受力如图 2-83 所示，已知 $q = 2\text{kN/m}$，$M = 4\text{kN} \cdot \text{m}$，求 A 处的支座反力。

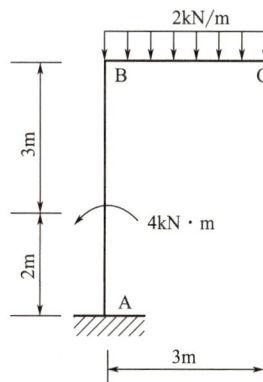

图 2-83　题 6 图

7. 如图 2-84 所示多跨连续梁，已知 $q=8\mathrm{kN/m}$，$F=12\mathrm{kN}$，$M=30\mathrm{kN \cdot m}$。求 A、B 处的支座反力。

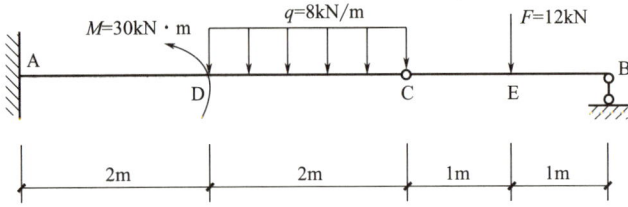

图 2-84 题 7 图

8. 如图 2-85 所示，用截面法求图示梁指定截面内力。

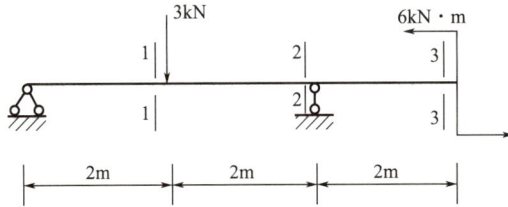

图 2-85 题 8 图

9. 如图 2-86 所示，利用计算内力的简便方法，直接根据荷载求图示梁指定截面内力。

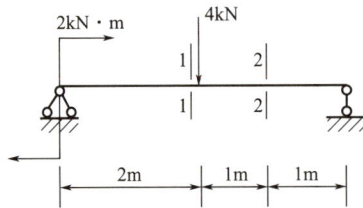

图 2-86 题 9 图

10. 外伸梁 AC 受如图 2-87 所示集中力和均布荷载作用，试计算该梁的弯矩和剪力，并绘制剪力图和弯矩图（应先计算出各控制截面上的弯矩和剪力，再用简捷法绘制内力图）。

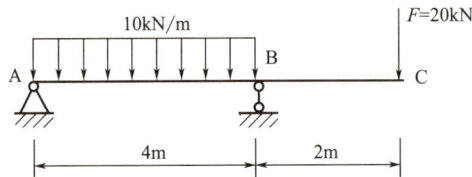

图 2-87 题 10 图

　　　　　　　　　　　　　　　　　　　建筑力学与结构

11. 轴向拉压杆的受力如图 2-88 所示，求各杆件各段的轴力，并绘制轴力图（要求画受力图，列平衡方程求解）。

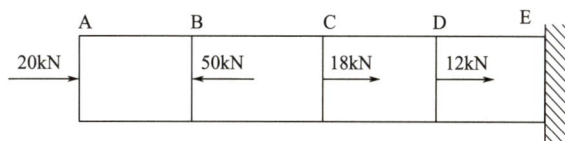

图 2-88 题 11 图

项目3
构件受力特性

【知识目标】掌握应力、应力分布概念，了解结构设计主要过程，掌握轴向应力、弯曲应力和剪应力概念，理解并记忆轴向应力、剪应力和计算公式。

【能力目标】能对物体（结构构件）在外力作用下产生的应力进行分析，明白产生几种应力，能够应用公式求出轴向应力和剪应力。

【素质目标】具备环保概念、创新思维、建造工艺美学的能力以及文化自信。

【案例导入】港珠澳大桥是中国境内一座连接香港、珠海和澳门的桥隧工程，位于中国广东省珠江口伶仃洋海域内，为珠江三角洲地区环线高速公路南环段（图3-1）。港珠澳大桥于2009年12月15日动工建设，2017年7月7日实现主体工程全线贯通，2018年2月6日完成主体工程验收，2018年10月24日上午9时开通运营。港珠澳大桥东起香港国际机场附近的香港口岸人工岛，向西横跨南海伶仃洋水域接珠海和澳门人工岛，止于珠海洪湾立交；桥隧全长55km，其中主桥29.6km、香港口岸至珠澳口岸41.6km；桥面为双向六车道高速公路，设计速度100km/h；工程项目总投资额1269亿元。港珠澳大桥总体设计理念包括战略性、创新性、功能性、安全性、环保性、文化性和景观性等方面。

图3-1 港珠澳大桥

方形杆件受轴心力作用如图 3-2 所示，已知杆件横截面边长 $a=100mm$，杆件自重不计。求杆件横截面 1-1、2-2、3-3 上的轴力及横截面的应力，并绘制轴力图。

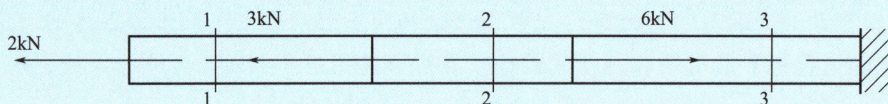

图 3-2　轴心受力杆件

任务分析

根据任务，对轴心受力杆件进行受力分析及画受力分析图，求杆件各段的轴力并绘制轴力图，利用应力公式求横截面的轴向应力。

任务 3.1　应力与应力分布概念

对于任何结构，组成各自荷载路径的所有构件都必须足以抵抗由荷载所产生的内力作用。这意味着需要获得有关不同材料和结构构件特性的详细信息。

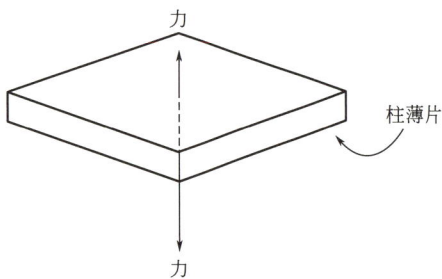

图 3-3　受拉柱薄片

要获得这种知识，需要介绍一种新的概念，这就是应力概念和相关的应力分布思想。应力是一个很常用的词，但对工程来说，它具有特定的含义，即单位面积上的力。应力分布是描述应力的大小是如何随单位面积的变化而变化的。

在理解这些概念之前，先看一下图 3-3 的柱薄片。

假设薄片的截面被切割成同样大小的正方形（单位正方形），则力就会分布到各个正方形上，如图 3-4 所示。

薄片被分成 25 个单位正方形，因此图 3-4 的力也就分成从 f_1 到 f_{25} 共计 25 个单位面积力。为保持平衡，这 25 个单位面积力的数值之和必须等于截面上的合力。就目前来说，不必要求 f_1 到 f_{25} 的任何单位面积力的值都相等。

图 3-4 重新画成图 3-5，以显示可能的从 f_1 到 f_{25} 的变化模式。

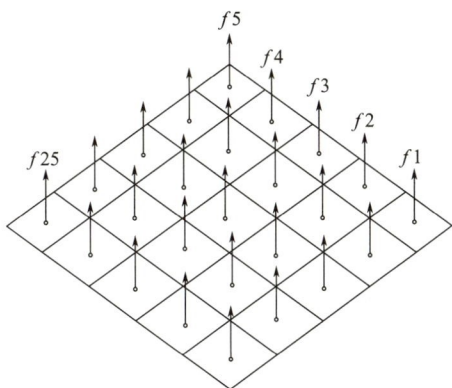

图 3-4 均匀受力柱薄片截面

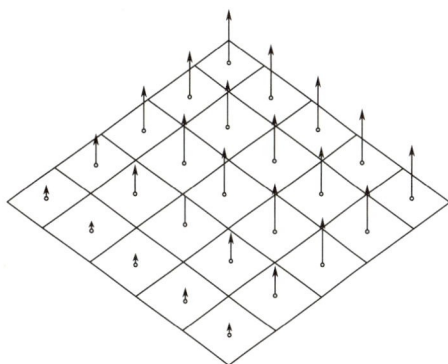

图 3-5 非均匀受力柱薄片截面

每个力的箭头长度表明各单位正方形中力的大小，可以看到这些力（应力）在变化模式上是不同的。为了看得更清楚，假设只画一排正方形，箭头的顶部用一条直线相连，如图 3-6 所示。正如所看到的形状是三角形，可得沿这排正方形，有一种三角形应力分布。

这些直线绘出了一个方向上的三角形和另一方向上的矩形，如图 3-7 所示。

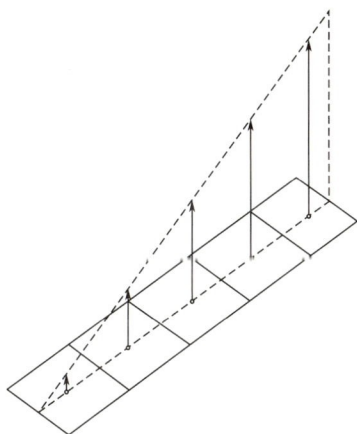

图 3-6 三角形受力柱截面单元

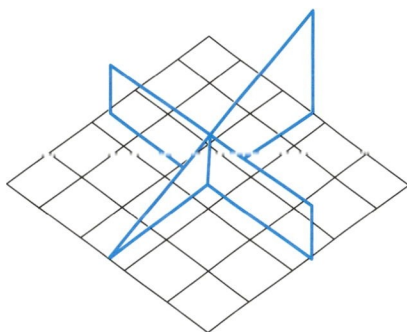

图 3-7 柱薄片截面三角形受力简化

通常只画出边缘轮廓来简化这些应力分布图，如图 3-8 所示。

注意画出正好穿过截面的应力分布图。图 3-8 所示的应力分布在一个方向上是三角形的，在另一方向上则是均匀的。均匀或者恒应力分布意味着应力的大小在那一方向上是不变的。

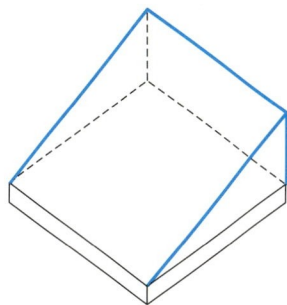

图 3-8 柱薄片截面三角形应力轮廓

一般来说，应力穿过任何结构的任意截面是不受约束的，除了应力之和必须等于作用在截面上的内力，并且这种内力作用于应力重心。这种重心的新概念以一种不同的方式应用于跷跷板中（图 3-9）。假设沿跷跷板的长度方向上有不同体重的人，人的体重由人的大小所显示。

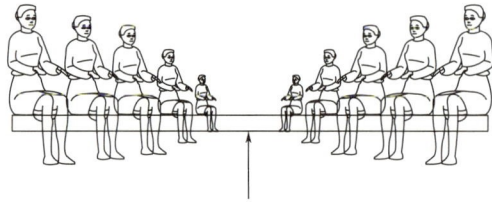

图 3-9　跷跷板的平衡

图 3-10 中，跷跷板被分成 10 个相等的空间，为保持平衡，两个等体重的人等距离地坐在平衡点的两边。

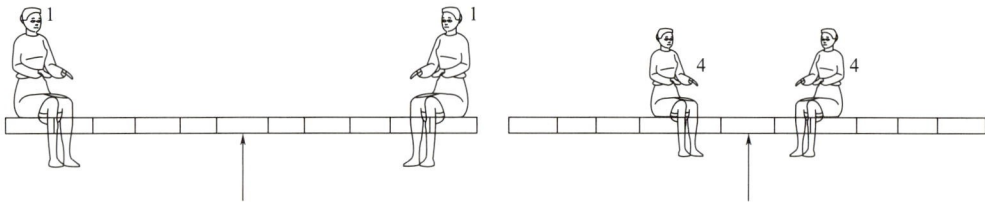

图 3-10　等重等距的跷跷板平衡

图 3-11 表明虽然两对人坐序不同，但都处于平衡状态，这是因为这 10 个人的重心都在跷跷板的平衡点上。

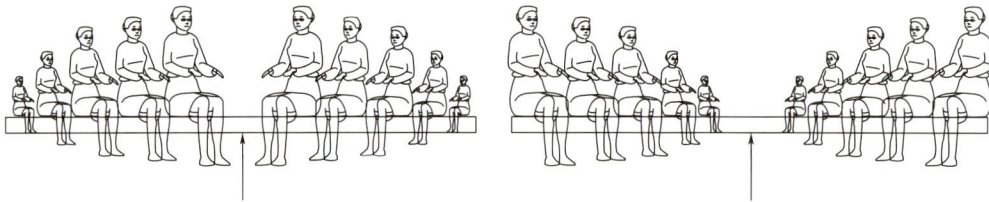

图 3-11　坐序不同的跷跷板平衡

由于人的高度直接与他们的体重有关，这些图在概念上类似于应力分布图。如图 3-12 所示的左侧坐序与三角形应力分布有关。

如果坐序改变，使所有最重的人坐在一端，如图 3-13 所示，那么平衡点就会移动。

新的平衡点将向体重大的一边移动。这是因为新的坐序重心不再是跷跷板的重心。同理，结构构件上任意点的内力必须作用在应力分布重心。若应力在截面两个方向上变化，则重心也将在两个方向上变化。

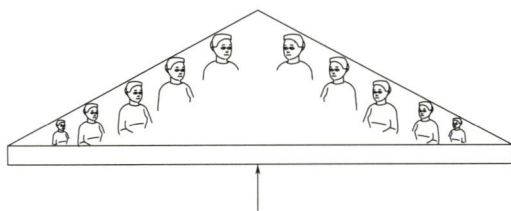

图 3-12　三角形应力分布　　　　　　　　图 3-13　平衡点的移动

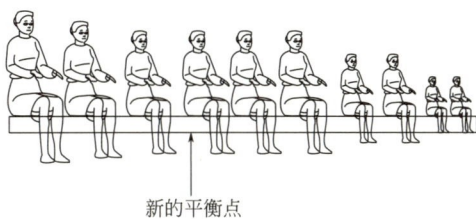

　　这种新的应力概念允许沿各个荷载路径进行检查，以确定应力足以抵抗由荷载产生的内力。这是通过确信荷载路径内的结构构件中的应力小于所用的结构材料允许的最大应力来实现的（换句话说，结构不能有超应力）。最大应力如何确定是很难用一句话说清的，这将在后面讨论。

　　应用荷载路径、结构作用和最大应力的概念，可以勾画出结构设计过程的主要部分。结构存在的原因一旦被认识，即可应用这个过程来设计建筑、桥梁、水工等结构物。结构设计过程的主要部分可用如下步骤描述：

　　步骤 1：选择一种结构形式和材料或多种材料。

　　步骤 2：确定结构必须承担的荷载。

　　步骤 3：为每个荷载组合找出荷载路径中的结构作用。

　　步骤 4：检查确定每一荷载路径没有超应力。

　　结构设计的详细过程将在后面讨论，但是既然应力的概念已经被解释，设计过程的主要步骤就能够被描述了。这里给出了基本的框架，允许对结构的整体特性加以理解或设计。

　　执行设计步骤 4 时，可以发明荷载路径的某些部分可能存在过大的应力。如果情况属实，那么可以通过改变其几何形状而使结构局部发生改变，以使应力减小到所允许的最大应力。

　　这种思想被广泛应用在日常生活中，人们有意地增加或减少应力。例如，人的体重是不变的，但人脚下的应力则可随着鞋与地面相接触的面积而改变。这种变化的作用有好有坏。图 3-14 表明三种类型的鞋，即普通鞋、高跟鞋和雪鞋。

　　普通鞋提供了抵抗正常应力的表面积；虽然高跟鞋提供承载同等重量，但由于较小的面积，在鞋子下面形成高应力，某些高跟鞋的应力甚至可以高到足以破坏某些种类的地板面；如在雪地里走路，脚下的面积就必须加大，以保持低应力状态这

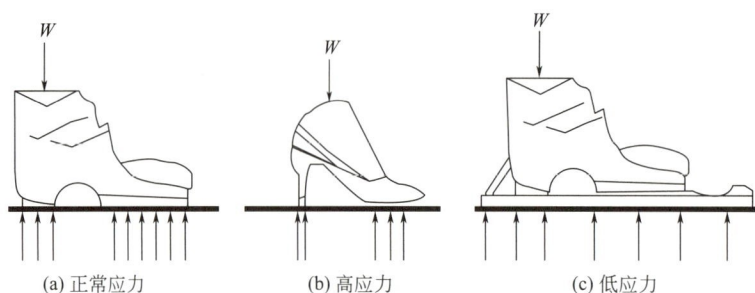

(a) 正常应力   (b) 高应力   (c) 低应力

图 3-14 鞋底应力

就是为什么雪鞋能阻止人沉入雪中。

所谓鞋、床、椅等的"舒适"含义就在于将人体的应力定位在"舒适"的范围内。座位面积大的高背软椅一般比座位面积小的硬板凳舒适，如图 3-15 所示。

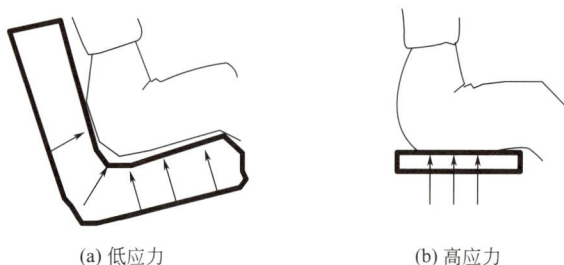

(a) 低应力   (b) 高应力

图 3-15 座椅应力

通过几何方法人为改变应力大小的思路也广泛用于许多其他物体上。例如，图钉上的大头盖使拇指产生舒适的应力，而在针尖下面形成高应力。针尖应力非常高，以至于基面被破坏，图钉可以被按进去，如图 3-16 所示。其重要的思想是，从平衡的角度上说，针头盖上的力必须等于针尖上的力，但应力在变化。可以通过改变几何形状来改变应力。

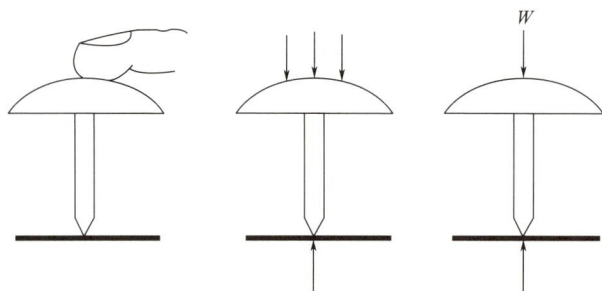

图 3-16 图钉应力

建筑力学与结构

手柄、尖端、楔体和宽肩带都是人们熟悉的有意增加或减少应力的工具。

回到工程结构上，我们的任务是提供一种结构，这种结构在承受规定的荷载时，其各处都处于"舒适"的应力状态。舒适应力的数值会因使用的材料而变化。例如，由于钢的强度高于木料，钢所允许（舒适）的应力比木料更高，因此，在承受相同荷载时，木结构会采用比钢结构体积更大的结构构件。

由于全面推测或测试整个结构的可行性往往是不现实的，目前的处理方式是计算每条荷载路径上的应力大小，并检查所有的应力是否都在允许范围内。若使这种方法可行，需要我们做出许多简化假设，这些假设通常被称为工程师的理论，并在应力计算中使用。其中包括以下关于材料性质和结构的一些假设：

（1）材料是各向同性的。这意味着材料的力学特性在所有方向上都是相同的。

（2）材料是线弹性的。弹性材料是一种受荷载作用而变形，移去荷载后又恢复到完全相同的原始状态的材料。如果一种弹性材料在某一精确比例的荷载作用下发生变形，这种材料便是线弹性材料。

（3）结构是均匀的。这意味着结构中没有裂缝、裂口或洞以及其他不连续性事件发生。

（4）承载结构的挠度是小的。这意味着可以使用非承载结构的形状来计算，以确定结构的特性不会导致任何严重误差（这不适用于非常柔性的结构，比如晒衣绳）。

（5）平截面保持平面。这个说法意味着结构的某些部分，在承载前是平面，在承载后也是平面。

这些理论被广泛应用于大多数结构设计中，特别是结构构件在承受弯矩、剪力和轴向力等内力作用时，假设理论会简化应力的分布。

任务 3.2　应力种类

3.2.1　轴向应力

一个轴向承载结构构件具有轴向内力，这些轴向内力在构件截面上产生轴向应力。应用工程力学的理论可画出简单的应力分布图。

这种平截面在轴向承载后仍保持平面，可以明显地反映在承载柱薄片的图 3-17 中，在这种情况下所说的"平截面保持平面"的假设是指：承载前截面是平面，承载后仍是平面，如图 3-18 所示。

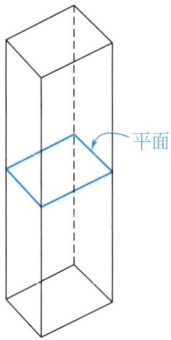

图 3-17　受力柱平面

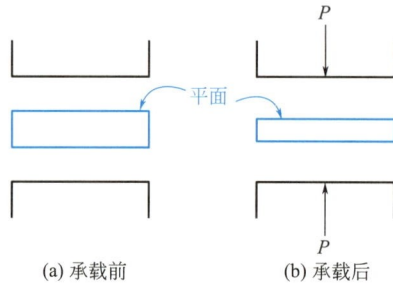

(a) 承载前　　　　(b) 承载后

图 3-18　承载前后的柱截面

这种假设给出了一个非常简单的轴向承载柱的应力分布。因为承载面保持平面，柱截面的所有部分都发生等量的变形，如图 3-19 所示。

因为在截面上变形相等，应力（荷载除以单位面积）各处均相同，换句话说，截面上有不变的（或均匀的）应力分布，如图 3-20 所示。

轴向承载柱横截面上的恒应力给出了力和应力之间的简单关系，即：

$$轴向应力＝\frac{轴向力}{横截面面积}$$

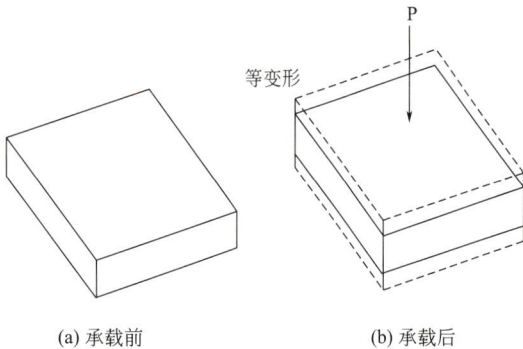

(a) 承载前　　　　(b) 承载后

图 3-19　承载前后的柱变形

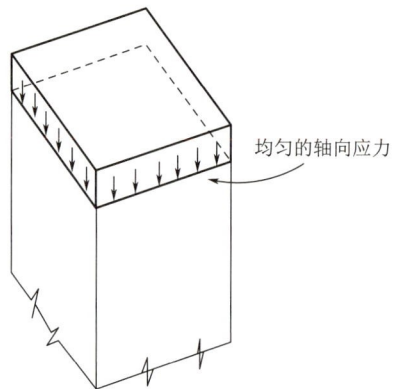

图 3-20　轴向均匀受力柱

这意味着对于一个已知力，应力的大小能够通过增加或减少柱截面面积而改变。平截面假定对于一个结构构件何时被看作为一维、二维或三维的问题也给予了启示。

这种假定意味着整个横截面均衡受力。图 3-21 表示三根柱，每根柱都承担局部荷载。但对于最宽的柱，若假定整个横截面上均衡受力，或者假定在整个横截面上受力，那么这个假定都是不合理的。

　　　　　　　　　　　　　　　　　　　　　　　建筑力学与结构

图 3-22 表示三个柱的受力部分。近似估计应力是以大约 60°的角度"传递"的。这意味着对于最宽的柱，平截面不保持平面。也就是说，最宽柱承载薄片的面不保持平面。

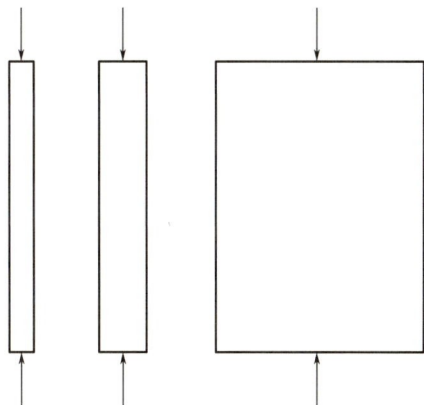

图 3-21　承受局部荷载柱

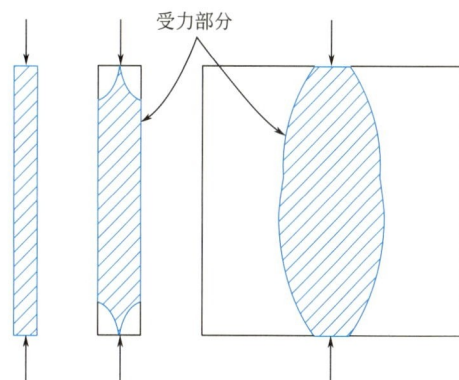

图 3-22　不同截面宽的柱受力

从工程角度考虑，这可用于指导结构构件是否为一维、二维或三维构件。如果简单应力分布是合理的，那么构件就可看成是一维的，但如果应力分布不再是简单的，那么构件就是二维或三维的。在图 3-23 中，最宽的柱必须被看作为二维构件。这种结果可通过逐渐将纸张拉宽的方法来看到。在图 3-24 中，纸的受力部分将绷紧，不受力的部分将松弛。

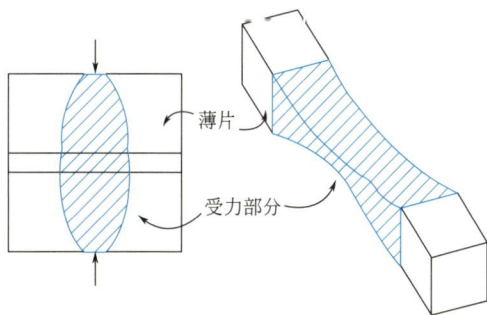

图 3-23　二维构件

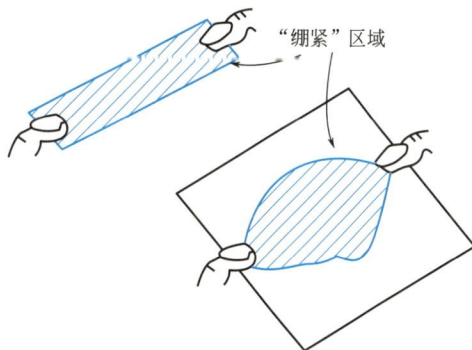

图 3-24　纸的受力

3.2.2　弯曲应力

当部分荷载路径是跨构件，即梁和平板时，构件将存在弯曲应力（弯矩）。这些构件的顶面和底面弯曲，然而平截面仍然保持平面，如图 3-25 所示。

再看一下未承载薄片和承载薄片，可以识别平截面，如图 3-26 所示。

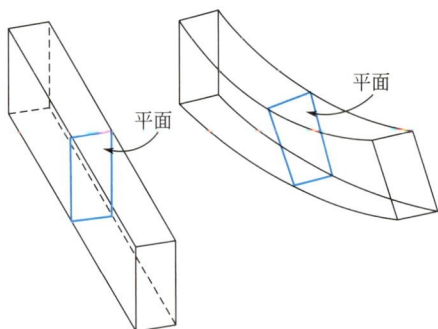

图 3-25　受弯构件弯曲前后的截面

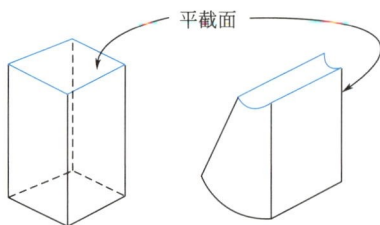

图 3-26　受弯薄片承载前后的截面

从侧面看薄片，可以看到平截面转动，如图 3-27 所示。

当薄片由于内弯矩作用受弯时，AB 受压，EF 受拉，CD 则保持不变。由于横截面保持平面，薄片各部分受压或受拉的程度直接与它离 CD 的距离的变化而发生改变，如图 3-28 所示。

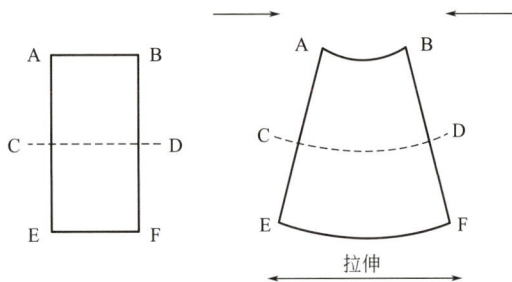

图 3-27　受弯薄片的平截面转动

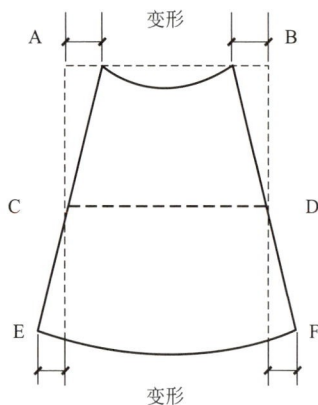

图 3-28　受弯薄片的变形

由于结构材料是线弹性的，力与变形成正比，因此最大压力发生在 AB 处，且从 AB 到 CD 不断减小。同理，最大拉力发生在 EF 处，从 EF 到 CD 不断减小。最大压力在薄片顶部，最大拉力在薄片底部，而在 CD 变化节点上，则既没有压力也没有拉力。应用这种信息，可以画出薄片侧视的应力分布图，如图 3-29 所示。

如果还假定这些由内弯矩产生的应力在穿越梁时不发生变化，就可画出压应力和拉应力的应力分布三维图，如图 3-30 所示。

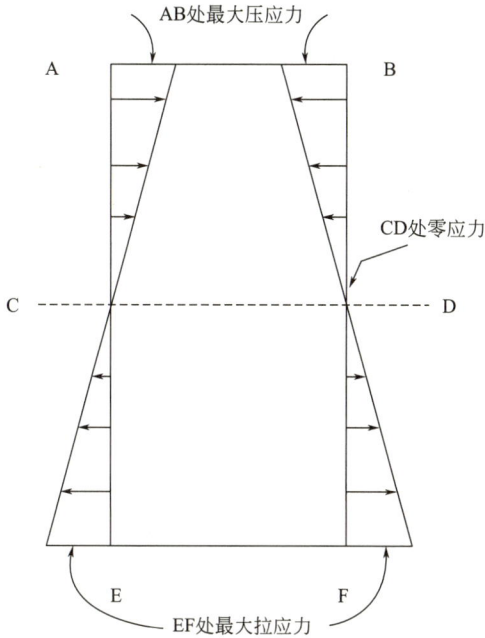

图 3-29　受弯薄片截面的应力分布

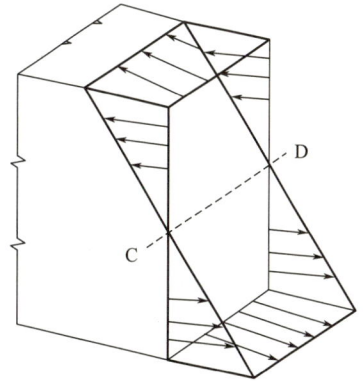

图 3-30　受弯构件的应力分布三维图

由线弹性和平截面假定得出的应力分布概念被广泛（但并非唯一）应用于结构工程中。它可看成是两部分，即压应力三角形分布和拉应力三角形分布。弯矩被表示为一种旋转力，可认为是以三种交替方式作用在梁薄片上：（1）作为旋转力；（2）作为压应力和拉应力的双三角形分布；（3）作为一对力，如图 3-31 所示。

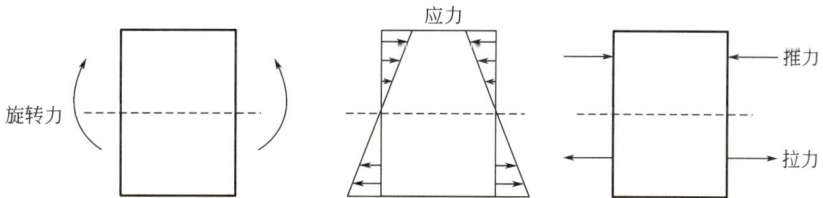

图 3-31　弯矩的三种交替方式

这个图说明了在理解结构特性时的一个关键概念。上述三个变换视图逻辑上是与前述的不同概念，是通过已经制定出的三个步骤相联系的。

步骤 1：将力矩弯曲梁的思想与平截面及梁薄片的边转动的思想相联系，如图 3-32 所示。

步骤 2：将边转动所造成的薄片变形与线弹性概念及应力分布概念相联系，如图 3-33 所示。

步骤 3：运用这种概念，如果力导致应力分布，那么有应力分布的地方就一定

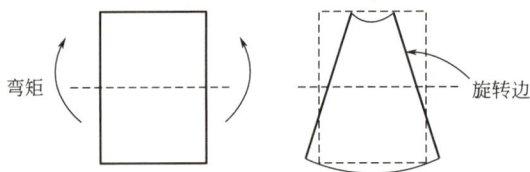

图 3-32 受力矩弯曲的梁

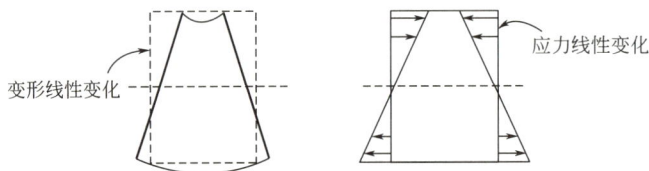

图 3-33 梁的变形与应力变化

有力，并且这种力必然作用在应力分布的重心，如图 3-34 所示。

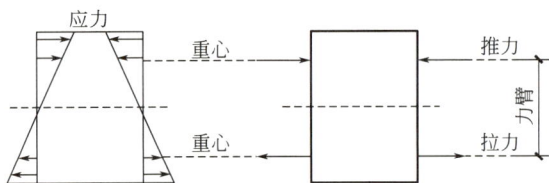

图 3-34 梁截面的应力与力

在图 3-35 中，压应力作用产生的"推力"和拉应力作用产生的"拉力"之间的距离称为力臂。力矩＝力×力臂，推力和拉力均"产生"弯矩。

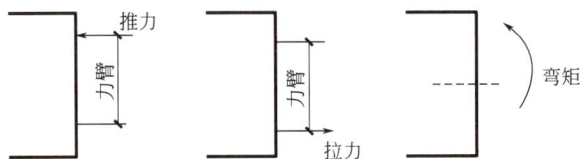

图 3-35 弯矩（力矩）

推力和拉力以及力臂表明通过改变梁的局部几何形状，任何力矩的应力大小也能随之改变。从图 3-35 中可做出两种有关平衡所需要的力大小的论述。

首先，各个截面上的力一定保持水平平衡，如图 3-36 所示。

因此，第一种论述是：推力的大小＝拉力的大小。

其次，从力矩平衡角度来说，弯矩一定等于力乘以力臂。

因此，第二种论述是：推力×力臂＝拉力×力臂，并等于弯矩。

弯矩的大小是由荷载路径中构件的位置和荷载路径必须承担的荷载的大小所"决定的"。因此，根据第二种论述，如果力臂越大，推（或拉）力就越小，反之亦然，如图 3-37 所示。

图 3-36　力、力臂与弯矩的第一种关系

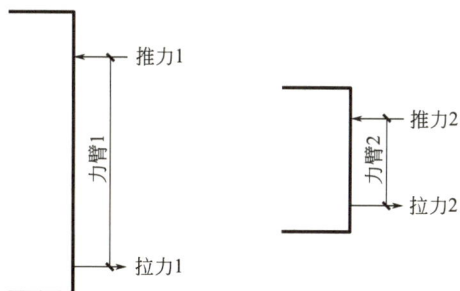

图 3-37　力、力臂与弯矩的第二种关系

根据论述二，推力 1×力臂 1＝推力 2×力臂 2。当力臂 1＞力臂 2 时，则推力 1＜推力 2。对任意力来说，应力和力大小之间的关系依赖于应力分布的面积和形状。对于弯曲应力，其分布情况已显示在图 3-30 中。

梁上部的所有压应力（单位面积力）必须加到推力上，而梁下部的所有拉应力必须加到拉力上，如图 3-38 所示。通过改变梁的深度来改变力臂的大小，推力和拉力的大小也能随之改变，这意味着应力大小能够被改变。这种情况只有在梁宽不变的条件下才能成立。应力的大小也能通过改变梁宽而改变，因为这样改变了受力面积，或者应力的大小也能通过既改变深度又改变宽度而改变。

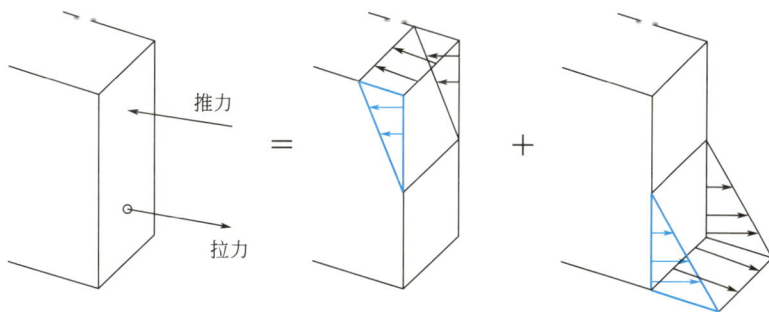

图 3-38　梁截面弯曲应力与力

与整个横截面（图 3-20）同等受力的轴向承载构件不同，受力矩弯曲的梁具有不同的应力，在梁顶部和底部为最大。由于所有结构材料都具有最大有效应力，与图 3-39 的那些梁一样，矩形实心截面梁除了顶、底两面外，其他各处都"应力不足"，如图 3-40 所示。

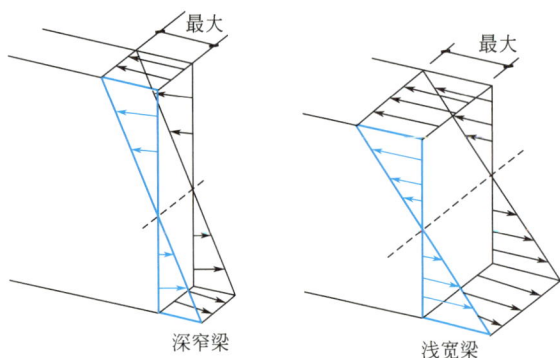

图 3-39 不同截面尺寸的梁应力　　　　　图 3-40 梁截面的应力分布

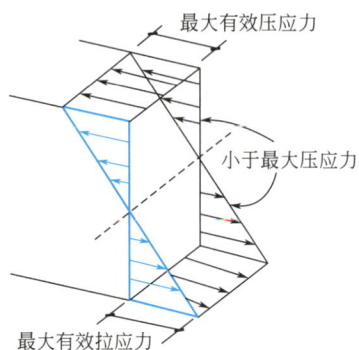

试图使结构的所有部分均达到所用的结构材料的最大有效应力，这是工程设计力求达到的一个目标，这样结构材料就不会"浪费"。若能同时不使几何结构复杂和造价昂贵，则这一目标是合理的。

材料不仅在梁高度上会浪费，而且也会在跨度上浪费。假设一等高矩形截面梁用来承担单跨荷载，弯矩的大小将沿梁的长度方向变化，如图 3-41 所示。

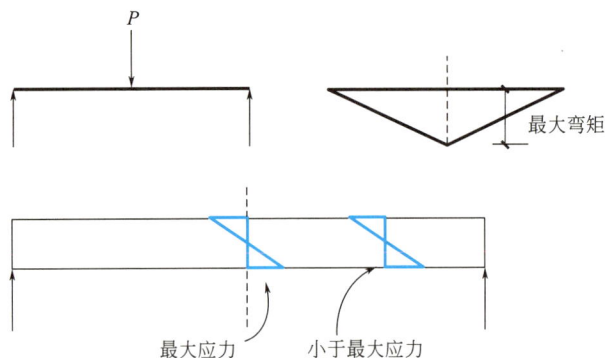

图 3-41 承受单跨荷载的梁弯矩图和应力

对于这种简单结构，最大应力只发生在最大弯矩的截面上。几乎整个梁都只有小于最大应力的弯应力，这与有端荷载的柱形成鲜明的对比。这里柱的整个截面和整个长度方向上都可能有最大应力，因此没有任何结构材料被浪费，如图 3-42 所示。

3.2.3 剪应力

轴向力会产生轴向应力，弯矩会产生弯曲应力。因此，期望剪力产生剪应力是合理的。剪应力抵抗竖向荷载，因此可以预料剪应力是竖向作用的。对于作用在梁

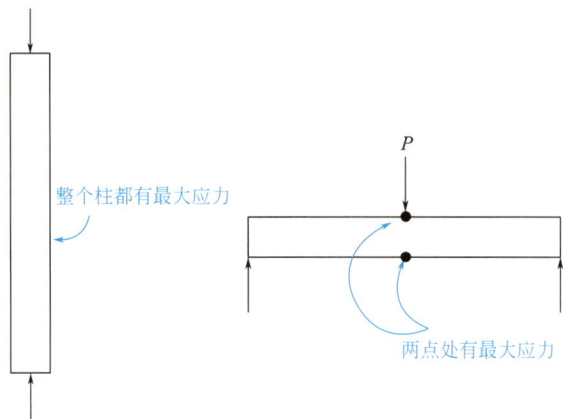

图 3-42　柱截面的应力与梁截面的应力对比

的横截面上的垂直剪力，可以采用类似于图 3-3 的做法。这里，剪力的作用方向与横截面的法线一致，如图 3-43 所示。

　　但是剪应力的分布并不能从对于轴向应力和弯曲应力作用的直接假定中推出。在梁的顶部和底部，剪应力必须为 0，否则在梁的表面将有垂直剪应力，这是不可能的。因此，剪应力的分布是什么形状呢？数学分析表明，对于矩形梁，剪应力分布呈现出弧线形，准确地说是抛物线形。最大值在梁的中部，在顶部和底部为 0，而在梁的宽度方向上则处处相等，如图 3-44 所示。

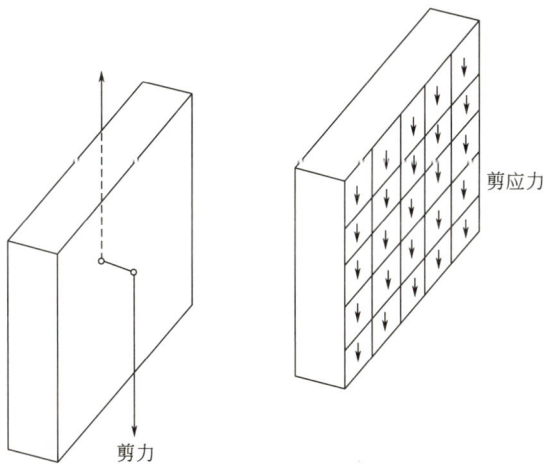

图 3-43　梁薄片的截面剪应力

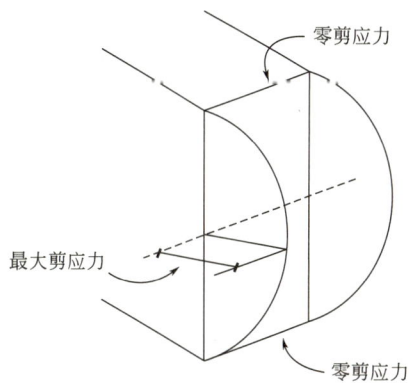

图 3-44　矩形截面梁的剪应力分布

　　在"实际"结构工程设计中，人们常常假设剪应力分布是矩形的而不是弧线形的。这意味着这种假设的剪应力是最大剪应力的 50%，在顶面和底面都有垂直剪应力。尽管这是不精确的，但这种假定被认为是有价值的，因为它简化了剪应力的数值计算，如图 3-45 所示。

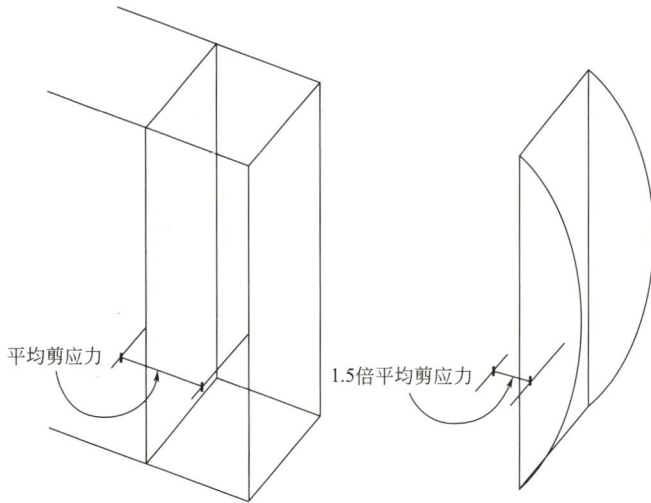

图 3-45　矩形截面梁简化的剪应力分布

由于这种假定，在剪力和剪应力之间就有了一种类似于轴向力和轴向应力之间的对应关系，即：

$$剪应力 = \frac{剪力}{剪切面积}$$

这里之所以引用剪切面积这个术语，是因为对于非矩形截面梁，采用的是"垂直"面积而不是总面积，如图 3-46 所示。

图 3-46 表示几种常见结构截面上的典型剪切面积，并证明了垂直剪切面积的一般概念。

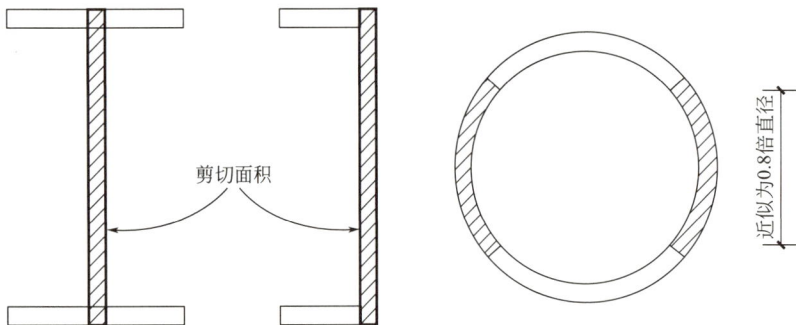

图 3-46　非矩形截面梁的剪切面积

3.2.4　组合应力

当一维构件是荷载路径的一部分时，它将有内力，这些内力可能是轴向力、弯矩或剪力。它们可被认为是轴向应力、弯曲应力和剪应力的分布。根据已做出的简化假定，这些应力具有非常简单的应力分布。

对于轴向力和轴向应力，如图 3-47 所示。

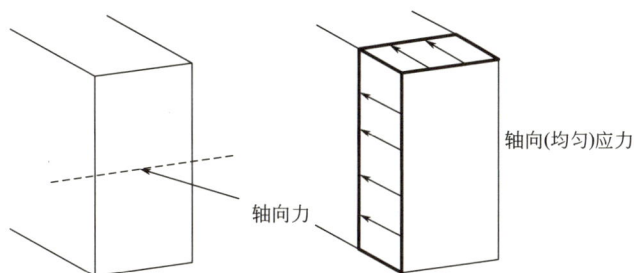

图 3-47　轴向力和轴向应力

对于弯矩和弯曲应力，如图 3-48 所示。

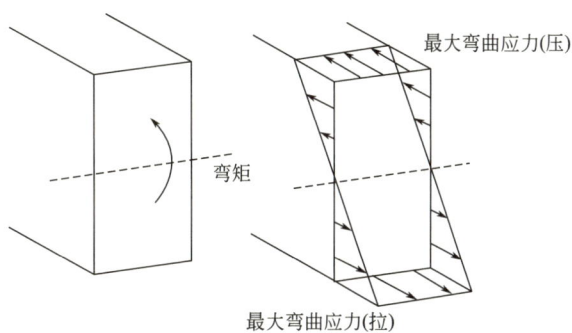

图 3-48　弯矩和弯曲应力

对于剪力和剪应力，如图 3-49 所示。

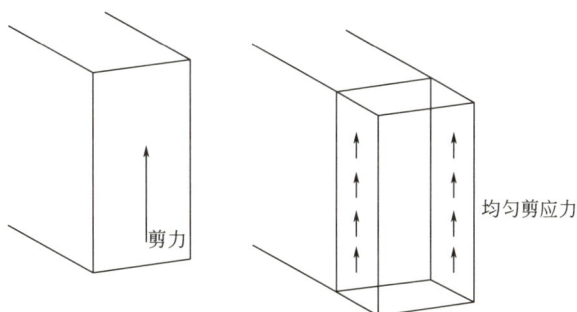

图 3-49　剪力和剪应力

在门式框架周围有集中荷载作用时，轴力、弯矩和剪力是如何变化的？门式框架的每一部分都有轴力、弯矩和剪力，这意味着在结构的每一部分都有轴向应力分布、弯曲应力与剪应力分布。如果可能的话，这些应力是否能够结合在一起产生总的应力分布呢？一种方法是组合薄片面上的应力，这种组合类型在工程中经常使用。

这种组合应力的方法相对简单一些，因为它只需将薄片面上处于同一方向的应力进行"叠加"。轴向应力和弯曲应力与梁的表面成直角，即沿梁的长度方向作用，因此需将应力分布进行叠加，使它们组合在一起，如图 3-50 所示。

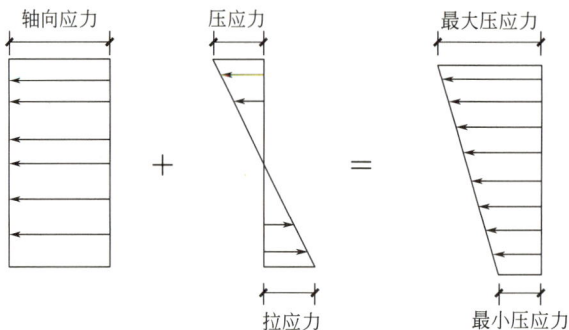

图 3-50 轴向应力的组合

在图 3-50 中，由于轴向压应力大于最大拉弯应力，故整个截面受压。这种组合应力的作用是产生出组合最大应力和组合最小应力。这些应力的大小为：

最大应力＝轴向压应力＋最大压弯应力

最小应力＝轴向压应力－最大拉弯应力

由于剪应力与薄片面平行，它没有与轴向应力和弯曲应力线性叠加，而是分开的。根据轴向应力和弯曲应力的相对大小以及轴向应力是否为拉应力或压应力，组合应力分布或全部为拉应力，或拉应力加压应力，或全部为压应力，如图 3-51 所示。

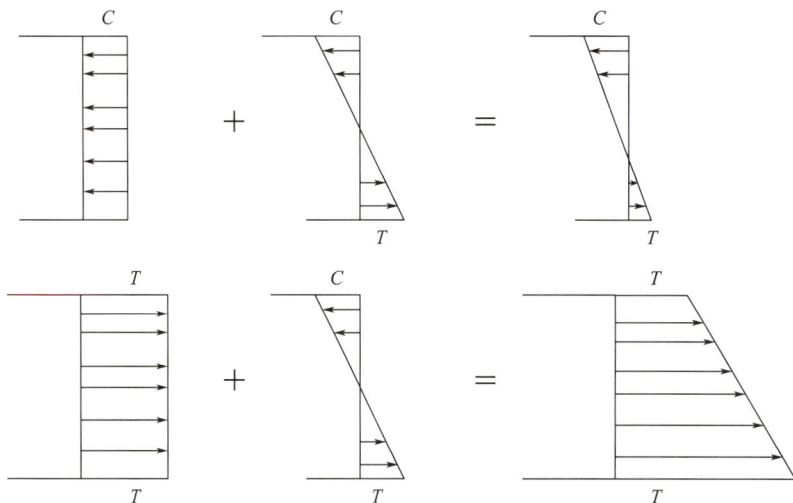

图 3-51 组合应力的分布

轴向应力分布可以被认为是轴向力均匀作用在截面的重心处。弯曲应力分布可以被认为是一对推拉力，作用在弯曲应力分布的拉应力部分和压应力部分的重心，如图 3-52 所示。

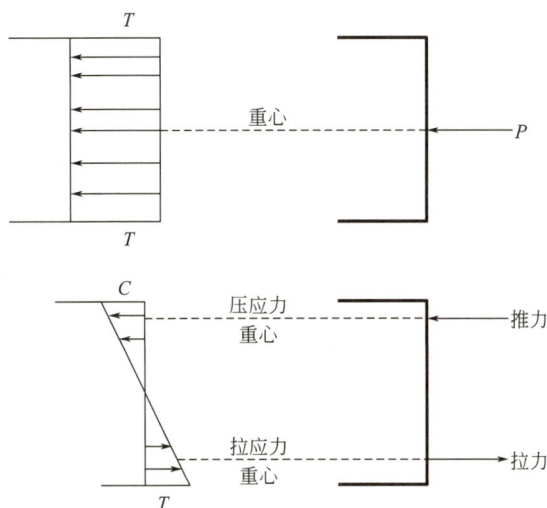

图 3-52　轴向应力分布与弯曲应力分布

由于应力分布已被组合产生一种新的应力分布，力能够被组合起来产生一种新的力吗？如果可以，这种力是什么？它作用在什么地方？推力等于拉力，因此这种组合力只能是轴向力，但是这种力一定作用在组合应力分布的重心，如图 3-53 所示。

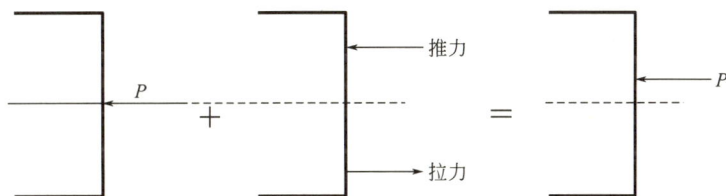

图 3-53　力的组合

此时，重心不在轴向应力作用处，如图 3-54 所示。

力矩的作用是将轴向力从均匀轴向应力的重心"移动"一段距离 e，这段距离 e 叫做偏心距，有了这种新的概念，就能更好地理解许多常见的工程现象。

在组合这些力以前，存在一个轴向力 P 和一个弯矩 M，现在其中的一种已"移动"一段距离，即拥有偏心距 e 的轴向力 P。而弯矩 M 会发生什么变化呢？弯矩仍然存在，这就是我们熟悉的弯距 $M=$ 力 $P \times$ 距离 e，如图 3-55 所示。

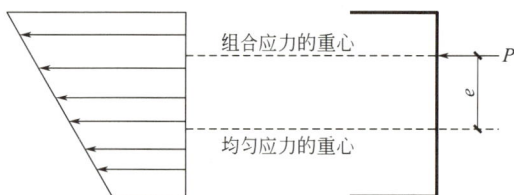

图 3-54　组合应力的重心　　　　　　图 3-55　力组合前后的转化

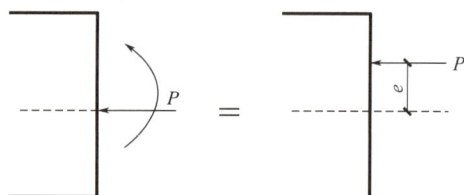

　　轴向力作用在偏心距的思路可用于内力和外力。如果一个结构构件有内轴向力和弯矩，那么这就可看成是相当于轴向力施加在偏离均匀应力的重心的一点上。另一方面，如果外力轴向荷载施加在偏离均匀应力的重心的结构构件一点上，那么这就可以看成是相当于施加轴向荷载加力矩。这便给出了一个非常简单的轴向力、弯矩和偏心距之间的关系，即：

$$弯矩＝轴向力×偏心距$$

或

$$偏心距＝\frac{弯矩}{轴向力}$$

　　假定一根梁支撑在墙上，对于只有由于梁的反作用力产生的均匀轴向应力的墙，梁必须精确地支撑在这种均匀应力分布重心的位置上，如图 3-56 所示。

　　这在任何实体结构中通常是不可能的，除非采用非常严密的预防措施。这意味着墙支撑的梁的反作用力将以一定的偏心距施加到墙上。因此，墙承担轴向荷载以及弯矩，如图 3-57 所示。

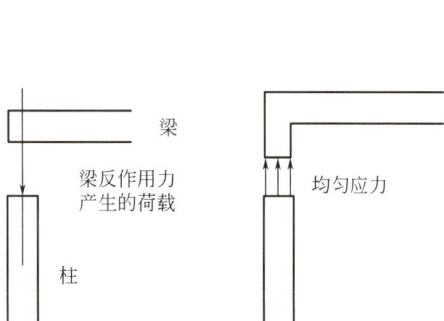

图 3-56　受均匀轴向应力的墙　　　　　图 3-57　受偏心轴向力作用的墙

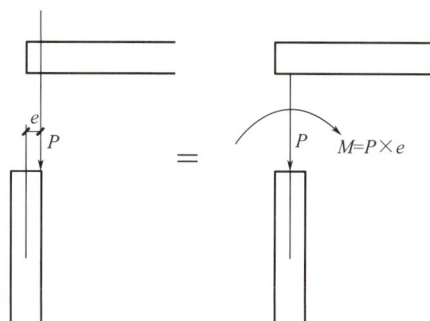

　　在该图中，偏心距在墙的宽度内，但情况并不总是这样。在外墙和任何其他的独立墙的墙根，当刮风时会发生什么变化呢？轴向力由墙的自重引起，弯矩由风水平方向吹在墙上引起，如图 3-58 所示。

图中偏心距可以取任何尺寸，取决于由墙的重量产生的轴向力和由风产生的力矩的大小。图 3-59 的图形表示只有压应力的截面和有压应力与拉应力的截面。这意味着偏心距在第二个图中较大。

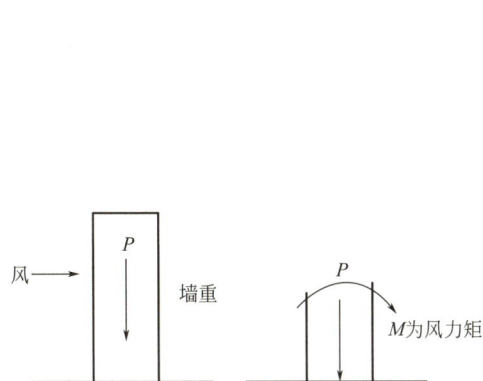

图 3-58　受风荷载作用的墙弯矩

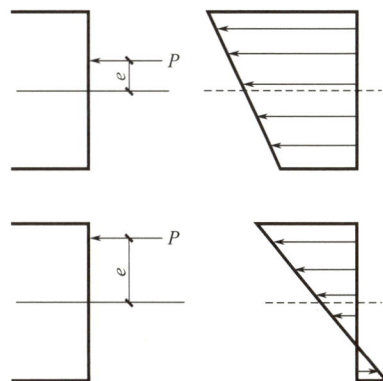

图 3-59　不同力矩产生的偏心距

对于矩形截面，如果没有拉应力，偏心距必须保持在截面的中间三等分，如图 3-60 所示。

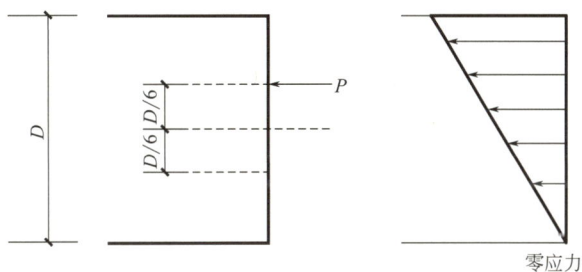

图 3-60　无拉应力矩形截面的偏心距

这对于由结构材料制成的结构体有着非常重要的意义，这些结构材料包括砖石和混凝土，它们不能承担有效拉应力 P，对于由这些材料制成的结构体，轴向力必须"保持"在截面的中心部位，否则将会断裂或倒塌。这就是为什么砖砌烟囱和墙有时在强风下会刮倒。

这种组合应力的方法使人们容易检查结构中的应力是否在材料有效应力范围内。这意味着荷载路径的所有部分都需要被检查，以确定构件是否足够强，这是结构设计中非常重要的一环。

课后练习题

一、简答题

1. 工程上的应力有什么特定的含义？应力分布描述的是什么？

2. 受力矩弯曲的梁，在梁截面的什么位置应力为最大？

3. 对于矩形梁，截面剪应力的分布是什么形状？剪应力最大值在梁截面的什么位置？

二、计算题

1. 方形杆件两端受 2kN 的轴心力作用，已知杆件横截面边长 $a=100$mm，杆件自重不计。求杆件横截面的应力是多少？

2. 如第 1 题的条件，若杆件的横截面边长不变，两端的轴心力调整为 3kN，那么横截面的应力是原来的几倍？

3. 还是第 1 题的条件，若杆件两端的轴心力不变，杆件横截面边长 a 调整为 200mm，那么横截面的应力相比原来有什么变化？

建筑力学与结构

项目4
结构材料与结构安全

结构材料与结构安全

【知识目标】识别钢筋种类、描述钢筋的强度与变形关系、列举混凝土的强度，了解混凝土的变形内容，理解钢筋与混凝土之间的粘结。了解结构安全的基本概念、知道结构的破坏类型、了解结构塑性性能及轴向不稳定性。

【能力目标】掌握钢筋的不同种类区别，学会查钢筋和混凝土表格。

【素质目标】具备培养学生风险意识、法治观念以及绿色低碳、尊重科学的职业精神。

【案例导入】结合绿色可持续混凝土材料发展，介绍经济、绿色的节能建造方针，强调技术进步可以推进建筑业的节能环保，体现土木工程专业问题解决方案对环境、健康与可持续发展的影响。在经济全球化中，气候变化既是经济问题，也是政治问题，二氧化碳排放权的本质是发展权。国家很早就明确了城市规划和建筑业发展总方向，以"适用、经济、绿色、美观"的建筑方针提出推广绿色建筑和建材，发展新型建造方式。混凝土是土木工程中最常用且消耗量巨大的建筑材料，传统混凝土制备所需的波特兰水泥，全球每年约消耗 28 亿 t。水泥生产将消耗大量的能源，排出大量的 CO_2 与其他大气污染物（图 4-1）。每生产 1t 水泥约会释放 1t 的 CO_2，每年水泥生产工业产生的 CO_2 占全球 CO_2 排放的 5%～7%。通过科技进步，降低土木工程行业的碳排放，降低对环境、健康与可持续发展的负面影响，为国家发展作出贡献。

图 4-1　水泥厂生产图

某受拉钢筋采用 HRB400，钢筋直径为 Φ20，使用部位结构抗震等级为三级，采用混凝土强度 C30，锚固区保护层厚度大于 $5d$。该图片中钢筋种类有哪些？

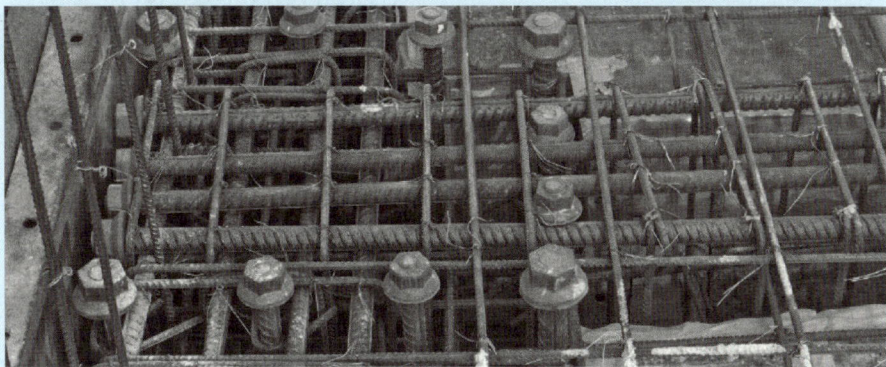

图 4-2　钢筋实景图

📚 任务分析

掌握钢筋和混凝土强度取值，理解钢筋与混凝土的相互粘结作用。

任务 4.1　钢筋和混凝土材料力学性能

钢筋混凝土结构是由钢筋和混凝土两种材料组成的结构。钢筋和混凝土的力学性能以及共同工作的特性直接影响钢筋混凝土结构和构件的性能，也是钢筋混凝土结构计算理论和设计方法的基础。

4.1.1　钢筋的力学性能

用于混凝土结构的钢筋，应具有较高的强度和良好的塑性，便于加工和焊接，并应与混凝土具有足够的粘结力。特别是用于预应力混凝土结构的预应力钢筋应具有很高的强度，只有如此，才能建立起较高的张拉应力，从而获得较好的预压效果。

1. 钢筋的种类

钢筋混凝土结构中所用的钢筋品种很多，按外形分为光圆钢筋和带肋钢筋（或称变形钢筋），如图 4-3 所示。光圆钢筋横截面通常为圆形，表面光滑。带肋钢筋横截面通常也为圆形，但表面带肋，钢筋表面的肋纹有利于钢筋和混凝土两种材料的结合。光圆钢筋的直径一般为 6～22mm，带肋钢筋的直径一般为 6～50mm。

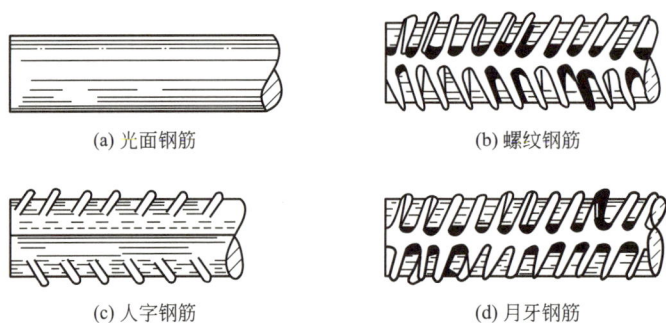

| (a) 光面钢筋 | (b) 螺纹钢筋 |
| (c) 人字钢筋 | (d) 月牙钢筋 |

图 4-3　钢筋的形式

直径较小的钢筋（直径小于 6mm）也称为钢丝，钢丝的外形通常为光圆的。在光圆钢丝的表面上进行轧制纹，形成螺旋肋钢丝。将多股钢丝捻在一起，并经低温回火处理并清除内应力后形成钢绞线。钢绞线可分为 2 股、3 股、7 股 3 种。

钢材按其化学成分的不同，可分为碳素钢和普通低合金钢。碳素钢的化学成分以铁为主，还含有少量的碳、硅、锰、硫、磷等元素。碳素钢按其含碳量的多少可分为低碳钢（含碳量＜0.25%）、中碳钢（含碳量 0.25%～0.6%）、高碳钢（含碳量 0.6%～1.4%）。碳素钢的强度随含碳量的增加而提高，但塑性、韧性下降，同时降低可焊性、抗腐蚀性及冷弯性能。普通低合金钢是碳素钢中加入合金元素，如硅、锰、钒、钛等，能提高钢材的强度和抗腐蚀性能，又不显著降低钢的塑性。

钢筋混凝土结构中的钢筋和预应力混凝土结构的非预应力钢筋常用热轧钢筋，它是由低碳钢、普通低合金钢在高温状态下轧制而成。热轧钢筋有热轧光圆钢筋（Hot Plain Bars）和热轧带肋钢筋（Hot Rolled Ribbed Bars）。热轧光圆钢筋有 HPB300，其牌号由 HPB 与屈服强度特征值构成，用符号 Φ 表示；热轧带肋钢筋有 HRB400、HRB500，其牌号由 HRB 与屈服强度特征值构成，分别用符号 Φ、Φ 表示。

热轧光圆钢筋的强度较低，但塑性及焊接性能很好，便于各种冷加工，实际工程中用于板和荷载不大的梁、柱的受力主筋、箍筋以及其他构造钢筋。HRB400 钢筋强度较高，塑性和焊接性能也较好，广泛用于大、中型钢筋混凝土结构的受力钢筋。HRB500 钢筋强度高，但塑性和焊接性能较差，可用作预应力钢筋。

此外，热轧钢筋还有细晶粒热轧钢（Hot Rolled Ribbed Bars Fine）。细晶粒热轧钢筋是在热轧过程中，通过控轧和控冷工艺形成的钢筋。细晶粒热轧钢筋有 HRBF400 和 HRBF500，其牌号由 HRBF 与屈服强度特征值构成，分别用符号Φ^F、Φ^F 表示。

《混凝土结构设计规范》GB 50010—2010（2015 年版）建议钢筋混凝土结构及预应力混凝土结构的钢筋，应按下列规定选用：

普通纵向受力钢筋宜采用 HRB400、HRB500、HRBF400、HRBF500 钢筋；也可采 HPB300 和 RRB400 钢筋。

梁、柱纵向受力普通钢筋应采用 HRB400 和 HRB500、HRBF400 和 HRBF500 钢筋。

普通箍筋宜采用 HRB400、HRBF400 、HRB500 和 HRBF500 钢筋，也可采用 HPB300 钢筋。

预应力钢筋宜采用预应力钢丝、钢绞线、预应力螺纹钢筋。

2. 钢筋的强度和变形

在钢筋混凝土结构中，有明显流幅的钢筋称为软钢，如热轧钢筋；无明显流幅的钢筋称为硬钢，如钢丝、钢绞线等。通过对两类钢筋进行拉伸试验，可以获得对钢筋强度和变形性能的认识。图 4-4 为有明显流幅的钢筋和无明显流幅的钢筋拉伸试验记录到的两种应力—应变关系曲线，可以看到两者的特征具有明显差异。

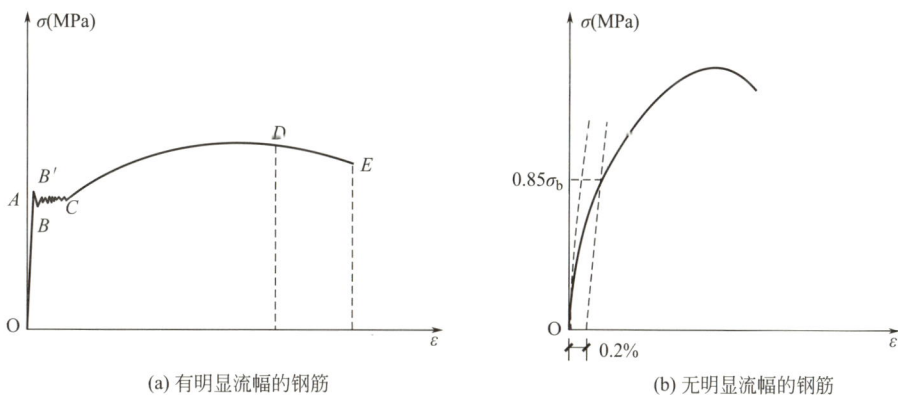

(a) 有明显流幅的钢筋　　　　　　(b) 无明显流幅的钢筋

图 4-4　钢筋的应力—应变曲线

图 4-4（a）中，有明显流幅的钢筋的应力—应变关系曲线分为四个阶段。A 点以前，应力与应变成线性比例关系，与 A 点相应的应力称为比例极限，这一阶段称为弹性阶段；过 A 点后，应变较应力增长稍快，到达 B′点后，应变出现塑性流动现象，B′点称为屈服上限，应力下降至 B 点屈服下限后，应力不增加，应变迅速增加，曲线接近水平线，BC 段曲线称为屈服台阶或流幅，这一阶段称为屈服阶段；

过 C 点后，曲线继续上升，直至最高点 D，CD 段称为强化阶段，D 点相应的应力称为钢材的抗拉强度或极限强度；过 D 点后，变形迅速增加，试件最薄弱处的截面逐渐缩小，出现"颈缩现象"，应力随之下降，到达 E 点时试件断裂，这一阶段称为颈缩阶段。

（1）有明显流幅的钢筋（软钢）

有明显流幅的钢筋，断裂时有"颈缩现象"，破坏前有明显预兆，呈塑性破坏。

（2）无明显流幅的钢筋（硬钢）

图 4-4（b）中，无明显流幅的钢筋的应力—应变关系曲线看不到明显的屈服台阶，达到极限强度后很快被拉断。这种钢材强度高、塑性差，破坏前没有明显预兆，呈脆性破坏。

有明显流幅的钢筋取其屈服强度作为强度标准值，原因是构件中的钢筋应力达到屈服点后，将产生很大的塑性变形，使钢筋混凝土构件出现很大变形和不可闭合的裂缝，以致不能使用。由于屈服上限不稳定，一般取屈服下限作为强度标准值。无明显流幅的钢筋通常取相当于残余变 $\varepsilon = 0.2\%$ 时，所对应的应力 $\sigma_{0.2}$，作为假想屈服强度或条件屈服强度，也就是该钢筋的强度标准值。$\sigma_{0.2}$ 不得小于抗拉强度的 85%（$0.85\sigma_b$）。因此实际中可取抗拉强度的 85% 作为条件屈服点。

（3）钢筋强度标准值和设计值

《混凝土结构设计规范》GB 50010—2010（2015 年版）规定材料强度标准值 f_{yk} 应具有不小于 95% 的保证率。普通钢筋强度标准值按表 4-1 采用，普通钢筋强度设计值按表 4-2 采用，预应力钢筋的屈服强度标准值、极限强度标准值按表 4-3 采用，预应力钢筋的极限强度标准值、抗拉强度设计值、抗压强度设计值按表 4-4 采用。

普通钢筋强度标准值（N/mm²）   表 4-1

牌号	符号	公称直径 d(mm)	屈服强度标准值 f_{yk}	极限强度标准值 f_{stk}
HPB300	Φ	6～14	300	420
HRB335	Φ	6～14	335	455
HRB400 HRBF400 RRB400	Φ Φ^F Φ^R	6～50	400	540
HRB500 HRBF500	Φ Φ^F	6～50	500	630

建筑力学与结构

普通钢筋强度设计值（N/mm²） 表 4-2

牌号	抗拉强度设计值 f_y	抗压强度设计值 f'_y
HPB300	270	270
HRB335	300	300
HRB400、HRBF400、RRB400	360	360
HRB500、HRBF500	435	435

预应力筋强度标准值（N/mm²） 表 4-3

种类		符号	公称直径 d(mm)	屈服强度标准值 f_{pyk}	极限强度标准值 f_{ptk}
中强度预应力钢丝	光面 螺旋肋	ϕ^{PM} ϕ^{HM}	5、7、9	620	800
				780	970
				980	1270
预应力螺纹钢筋	螺纹	ϕ^T	18、25、32、40、50	785	980
				930	1080
				1080	1230
消除应力钢丝	光面 螺旋肋	ϕ^P ϕ^H	5	—	1570
				—	1860
			7	—	1570
			9	—	1470
				—	1570
钢绞线	1×3 （三股）	ϕ^S	8.6、10.8、12.9	—	1570
				—	1860
				—	1960
	1×7 （七股）		9.5、12.7、15.2、17.8	—	1720
				—	1860
				—	1960
			21.6	—	1860

预应力筋强度设计值（N/mm²） 表 4-4

种类	极限强度标准值 f_{ptk}	抗拉强度设计值 f_{py}	抗压强度设计值 f'_{py}
中强度预应力钢丝	800	510	410
	970	650	
	1270	810	
消除应力钢丝	1470	1040	410
	1570	1110	
	1860	1320	

种类	极限强度标准值 f_{ptk}	抗拉强度设计值 f_{py}	抗压强度设计值 f'_{py}
钢绞线	1570	1110	390
	1720	1220	
	1860	1320	
	1960	1390	
预应力螺纹钢筋	980	650	400
	1080	770	
	1230	900	

（4）钢筋的弹性模量

钢筋的弹性模量是反映弹性阶段钢筋应力与应变关系的物理量，用式（4-1）计算。

$$E_s = \frac{\sigma_s}{\varepsilon_s} \tag{4-1}$$

式中　E_s——钢筋的弹性模量；

　　　σ_s——屈服前钢筋的应力，N/mm^2；

　　　ε_s——相应钢筋的应变。

钢筋的弹性模量由拉伸试验测定，对同一种类的钢筋，受拉和受压的弹性模量相同。钢筋的弹性模量见表 4-5。

钢筋的弹性模量（$\times 10^5 N/mm^2$）　　　　　表 4-5

牌号或种类	弹性模量 E_s
HPB300	2.10
HRB335、HRB400、HRB500 HRBF400、HRBF500、RRB400 预应力螺纹钢筋	2.00
消除应力钢丝、中强度预应力钢丝	2.05
钢绞线	1.95

4.1.2　混凝土力学性能

普通混凝土是由砂、石、水泥、水按一定比例配合，经搅拌、成型、养护而形成的人造石材。其中砂、石起骨架作用，称为骨料。水泥与水形成水泥浆，包裹在骨料表面并填充其空隙。混凝土广泛应用于土木工程。

1. 混凝土的强度

（1）立方体抗压强度

立方体抗压强度标准值是按标准方法制作、养护的边长为 150mm 的立方体试件，在 28d 龄期或设计规定龄期，以标准试验方法测得的具有 95％保证率的抗压强度值，以 $f_{cu,k}$ 表示。

立方体抗压强度标准值的测得与试验时的试验方法、加载速度、试件尺寸的大小、混凝土的龄期有很大关系。

将表面不涂润滑剂的试件直接放在压力机的上下两块垫板之间进行加压，如图 4-5（a）所示，试件纵向受压缩短，而横向将扩展，由于压力机垫板与试件上、下表面之间的摩擦力影响，将试件上下端箍住，阻碍了试件上下端的变形，提高了试件的立方体抗压强度。接近试件中间部分"箍"的约束影响减小，混凝土比较容易发生横向变形。随着荷载的增加，当压力使试件应力水平达到极限值时，试件由于受到竖向和水平摩擦力的复合作用，首先沿斜向破裂，中间部分的混凝土最先达到极限应变而鼓出塌落，形成对顶的两个角锥体，如图 4-5（b）所示。如果在试件和压力机之间加一些润滑剂，这时试件与压力机垫板间的摩擦力减小，其横向变形几乎不受约束。试件沿着几乎与力的作用方向平行地产生几条裂缝而破坏，如图 4-5（c）所示。这样所测得的混凝土立方体抗压强度较低。《混凝土结构设计规范》GB 50010—2010（2015 年版）规定在标准试验方法中不涂润滑剂，这比较符合实际使用情况。

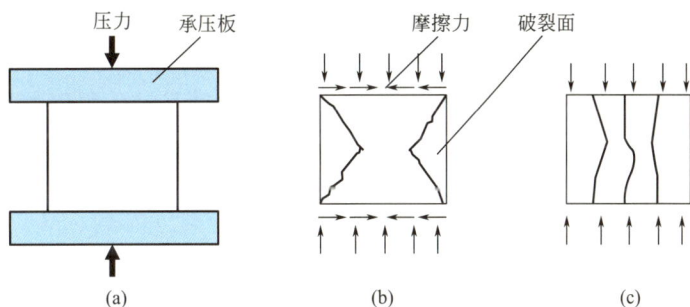

图 4-5 混凝土立方体抗压试验

由于试件的尺寸大小不同，试验时试件上下表面的摩擦力产生"箍"的作用也将不同，因此，当试件上下表面不涂润滑剂加压测试时，得到的立方体抗压强度值与试件尺寸有很大关系，立方体试件尺寸越小，立方体抗压强度值越高。对于边长为非标准尺寸的立方体试件，根据试验资料分析，其立方体抗压强度值应乘以换算系数，以换算成标准试件的立方体抗压强度。当采用边长为 200mm 和 100mm 的立方体试件时，其换算系数分别取 1.05 和 0.95。

试验时加载速度对立方体抗压强度也有影响，加载速度越快，测得的立方体抗压强度越高。通常规定加载速度为：混凝土强度等级低于 C30 时，取每秒钟 0.3～

$0.5N/mm^2$；当混凝土强度等级等于或高于 C30 时，取每秒钟 $0.5\sim0.8N/mm^2$。

此外，随着混凝土的龄期逐渐增长，立方体抗压强度增长速度开始较快，后来逐渐趋缓，这种强度增长的过程往往延续若干年，在潮湿环境中延续时间会更长。

立方体抗压强度标准值是基本代表值，也是混凝土强度等级的划分依据，其他强度可由它换算得到。混凝土强度等级的划分以混凝土立方体抗压强度标准值为标准，分为 C15、C20、C25、C30、C35、C40、C45、C50、C55、C60、C65、C70、C75 和 C80 共 14 个等级，其中 C50～C80 属于高强度混凝土范畴。混凝土强度等级中 C 代表混凝土，数字部分表示以 N/mm^2 为单位的立方体抗压强度标准值的数值。

根据混凝土结构工程的不同情况，应选择不同强度等级的混凝土。《混凝土结构设计规范》GB 50010—2010（2015 年版）建议：素混凝土结构的混凝土强度等级不应低于 C15；钢筋混凝土结构的混凝土强度等级不应低于 C20；当采用 400MPa 及以上的钢筋时，混凝土强度等级不应低于 C25；预应力混凝土结构的混凝土强度等级不宜低于 C40，且不应低于 C30；承受重复荷载的构件，混凝土强度等级不应低于 C30。

（2）轴心抗压强度

轴心抗压强度标准值是以 150mm×150mm×300mm 棱柱体为标准试件，在 28d 龄期，用标准试验方法测得的具有 95％保证率的抗压强度值，以 $f_{cu,k}$ 表示。

在实际工程中，钢筋混凝土轴心受压构件，如柱、屋架受压弦杆等，长度比横截面尺寸大得多，构件的混凝土强度与混凝土棱柱体轴心抗压强度接近。因此，轴心抗压强度采用棱柱体为标准试件可以反映混凝土结构的实际受力情况，在构件设计时，混凝土强度多采用轴心抗压强度。

轴心抗压强度标准值的测得同样与试验时的试验方法、加载速度、试件的尺寸大小、混凝土的龄期有很大关系。其中，棱柱体试件高度越大，试验机垫板与试件之间的摩擦力对试件高度中部的横向变形的约束影响越小，所以棱柱体试件的高宽比越大，轴心抗压强度值越小。根据试验分析，对于高宽比为 2～3 的棱柱体试件，可消除上述因素的影响。

棱柱体轴心抗压试验及破坏情况如图 4-6 所示。

在试验研究的基础上，考虑实际结构构件制作、养护和受力情况，以及实际构件强度与试件强度之间存在的差异，《混凝土结构设计规范》GB 50010—2010（2015 年版）基于安全，用下式表示轴心抗压强度标准值与立方体抗压强度标准值的关系：

$$f_{ck}=0.88\alpha_1\alpha_2f_{cu,k} \tag{4-2}$$

式中 α_1——棱柱体强度与立方体强度之比，对混凝土等级为 C50 及以下的取 $\alpha_1 =$ 0.76，对 C80 取 $\alpha_1 = 0.82$，在此之间按线性插值法取值；

α_2——高强度混凝土的脆性折减系数，对 C40 取 $\alpha_2 = 1.00$，对 C80 取 $\alpha_2 =$ 0.87，在此之间按线性插值法取值；

0.88——考虑实际结构构件制作、养护和受力情况，实际结构构件与试件混凝土强度之间的差异而取用的折减系数。

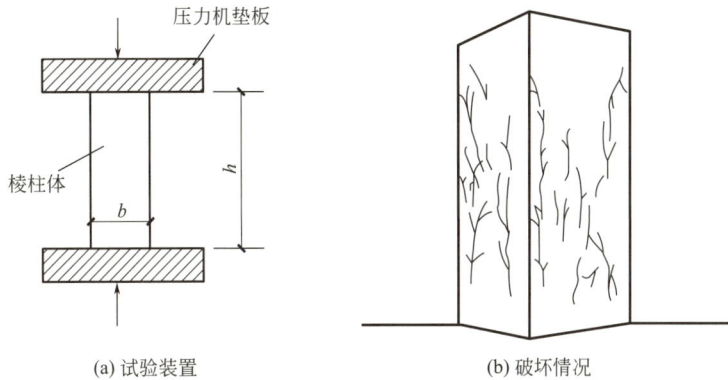

(a) 试验装置　　　　　　(b) 破坏情况

图 4-6　混凝土轴心抗压试验及破坏情况

《混凝土结构设计规范》GB 50010—2010（2015 年版）给出的混凝土轴心抗压强度标准值和轴心抗压强度设计值分别见表 4-6、表 4-7。

混凝土强度标准值（N/mm²）　　　　　表 4-6

强度	混凝土强度等级													
	C15	C20	C25	C30	C35	C40	C45	C50	C55	C60	C65	C70	C75	C80
f_{ck}	10.0	13.4	16.7	20.1	23.4	26.8	29.6	32.4	35.5	38.5	41.5	44.5	47.4	50.2
f_{tk}	1.27	1.54	1.78	2.01	2.20	2.39	2.51	2.64	2.74	2.85	2.93	2.99	3.05	3.11

（3）轴心抗拉强度

轴心抗拉强度试验的标准试件是两端预埋钢筋的棱柱体，如图 4-7 所示。

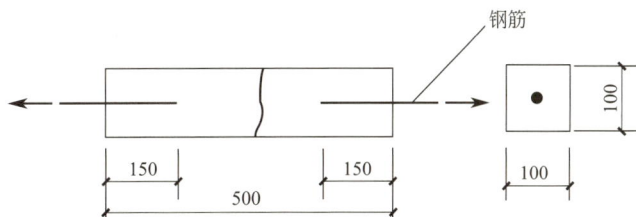

图 4-7　轴心抗拉强度试验

项目 4　结构材料与结构安全

强度	混凝土强度等级													
	C15	C20	C25	C30	C35	C40	C45	C50	C55	C60	C65	C70	C75	C80
f_c	7.2	9.6	11.9	14.3	16.7	19.1	21.1	23.1	25.3	27.5	29.7	31.8	33.8	35.9
f_t	0.91	1.10	1.27	1.43	1.57	1.71	1.80	1.89	1.96	2.04	2.09	2.14	2.18	2.22

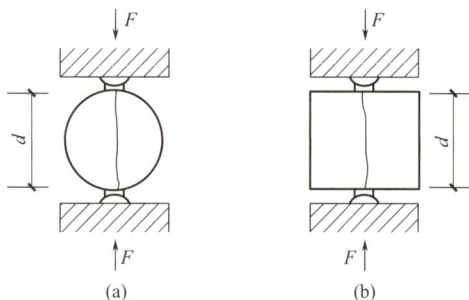

图 4-8　劈裂试验

但采用图 4-7 所示的试件直接进行轴心抗拉试验并不容易保证试件处于轴心受拉状态，试件的偏心受力会影响轴心抗拉强度测定的准确性。所以国内外也常用图 4-8 所示的圆柱体或立方体的劈裂试验来直接测定混凝土抗拉强度。

《混凝土结构设计规范》GB 50010—2010（2015 年版）用下式表示轴心抗拉强度标准值与立方体抗压强度标准值的关系：

$$f_{tk} = 0.88 \times 0.395 \times f_{cu,k}^{0.55}(1 - 1.645\delta)^{0.45} \times \alpha_2 \qquad (4-3)$$

混凝土轴心抗拉强度标准值和轴心抗拉强度设计值分别见表 4-6 和表 4-7。

钢筋混凝土的抗裂性、抗剪承载力、抗扭承载力等均与混凝土的抗拉强度有关。在多轴应力状态下的混凝土强度理论中，混凝土的抗拉强度是一个非常主要的参数。

2. 混凝土的变形

（1）在一次短期加荷时的变形性能

混凝土在一次短期荷载作用下的应力—应变关系曲线反映了受荷各个阶段内部的变化及其破坏的机理，它是研究钢筋混凝土结构极限强度理论（如截面应力分析、内力重分布、刚度和挠度、抗裂性和裂缝宽度控制、结构抗震性能等）的重要依据。

试验表明，完整的应力—应变曲线包括上升段和下降段两部分（图 4-9）。

1）上升段（OC）：上升段分为三个阶段，从加荷至 A 点（应力为 $0.3f_c \sim 0.4f_c$），由于试件中应力较小，混凝土的变形主要是骨料和水泥结晶体受力产生的弹性变形，水泥胶体的黏性流动以及初始微裂变化的影响很小，故应力与应变关系接近直线，一般称 A 点为比例极限点，OA 为第一阶段。超过 A 点，进入第二阶段——稳定裂缝扩展阶段，至临界点 B，临界点应力可作为长期抗压强度的依据。此后试件中所积蓄的弹性应变能始终保持大于裂缝发展所需的能量，形成裂缝不稳定的快速发展状态，直至峰点 C，即第三阶段（如前所述的受压破坏机理）。这

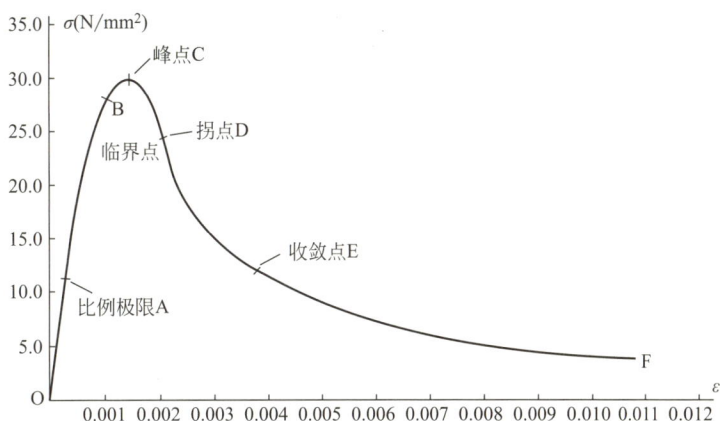

图 4-9 混凝土棱柱体受压应力—应变曲线

时，达到的峰值应力 σ_{max} 称为混凝土棱柱体抗压强度 f_c，相应的应变称为峰值应变 ε_0，其值在 0.0015～0.0025 波动，平均值为 0.002。

2）下降段（CE）：混凝土达到峰值应力后裂缝继续扩展。在峰值应力以后，裂缝迅速发展，内部结构的整体性受到越来越严重的破坏，赖以传递荷载的传力路线不断减少，试件的平均应力下降，所以应力—应变曲线向下弯曲，直到曲线的凹向发生改变（即曲率为零的点 D），称该点为"拐点"。超过"拐点"，结构受力性能开始发生本质的变化，骨料间的咬合力及摩擦力开始与残余承压面共同承受荷载。随着变形的增加，应力—应变曲线逐渐凸向水平轴方向，此段曲线中曲率最大的点 E 称为"收敛点"。从"收敛点"开始以后的曲线称为收敛段，此时贯通的主裂缝已经很宽，结构内聚力已几乎耗尽，收敛段（EF）对十九侧向约束的混凝土已失去结构意义。

（2）混凝土在长期荷载作用下的变形性能

混凝土试件在受压后，除产生瞬时应变外，在维持其外力不变的条件下经过若干时间，其变形将继续增大。这种在荷载长期作用下，即使应力不变的情形下，应变也随时间而增长的现象称为混凝土的徐变。

徐变的产生将使构件的变形增加（如长期荷载作用下受弯构件的挠度由于受压区混凝土的徐变可增加一倍），在截面中引起应力重分布（如使轴心受压构件中的钢筋应力增加，混凝土应力减少）。在预应力混凝土结构中，混凝土的徐变将引起相当大的预应力损失。

影响混凝土徐变的因素有：

1）混凝土的组成成分对徐变有很大影响。水泥用量越多，水灰比越大，徐变越大；增加混凝土骨料的含量，其骨料越坚硬，弹性模量越高，对徐变的约束作用越大，混凝土徐变就减小。

2）混凝土的制作方法、养护条件，特别是养护时的温湿度对徐变有重要影响。养护条件好，养护时温度高、湿度大，水泥水化作用越充分，徐变越小。

3）加荷时混凝土的龄期越小，徐变越大，受荷后所处环境的温度越高、湿度越低，则徐变越大，构件加载前混凝土强度越高，徐变就越小。

4）构件截面的形状、尺寸也会对徐变产生很大的影响，大尺寸混凝土构件内部失水受到限制，徐变减小。

5）钢筋的存在以及应力的性质（拉、压应力等）对徐变也有影响。

6）混凝土在长期荷载作用下的应力大小。应力越大，则徐变越大。

（3）混凝土的收缩

混凝土在空气中结硬时体积减小的现象称为收缩。

混凝土的收缩值随时间而增长。蒸汽养护的收缩值要低于常温养护下的收缩值。引起混凝土收缩的主要原因：一是由于干燥失水而引起，如水泥水化凝固结硬、颗粒沉陷析水和干燥蒸发等；二是由于碳化作用而引起。总之，收缩现象是混凝土内水泥浆凝固硬化过程中的物理化学作用的结果。

混凝土收缩的影响因素有：

1）水泥用量和水灰比。水泥越多和水灰比越大，收缩也越大。另外，减水剂的使用可减小混凝土的收缩。

2）水泥强度等级和品种。高强度等级水泥制成的混凝土构件收缩大。不同品种的水泥制成的混凝土收缩水平不同，如矿渣水泥具有干缩性大的缺点。

3）骨料的物理性能。骨料的弹性模量大，收缩小。

4）养护和环境条件。在结硬过程中，养护和环境条件好（温、湿度大），收缩小。

5）混凝土制作质量。混凝土振捣越密实，收缩越小。

6）构件的体积与表面积比。比值大时，收缩小。

混凝土的自由收缩只会引起构件体积的缩小而不会产生裂缝。但当外部（如支承条件）或内部（钢筋）受约束时，混凝土因收缩受到限制而产生拉应力甚至开裂。

混凝土的收缩对钢筋混凝土和预应力混凝土结构构件会产生十分有害的影响。如混凝土构件受到约束时，混凝土的收缩就会使构件中产生收缩应力，收缩应力过大，就会使构件产生裂缝，以致影响结构的正常使用；在预应力混凝土构件中混凝土的收缩将引起钢筋预应力的损失等。因此，应当设法减小混凝土的收缩，避免对结构产生有害的影响。

4.1.3 钢筋和混凝土之间的粘结性能

1. 粘结力的组成

钢筋和混凝土两种材料的物理力学性能很不相同，但它们却可以结合在一起共同工作。钢筋与混凝土能够共同工作的原因有两个：一是钢材与混凝土具有基本相同的线膨胀系数，钢材为 $1.2 \times 10^{-5} °C^{-1}$，混凝土为 $(1.0 \sim 1.5) \times 10^{-5} °C^{-1}$，因此当温度变化时，两种材料不会产生过大的变形差而导致两者间的粘结力破坏；二是它们之间存在粘结力，在荷载作用下，能够保证两种材料变形协调，共同受力。

钢筋与混凝土之间的粘结力由三部分组成：

（1）化学胶结力：由于混凝土颗粒的化学作用在钢筋表面产生的化学粘着力或吸附力。这种力一般很小，当接触面发生相对滑移时就消失了。

（2）摩擦力：由于混凝土收缩将钢筋紧紧握裹而产生的力。钢筋和混凝土之间的挤压力越大、接触面越粗糙，则摩擦力越大。

（3）机械咬合力：钢筋表面凹凸不平与混凝土之间产生的机械咬合作用而产生的力。带肋钢筋的横肋会产生这种咬合力，它的咬合作用往往很大，是带肋钢筋粘结力的主要来源。

2. 粘结力的测定

粘结力的测定要通过专门试验，试验方法有两种，一种是拉拔试验或拔出试验（锚固粘结），另外一种是压入试验。

现以拔出试验为依据研究钢筋的粘结力。试验时，将钢筋的一端埋置在混凝土试件中，在伸出的另一端施力将钢筋拔出，如图4-10所示。经测定，粘结应力的分布是曲线，从拔出力一端的混凝土端面开始迅速增长，在靠近端面的一定距离处达到峰值，其后逐渐衰减。而且，钢筋埋入混凝土中的长度越长，则将钢筋拔出混凝土试件所需的拔出力就越大。但是埋入长度过长，则过长部分的粘结力很小，甚至为零，说明过长部分的钢筋不起作用。所以，受拉钢筋在支座或节点中要保证有足

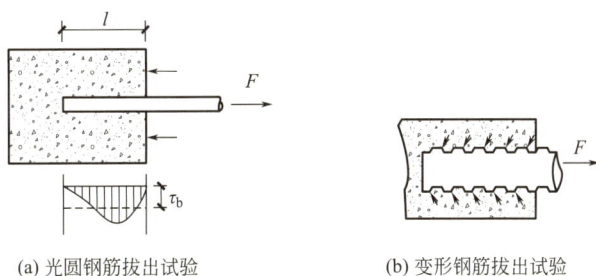

(a) 光圆钢筋拔出试验   (b) 变形钢筋拔出试验

图4-10 拔出试验

够的长度，被称为"锚固长度"，即可保证钢筋在混凝土中有可靠的锚固。

试验还表明，带肋钢筋由于钢筋表面凹凸不平，其粘结应力比光圆钢筋的大。

3. 保证钢筋和混凝土之间粘结力的措施

（1）保证足够的锚固长度，通过钢筋埋置段或机械措施将钢筋所受的力传给混凝土，从而保证钢筋和混凝土之间的粘结力。锚固长度应满足《混凝土结构设计规范》GB 50010—2010（2015 年版）的要求。

（2）保证钢筋周围的混凝土应有足够的厚度，即保证保护层的厚度，使混凝土牢固包裹并保护钢筋。

（3）光面钢筋的粘结性能较差，钢筋末端加弯钩可提高粘结力，带肋钢筋不需加弯钩。

当普通纵向受拉钢筋末端采用弯钩或机械锚固措施时，弯钩和钢筋机械锚固的形式如图 4-11 所示。

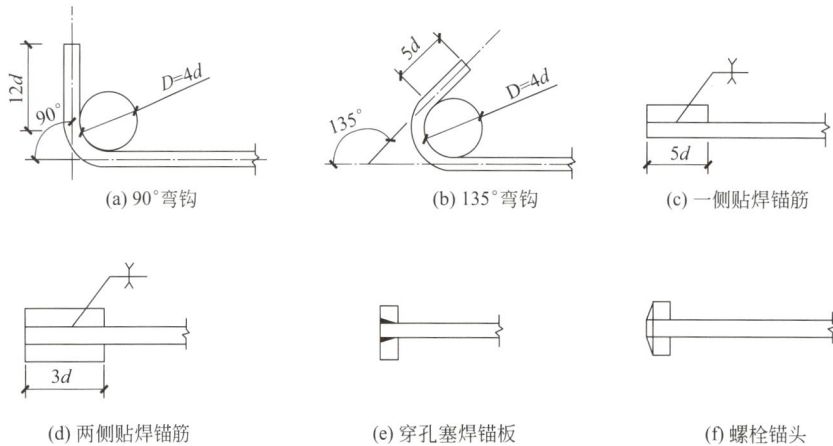

（a）90°弯钩　　　　　　（b）135°弯钩　　　　　　（c）一侧贴焊锚筋

（d）两侧贴焊锚筋　　　　（e）穿孔塞焊锚板　　　　　（f）螺栓锚头

图 4-11　钢筋的弯钩及机械锚固形式

任务 4.2　结构的安全与破坏

结构设计的主要目标是提供具有足够强度的结构，确保结构能够承受施加在其上的荷载而不会遭受破坏。这个道理看似简单明了，但在实际操作中，要满足这一要求却面临着许多困难。且如果这些困难得不到解决，结构被破坏的可能性就会一直存在。

4.2.1 安全的基本概念

人们常常期望建筑结构非常安全，特别是要杜绝人身伤亡等情况的发生。为了达到这个目标，必须控制破坏的可能性，即对破坏的概率进行严格把控，其可以运用统计方法来实现。

首先需要回答的问题是：某一特定结构能够承受多大的荷载。如果无法回答这个问题，那么结构设计中的所有考虑都将失去意义。荷载可以分为永久荷载、可变荷载和偶然荷载。永久荷载，可以根据结构的体积和密度的关系进行计算，相对比较准确；而可变荷载，如雪或风等荷载是无法预先计算出来的，这就给结构设计带来了很大的不确定性。为了解决这个问题，人们进行了各种尝试，对以往记录的资料进行统计分析，以预测自然现象中所产生的可能荷载。

为了更好地理解结构设计是如何进行的，必须掌握概率统计方法的基本原理。这些原理主要基于用过去的数据预测可能的未来数据，是一种概率性质的方法，本质上涉及不确定性的问题。

让我们通过一个具体的例子来解释说明这一原理，假设我们要对一个有一定尺寸的立方体进行承载测试（图 4-12），如果制作了 100 个这种立方体，采用面对面方式排列，对它们逐个进行承载测定，并对测试结果进行统计分析。

如果记录下每个立方体的破坏强度，即可预测破坏荷载的矩形图将呈正态分布（图 4-13）。

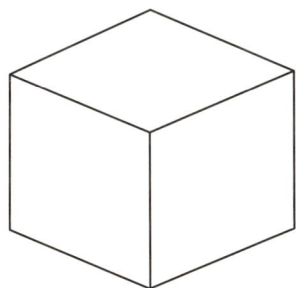

图 4-12 立方体结构

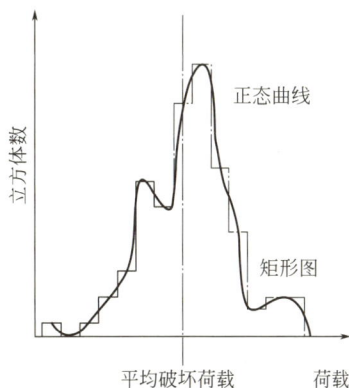

图 4-13 立方体矩形图

现在，破坏强度是所要求的最低强度。结构强度使用 98% 的相同标准，便会得到两个平均数的标准差（图 4-14）。

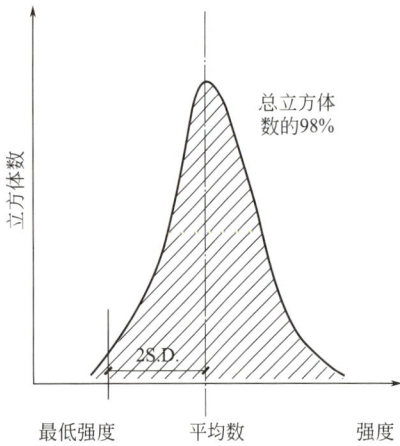

图 4-14 立方体正态分布图

假设最低强度是指能够保持 98% 的强度水平，那么可以合理地假设，如果这些具体的立方体是以相同的方式制成，那么它们有 98% 的概率可以承受的强度至少与最低强度一样。由于这个概率是可以计算出来的，所以为我们提供了这些立方体结构强度的一些信息。

如果对足够数量的相同结构进行测试，就可以应用统计方法得出该结构的"最低强度"。这意味着只有非常简单的结构（如立方体）才能够被精确测定。这些简易测定被用来提供有关结构材料的信息，而不是整个结构的信息。

除了需要了解结构可能具有的最大强度之外，还必须确定结构需要承受的最大荷载。结构需要承受的荷载包括结构的自重、建筑物的使用荷载以及自然现象中的荷载，我们能够发现结构重量的变化情况和立方体强度的变化情况是相同的。

通过使用正态分布来描述最高荷载和最低荷载，得到了安全结构的概念。这个概念综合了两种钟形曲线，一种是结构强度曲线，另一种是结构荷载曲线（图 4-15）。

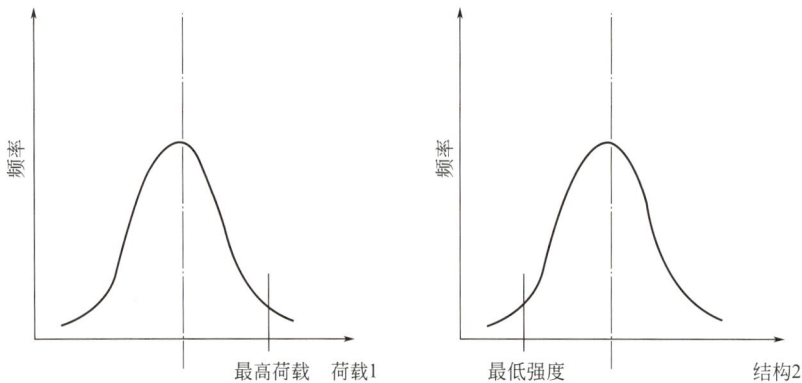

图 4-15 结构荷载正态曲线图

荷载 1 是结构必须承担的荷载，而结构 2 则是结构能够承担的荷载。假定荷载 1（最高荷载）低于结构 2（最低强度），结构将不会破坏，因此两个图可重叠画出（图 4-16）。

在 P 点，最高荷载与最低强度重合，因此结构将破坏。这种统计概率结果取决于描述曲线的数据的准确性和采用的标准差数量，用来比较最高最低值与平均数的相关性。实际破坏的概率是由 P 点的荷载和强度所决定的。安全系数是通过数值因数移开的曲线来表示荷载 1（最高荷载）和结构 2（最低强度）之间的数值差异（图 4-17）。在这种情况下，如果结构承受的荷载超过其最低强度，即数值上的差异足够大，结构就会发生破坏。因此，结构设计的主要目标就是提供具有足够强度的结构，确保其能够承受施加在其上的荷载而不会遭受破坏。

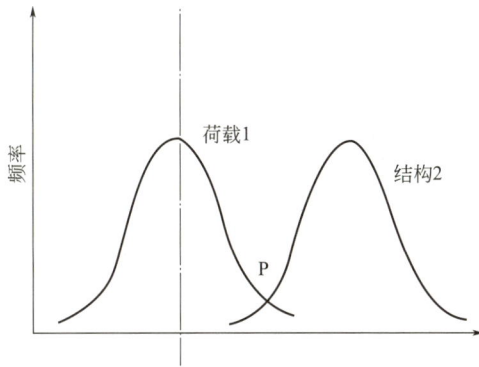

图 4-16　结构荷载正态曲线组合图　　　　图 4-17　结构荷载安全系数

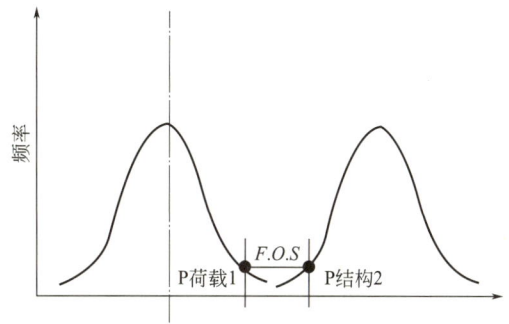

4.2.2　结构破坏类型

若结构因受荷载作用而破坏，则它必须转变为一种机动体系。这意味着，在破坏状态下，结构会经历某种总运动。例如，一个门式框架（图 4-18）有四个铰并承担水平荷载，当铰旋转时，它会从侧面破坏；当这个门式框架已经被破坏时，由于它不能再运动，它就不再是一个机动体系。

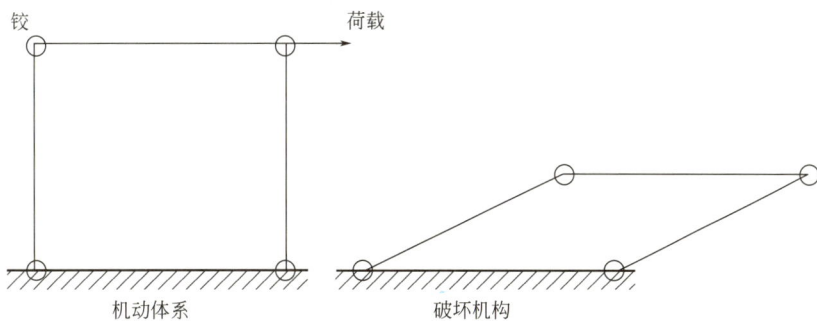

图 4-18　门式框架简图

在此例中，四铰门框不是结构而是机动体系。当结构遭到破坏时，它们必须成为机动体系，破坏情况可能突然发生或渐进发生。突然破坏可以与脆性材料的突然破坏相比，而渐进破坏则可以与弹性或塑性材料的塑性变形相比（图 4-19）。

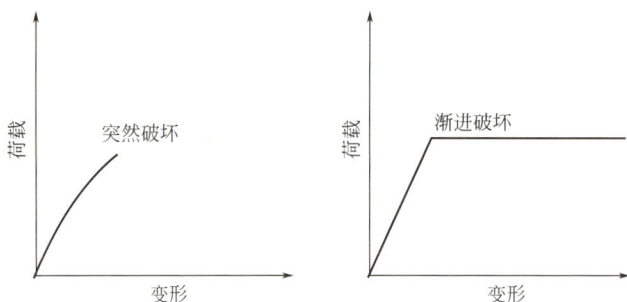

图 4-19　脆性破坏与渐进破坏

突然塌陷有两个原因：结构材料发生脆性破坏或者结构失去整体稳定性。结构设计者无法避免使用脆性材料，尽管砖石材料和混凝土表现出某些塑性性能，但它们的塑性相当短（与韧性材料如钢相比），因此破坏可能是突然的。在低温时高频地重复加载或高加载率，像钢一样的韧性材料也能变成脆性材料。在建筑结构中使用钢时，可通过选择不同类型的钢来避免这些问题。当荷载超过由重力产生的恢复力时，结构便会丧失整体稳定性。假设一个悬臂结构被一个平衡秤所锚固（图 4-20）。

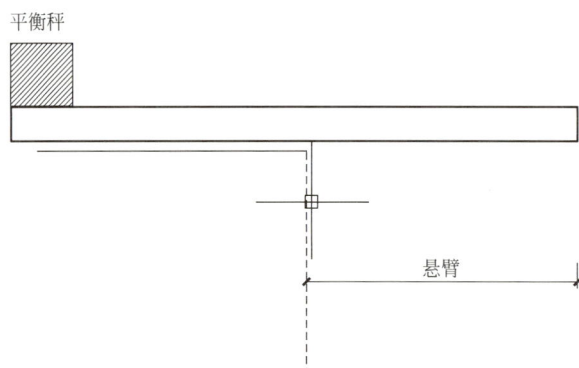

图 4-20　悬臂结构简图

作用在平衡秤上的重力产生一种力，可以平衡悬臂上的荷载（图 4-21）。

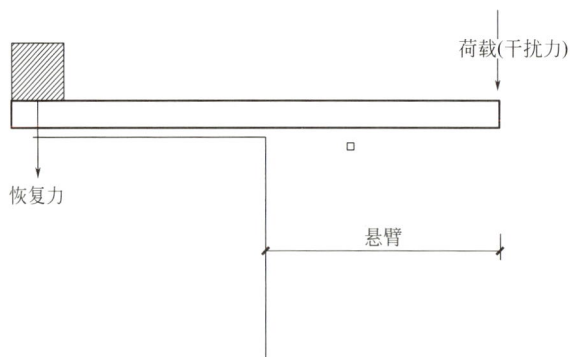

图 4-21　悬臂结构受力分析图

如果增加荷载，直到干扰力超过恢复力，悬臂结构将倾斜，成为一种机动体系而破坏（图 4-22）。

结构也能因它们的自身重力，造成的整体稳定性丧失，从而破坏。这就是一"高"堆砖突然倒塌时出现的情况（图 4-23）。

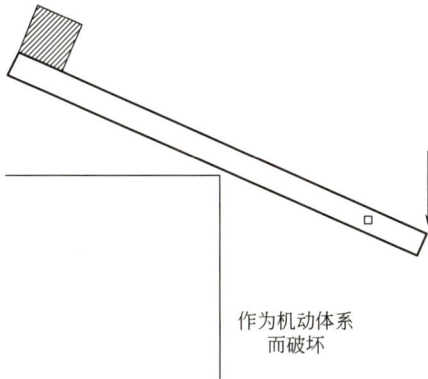

图 4-22　悬臂结构破坏图

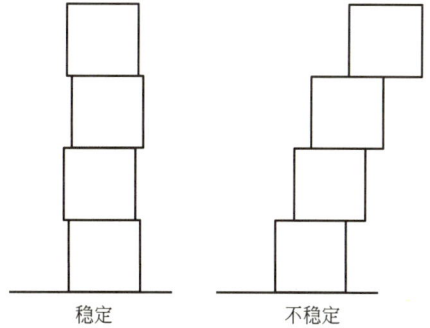

图 4-23　稳定与不稳定

这种情况是由于图 4-24 所示的 $P \cdot e$ 效应所造成的。当这堆砖越来越高时，每块砖的重心开始偏离它下面砖的重心。

要倒塌的砖堆最下面的砖提供恢复力，而上面的砖提供干扰力。如前所述，当干扰力超过恢复力时，结构发生破坏（图 4-25）。

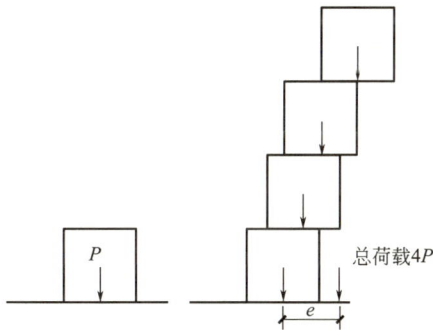

图 4-24　$P \cdot e$ 效应图

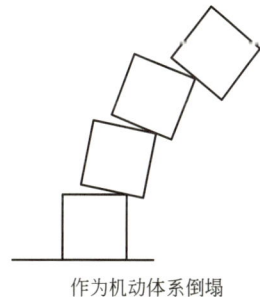

图 4-25　倒塌破坏图

重要的是要注意在这些整体稳定性遭破坏的过程中，结构构件不破坏，只是荷载路径失去稳定性。因此，悬臂墙和单独的砖没有因失去作为结构构件的强度而破坏，而是变成了部分不稳定荷载路径。为保持整体稳定性，安全系数（Factor of Safety）能够表达为 $F.O.S = \dfrac{恢复力}{干扰力}$。

4.2.3 塑性性能

结构要"渐进"破坏,它们必须在荷载传递路径的某一部分表现出可塑性,这种可塑性可以使结构变成一种机动体系。为了明白这种情况是如何发生的,再次看图 4-26 所示的梁。

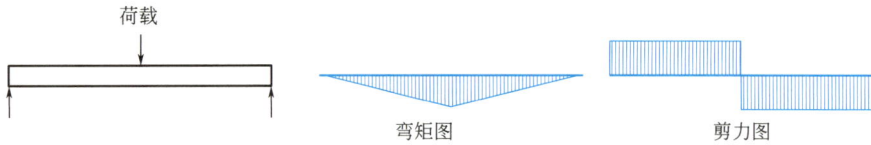

图 4-26 梁受力分析

从给出梁的弯矩图(图 4-26),可以看到在最大弯矩点上的顶、底面上有一个最大应力点(图 4-27)。随着梁上的荷载不断增加,这些点上的应力将最终到达图 4-27 上的 B 点,那就是最大弹性应力,也就是常说的弹性极限。

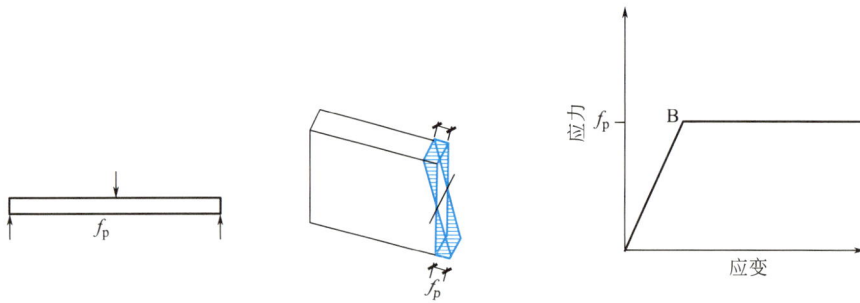

图 4-27 梁应力点分析图

应力 f_p(单位面积力)是结构材料开始产生塑性作用的应力。当荷载进一步增大时,作用点成为一个塑性应力区。当与最大应力点相邻的部分梁达到弹性极限并成为塑性时,就会产生塑性应力区(图 4-28)。

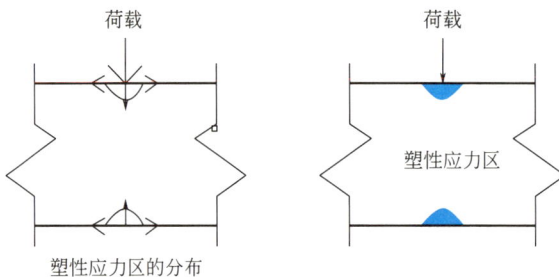

图 4-28 荷载塑性分析图

因为应力不能超过弹性极限，塑性区的应力分布在图 4-29 所示的区域内发生变化。

当荷载进一步增加时，塑性区的深度增加，直至梁截面达到全塑性状态（图 4-30）。

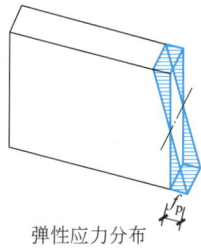

图 4-29　弹性分析图　　　　　　　　图 4-30　塑性分析图

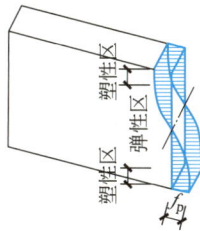

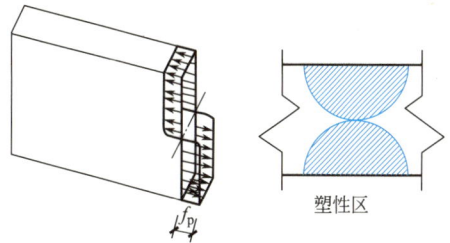

当达到全塑性状态时，梁不能进一步受力，并且塑性铰已经形成。梁现在呈现"渐进"破坏，因为它变成了一个绕塑性铰旋转的机动体系（图 4-31）。

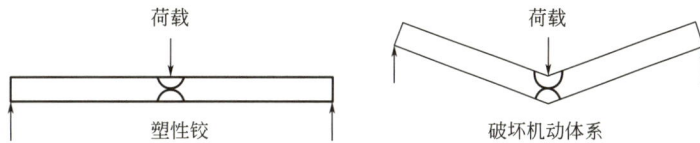

图 4-31　塑性铰图

塑性铰形成时的弯矩被称为塑性力矩。即弹性力矩（M_E）和塑性力矩（M_P）之间的比率随横截面形状的不同而变化。对于矩形横截面，其比率是 1.5。在荷载作用范围内，梁的性能能够通过画出抵抗中心变形的弯矩关系图来证明（图 4-32）。

结构所发生的情况是在荷载路径中，构件的局部破坏使结构变成塑性机动体系。对于简支梁，弹性性能直接预测这种塑性机动体系（图 4-33）。

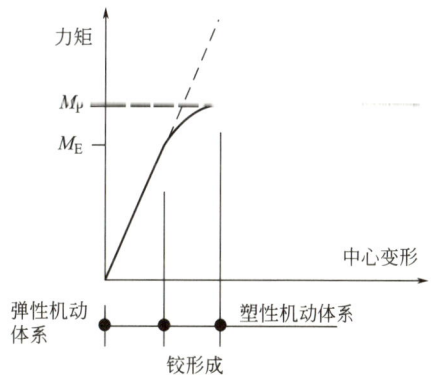

图 4-32　力矩变形曲线图

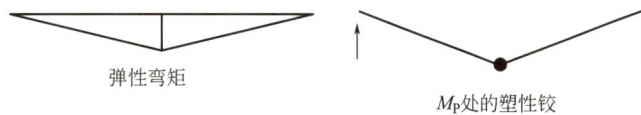

图 4-33　塑性铰图

但是对于更为复杂的结构如双跨梁，一个塑性铰的形成将不会使结构成为一个塑性机动体系（图4-34）。

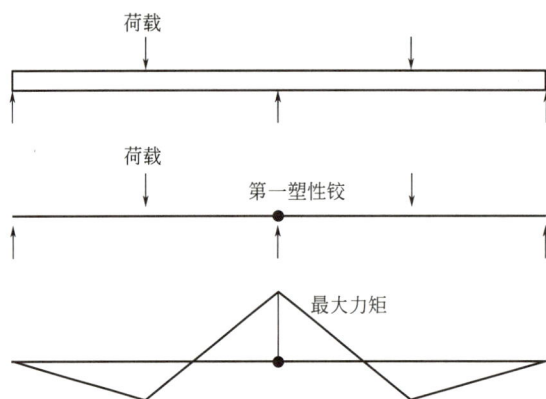

图 4-34　第一塑性铰应力图

图中第一塑性铰在中心支撑点形成，但结构还不是一种机动体系（图4-35）。

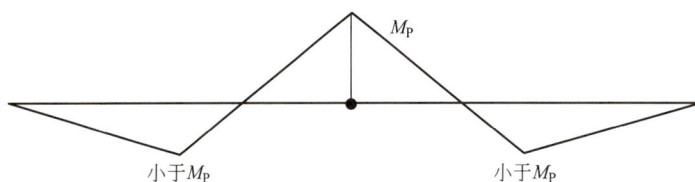

图 4-35　梁塑性铰应力图

结构上的荷载能够被增加，直到其中一个跨力矩达到塑性力矩。另一个塑性铰的形成使结构变成了一个机动体系而破坏（图4-36）。

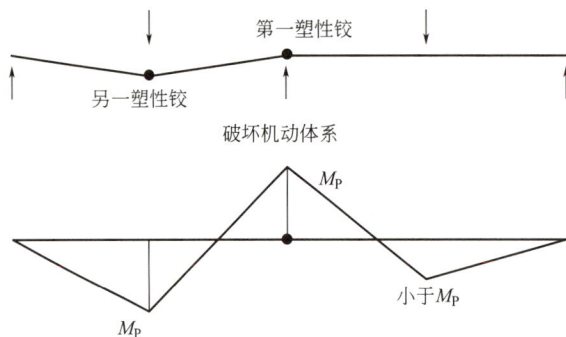

图 4-36　第二塑性铰应力图

对于一个水平和垂直方向承载的坡顶门框，有三种不同的可能性破坏机动体系。会形成哪种机动体系取决于每个荷载的承载力（图4-37）。

　　　　　　　　　　　　　　　　　　　　　　　　建筑力学与结构

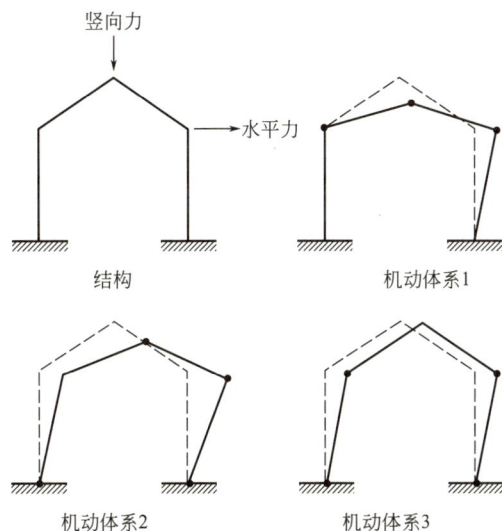

图 4-37　结构机动体系图

这种塑性铰的思路能够用于横向承载的二维结构，来预测破坏机动体系。塑性力矩不是在形成塑性铰的一个点上，而是在一条线上。这条塑性力矩线通常称为屈服线（图 4-38）。对于一个跨在对边支撑间的矩形板，屈服线的位置类似于图 4-37 所示的梁中铰的位置。

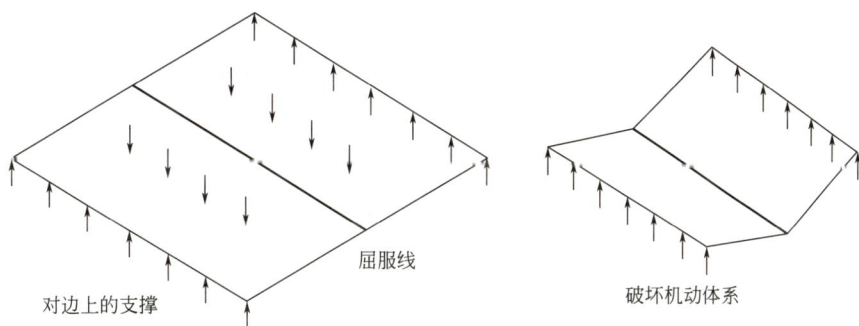

图 4-38　屈服线图

对于这种简单情形，最大弯曲力矩的位置在穿过板的直线上，而屈服线的位置则由板的塑性性能决定。当板发生塑性变形时，屈服线模型表示了塑性铰的位置以及板在平面内的折叠方式。对于图 4-39 中的板，屈服线模型只有一条线，这意味着板在塑性变形过程中只有一个塑性铰形成，并且这个铰的位置在穿过板的直线上。

横向承载板的一条"自由边"是一条没有支撑的边。

图 4-39　屈服线模型

如果这块矩形板的各边都有支撑，那么，这块板将跨在两个方向上（图 4-40）。这将在两个方向上形成弯矩。

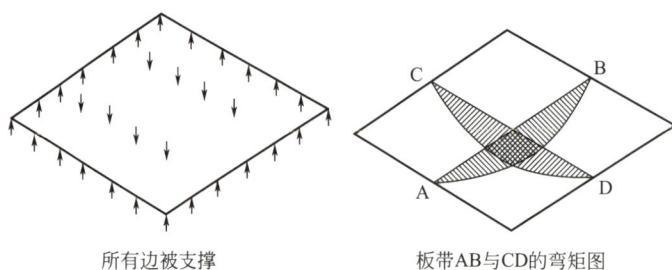

所有边被支撑 板带AB与CD的弯矩图

图 4-40　板支撑图

那么何为屈服线模型呢？尽管板具有一定的弹性作用，且最大弯矩通常会在板的中心，但是当荷载增加时，板在该节点上会进入塑性状态，力矩不再增加（图 4-41），此时屈服线开始形成。

屈服线如何转化为屈服线模型，使板塌陷呢？在图 4-33 和图 4-34 中，铰允许一维结构折叠成破坏机动体系，若板发生塌陷，它也必须能够折叠。为了实现这一点，折叠线（即屈服线）必须发展到角部，正如支撑边必须保持水平一样。因此，屈服线的形状和位置决定了板塌陷的方式，进而影响整个结构的稳定性（图 4-42）。

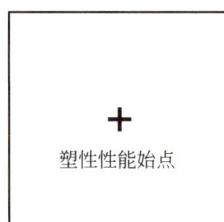

塑性性能始点

(a) 破坏机动体系　　(b) 屈服线模型

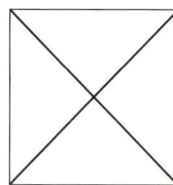

图 4-41　板塑性性能始点图　　　　　图 4-42　板屈服线图

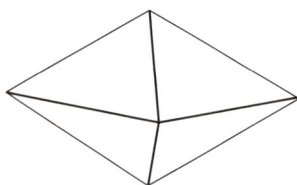

屈服线之所以成对角线穿过板，不仅是因为对于折叠模型是需要的，而且这些线也是主应力矩阵。力矩被施加到"小构件的各边"，并在平面内旋转，以找到各边的最大和最小力矩（图 4-43）。

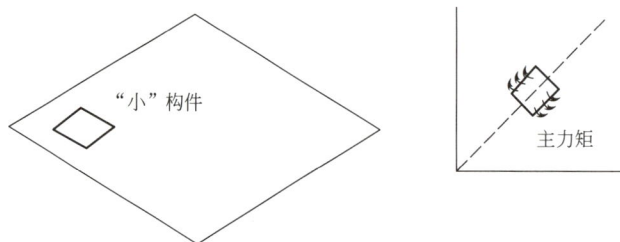

"小"构件　　　主力矩

图 4-43　板边模型图

　　　　　　　　　　　　　　　　　　　　　　建筑力学与结构

对于受到均匀压力的方形板，屈服线模型可能较为明显，但对于矩形板能够用三种不同的方式折叠（图4-44），并形成三种不同的屈服线模型和三种不同的破坏荷载。

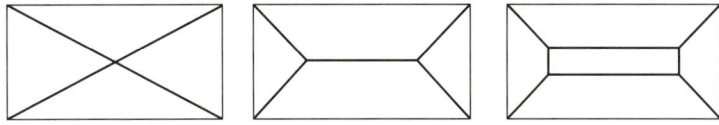

图 4-44　板屈服线模型图

因为楼板弹性性能的数学预测难度大或者经常是不可能的，楼板结构的弹性分析通常不能作为结构设计部分来进行，所以必须选择正确的屈服线模型，以保证最低的破坏荷载被计算。

这些一维和二维结构的破坏机动体系依赖于最大弯矩位置上塑性铰（屈服线）的形成。这些铰的形成允许结构在几何构造上简单地折叠成一个破坏外形。这意味着只有当内轴向力不存在或忽略不计，以及结构的几何构造允许简单折叠时，这些简单的结构破坏类型才有可能发生。

但是，塑性铰和屈服线模型并没有对"简单"柱是如何破坏的这一问题给出指导。要知道这些结构是如何破坏的，必须考虑轴向力的作用。

4.2.4　轴向不稳定性

当一个纯一维结构构件受到轴向端荷载作用时，它可能会伸展或收缩。如果这种结构材料是线弹性或完全塑性的，那么在增加荷载时，构件会经历弹性变形，直到达到其弹性极限。之后，构件会进入塑性状态，并在破坏荷载作用下发生无限变形。在这种情况下，因为轴向应力分布被假定为均匀的，所以整个横截面在破坏荷载处都会变成塑性的（图4-45）。

在破坏荷载 P_P 处，构件因"无限"伸展或收缩而破坏。对于受拉构件，这种情况总会发生；对于受压构件，只有某些类型的构件会这样，这是因为受压构件可能会受到类似于砖堆倒塌的"$P \cdot e$ 效应"的影响。

考虑两根相同截面的柱，虽然它们都由相同的材料制成，但一根柱短而粗，另一根细而长。即使存在长度上的差异，这两根柱（图4-45）的破坏荷载不会改变，它们都将抵抗由均匀分布的轴向应力产生的轴向力。当横截面和材料相同时，这两根柱都将在相同的荷载点上达到塑性状态（图4-46）。

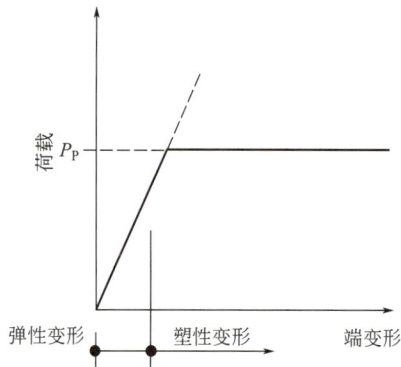

图 4-45　柱荷载变形图

　　然而用一根细棒做简单的试验，结果表明当端荷载增加时，细棒开始折弯，即开始弯曲（图 4-47）。

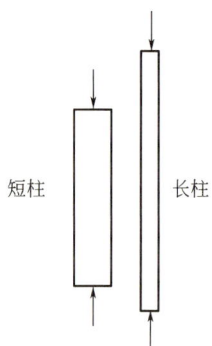

图 4-46　长短柱受压图

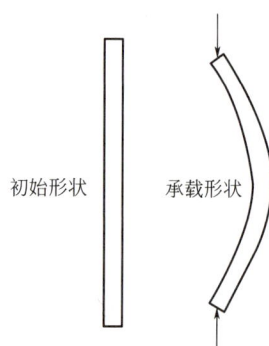

图 4-47　细柱承载变形图

　　即使棒（柱）仍然承担荷载，但由于棒弯曲，其内部受力情况变为轴向力和弯曲力矩。弯曲力矩的大小取决于轴向荷载使柱弯曲的程度。到目前为止，结构的性能主要通过结构承载形状来描述，变形并没有改变这种性能。轴向荷载作用下这种弯曲性能的通用名称为压曲，取自"压弯"（变形弯曲）（图 4-48）。

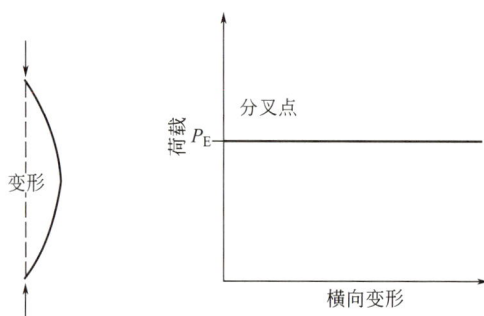

图 4-48　柱荷载变形图

砖堆倒塌是因为砖堆在制作、堆放或承载过程中存在缺陷，这些缺陷导致了图 4-24 中的 e 和砖堆倒塌。同样地，柱在制作或受载过程中也存在缺陷，这意味着柱不会完全笔直，而是总是弯曲的（非理想的）（图 4-49）。

这种不理想 e 对柱的影响与图 4-50 所示的分析相同。

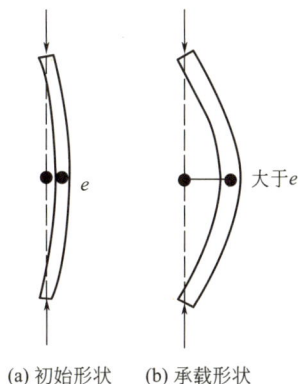

(a) 初始形状　　(b) 承载形状

图 4-49　柱初始变形　　　　**图 4-50　柱截面分析图**

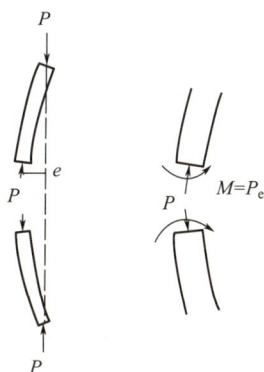

对于非理想柱，随着轴向荷载的增加，e 的尺度也增加，因此弯矩 $M = P \cdot e$ 也增加。如果这个理论被应用于非理想柱，那么柱中的弯矩就是 $P \cdot e$，其中 e 是初始缺陷。然而，当轴向荷载增加时，e 的增加被忽略了，导致弯矩与荷载成正比例增加（图 4-51）。

柱的长细比由长度、结构材料和横截面形状决定。由于压曲效应在柱中形成弯矩，所以柱抵抗弯曲的能力越强，它就越粗。与在特定方向上承载的梁不同，柱能够在任何方向上压曲。因此，在任何方向上都具有良好抵抗弯曲性能的柱将是长细比最大的柱。随着柱变得越来越细，弹性临界荷载 P_E 则越来越小（图 4-52）。

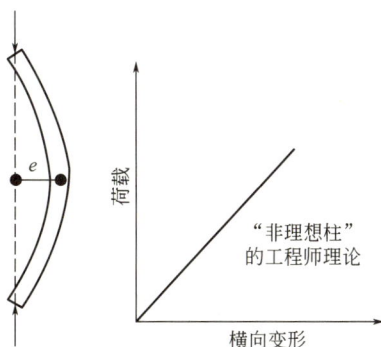

图 4-51　弯柱荷载变形图　　　　**图 4-52　柱分析图**

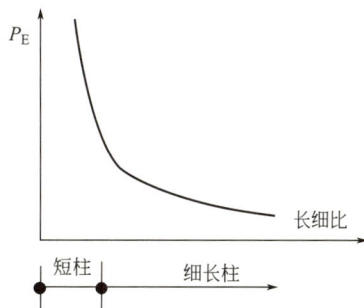

图 4-53 显示了长细比轴上的一个点，在这个点上，柱从短粗型转变为长细型。对于短粗柱，可以忽略扭曲效应，并使用工程师的理论来预测柱的性能。产生这种差别的原因是短粗柱在远远低于它们的临界荷载以下的荷载作用下破坏。

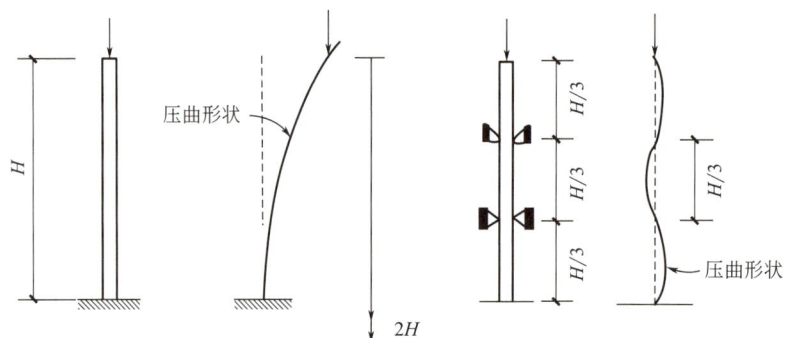

图 4-53 约束柱分析图

对于悬臂柱，长细比由 $2H$ 的长度决定，而对于约束在 $1/3$ 跨度点上的柱，长为 $H/3$。因此，根据柱与其他构件的连接方式，可采用短粗型的或长细型的。

短粗结构不是理想的，但对于结构设计，这种缺陷可以被忽略，轴向力只形成轴向缩短和均匀轴向应力。而对于细长结构，结构设计时则不能忽略缺陷，轴向力形成轴向缩短和横向位移，由此产生非均匀轴向应力。轴向力作用下的细长结构的弯曲类型不同于类似的短粗结构，并且处于低荷载状态。

在这些机动体系的形成过程中，必须考虑结构因成为该体系而遭破坏的情况，如果结构是细长的，就会因受轴向力作用时而产生弯曲。这种弯曲可能造成细长结构破坏，完全不同于类似短粗结构的方式。对于轴向应力达到弹性极限而成为塑性的短粗结构——短柱将被压碎破坏；细长结构——长柱将在由于轴向荷载作用而弯曲的柱中形成的塑性铰而遭破坏（图 4-54）。

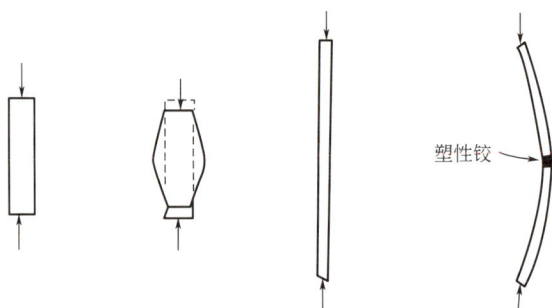

图 4-54 不同截面柱

在达到弹性临界荷载之前，结构总可能会因为塑性性能而破坏。结构越细，破坏荷载就越接近弹性临界荷载（图 4-55）。

对于柱来说，N_P 是短粗柱的挤压荷载，也就是柱的最大破坏荷载。随着柱变得越来越细，破坏荷载减小，更接近于弹性临界荷载。弹性临界荷载会随着长细比的增加而减小。

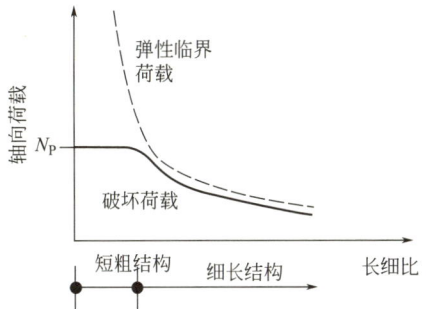

图 4-55　长短柱破坏荷载图

对于受压梁来说，当梁变得较细长时，梁受压部分的压曲效应会发生弯曲变形，从而减小破坏力矩。

目前最广泛使用的结构材料仍然是钢、混凝土、木料等，但出现了越来越多的高强度材料。这些高强度材料的出现将产生更加细长的结构，但要使用更高强度的结构，需严格控制长细比。

课后练习题

一、单项选择题

1. 热轧带肋钢筋按（　　）分为 HRB400、HRB500 级。

A. 屈服强度

B. 抗拉强度

C. 屈服强度特征值

D. 抗拉强度特征值

2. HRB400 钢筋的抗拉强度不应小于（　　）MPa。

A. 335　　　　B. 400　　　　C. 455　　　　D. 490

3. HRB400 钢筋的屈服强度不应小于（　　）MPa。

A. 335　　　　B. 400　　　　C. 455　　　　D. 490

4. 根据《碳素结构钢》GB/T 700—2006 的规定，钢材做拉伸试验时，应取（　　）个样品进行拉伸试验。

A. 1　　　　B. 2　　　　C. 3　　　　D. 4

5. 《混凝土结构设计规范》GB 50010—2010（2015 年版）中混凝土强度的基本代表值是（　　）。

A. 立方体抗压强度标准值

B. 立方体抗压强度设计值

C. 轴心抗压强度标准值

D. 轴心抗压强度设计值

6. 同一强度等级的混凝土，它的强度 $f_{cu,k}$、f_c、f_t 的大小关系是（　　）。

A. $f_{cu,k} < f_c < f_t$ B. $f_c < f_{cu,k} < f_t$

C. $f_t < f_c < f_{cu,k}$ D. $f_{cu,k} < f_t < f_c$

二、简答题

1. 什么是钢筋的颈缩现象？

2. 软钢和硬钢有什么区别？

3. 保证钢筋和混凝土之间粘结力的措施有哪些？

项目5
结构构件设计

结构构件设计

【知识目标】掌握梁的破坏形式、正截面破坏特征、斜截面破坏特征；掌握单筋矩形截面、梁正截面承载力计算和斜截面承载力计算，了解双筋矩形截面和 T 形截面梁的正截面承载力计算。掌握矩形截面纯扭构件的承载力计算、钢筋混凝土受扭构件的构造要求，了解矩形截面弯剪扭构件的截面设计方法。掌握柱的破坏特点、轴心受压柱的承载力计算，了解偏心受力构件的概念和特点。

【能力目标】能够计算和确定单筋矩形截面梁的受拉钢筋和箍筋。能够进行矩形截面纯扭构件的截面设计。能够进行轴心受压柱的截面设计。

【素质目标】具备注重知行合一、质量意识、集体意识。

【案例导入】某省质检所受理钢筋样品共 86 个批次，出具检验报告 60 份，其他 26 个样本还在进一步检测中。60 份检验报告中有 10 份结论为不合格。检测结果显示：仅强度不合格的有 5 份，仅屈服强度不合格的有 1 份，仅碳不合格的有 1 份，仅重量不合格的有 2 份，重量和强度都不合格的有 1 份。

该省质监局统一部署对全省钢筋销售加工点和建筑工地开展执法检查，并组织省稽查总队组成 5 个工作督导组分赴各地就"瘦身钢筋"事件调查开展督导检查（图 5-1）。全省质监系统检查钢筋销售点 86 家，其中有加工能力的钢材销售点 41 家，有 1 家销售点涉嫌加工"瘦身钢筋"。

据悉，所谓"瘦身钢筋"是将正常钢筋拉长，目的是减少成本。但"瘦身"钢筋延伸性遭到破坏，用于工程则很容易造成生产责任事故。

图 5-1 "瘦身钢筋"检测图

某办公楼位于沈阳市，总建筑面积为 15226.4m²。地上 15 层，为框架结构。其中柱混凝土强度为 C30，梁混凝土强度为 C25。纵筋为 HRB400 级，箍筋为 HPB300 级。

某二层非框架梁，截面尺寸为 $b \times h = 250mm \times 500mm$，梁跨中由荷载设计值产生的 $M = 170kN \cdot m$，梁支座边缘剪力设计值为 $V = 200kN$。试确定该梁的受拉纵筋和箍筋。

因建筑造型需要，屋面有一个构架，其中有一个矩形梁，截面尺寸为 $b \times h = 250mm \times 500mm$，承受的扭矩设计值 $T = 15kN \cdot m$。承受的弯矩和剪力较小，可按照纯扭构件设计。试配置该构件所需的抗扭钢筋。

底层框架柱，柱的计算长度 $L = 4.8m$，轴心压力设计值为 $N = 2600kN$。设纵向钢筋配筋率 ρ' 为 0.01。试对该柱进行设计。

任务分析

① 对二层非框架梁进行承载力计算，确定该梁的受拉纵筋和箍筋；

② 对屋面矩形纯扭梁进行承载力计算，确定该梁的受扭纵筋和箍筋；

③ 对底层框架柱进行受力分析，并设计该框架柱。

任务 5.1　受弯构件

5.1.1　受弯构件正截面设计

1. 受弯构件正截面破坏特征

受弯构件是指在荷载作用下，同时承受弯矩（M）和剪力（V）作用的构件。建筑工程中的梁和板是典型的受弯构件。

受弯构件的破坏有两种形式，一种是正截面破坏：由弯矩作用引起，如图 5-2（a）所示；另一种是斜截面破坏：由弯矩和剪力共同作用引起，又分为斜截面受剪破坏和斜截面受弯破坏，如图 5-2（b）所示。

受弯构件正截面的破坏特征主要由纵向受拉钢筋的配筋率 ρ 的大小确定。纵向受拉钢筋配筋率 ρ 反映纵向受拉钢筋面积与混凝土有效面积的比值，但在验算最小配筋率时，有效面积改为全面积。

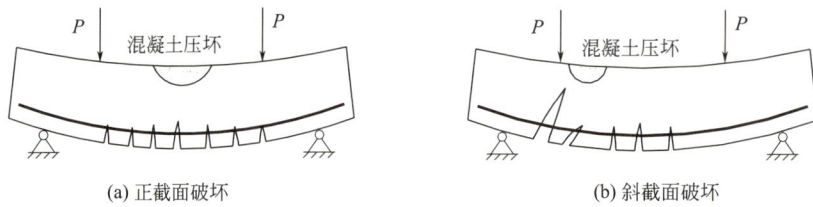

(a) 正截面破坏   (b) 斜截面破坏

图 5-2　受弯构件的破坏形式

$$\rho = \frac{A_s}{bh_0} \tag{5-1}$$

式中　A_s——受拉钢筋的截面面积；

　　　b——梁截面宽度；

　　　h_0——梁截面的有效高度。

在常用钢筋级别和混凝土强度等级情况下，受弯构件其破坏形式主要随配筋率 ρ 的大小不同而不同，可分为以下三种破坏形态：

（1）适筋梁。当 $\rho_{min} \leqslant \rho \leqslant \rho_{max}$（$\rho_{min}$、$\rho_{max}$ 分别为纵向受拉钢筋的最小配筋率、最大配筋率）时，发生适筋破坏。其特点是：纵向受拉钢筋先屈服，钢筋屈服后产生很大塑性变形，继而使裂缝急剧开展和挠度急剧增大，最后受压区混凝土被压碎，如图 5-3（a）所示。梁在完全破坏以前，给人以明显的破坏预兆，这种破坏属于延性破坏。

（2）超筋梁。当 $\rho > \rho_{max}$ 时，发生超筋破坏。其特点是：这种梁由于纵向钢筋配置过多，受压区混凝土在钢筋屈服前即达到极限压应变被压碎而破坏。破坏时钢筋的应力还未达到屈服强度，因而裂缝宽度均较小，且形不成一根开展宽度较大的主裂缝，梁的挠度也较小。这种单纯因混凝土被压碎而引起的破坏，发生得非常突然，没有明显的预兆，属于脆性破坏，如图 5-3（b）所示。

（3）少筋梁。当 $\rho < \rho_{min}$ 时，发生少筋破坏。其特点是：这种梁破坏时，裂缝往往集中出现一条，不但开展宽度大，而且沿梁高延伸较高。一旦出现裂缝，钢筋的应力就会迅速增大并超过屈服强度而进入强化阶段，甚至被拉断。在此过程中，裂缝迅速开展，构件严重向下挠曲，最后因裂缝过宽、变大而丧失承载力，甚至被折断。这种破坏也是突然的，没有明显预兆，属于脆性破坏。实际工程中不应采用少筋梁，如图 5-3（c）所示。

总之，由于纵向受拉钢筋的配筋率 ρ 的不同，受弯构件有适筋、超筋、少筋三种正截面破坏形态，其中适筋梁充分利用了钢筋和混凝土的强度，且又具有较好的塑性，因此在设计中受弯构件正截面承载力计算公式是以适筋梁破坏形态为基础建立的，并分别给出防止超筋及少筋破坏的条件。

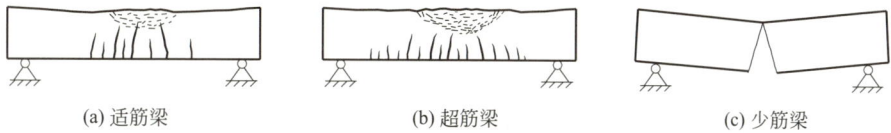

| (a) 适筋梁 | (b) 超筋梁 | (c) 少筋梁 |

图 5-3 受弯构件的破坏形态

2. 单筋矩形截面受弯构件正截面承载力计算

（1）计算公式

在进行截面设计时，不考虑混凝土的抗拉强度。由于混凝土的抗拉强度很低，在荷载不大时就已开裂，即使不开裂，在受拉区，混凝土承担的拉应力很小，所以在计算中不考虑混凝土的抗拉作用。

理论上讲，当适筋梁承受极限弯矩 M_u 时，受压区混凝土的应力图形是抛物线加直线，故给计算带来不便，如图 5-4（b）所示。为此，《混凝土结构设计规范》GB 50010—2010（2015 年版）规定，受压区混凝土的应力图形可简化为等效应力图形，如图 5-4（c）所示。

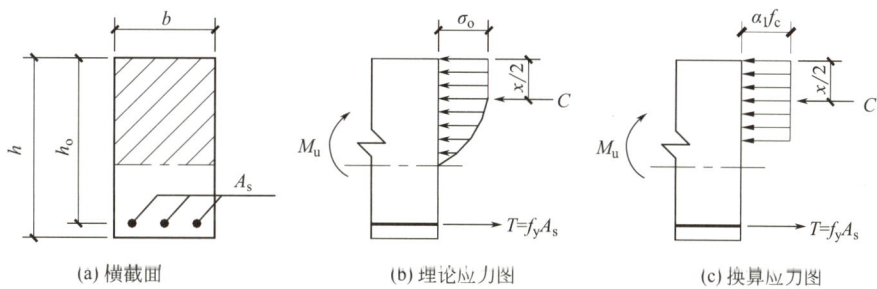

| (a) 横截面 | (b) 理论应力图 | (c) 换算应力图 |

图 5-4 等效矩形应力图的换算

根据换算后的等效应力图形，如图 5-5 所示，根据平衡条件，可得出单筋矩形截面受弯构件的正截面承载力计算的基本公式：

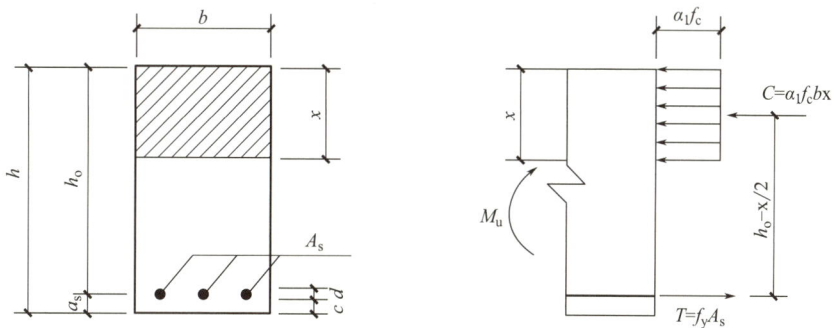

图 5-5 单筋矩形截面正截面承载力计算简图

$$\sum N = 0 \qquad f_y A_s = \alpha_1 f_c b x \qquad (5\text{-}2)$$

$$\sum M = 0 \qquad M \leqslant \alpha_1 f_c b x (h_0 - x/2) \qquad (5\text{-}3)$$

或 $$M \leqslant f_y A_s (h_0 - x/2) \qquad (5\text{-}4)$$

式中 M ——弯矩设计值；

f_c ——混凝土的轴心抗压强度设计值；

f_y ——钢筋抗拉强度设计值；

A_s ——纵向受拉钢筋的截面面积；

b ——截面宽度；

x ——等效应力图形中混凝土的受压区高度；

h_0 ——截面有效高度，$h_0 = h - a_s$；

α_1 ——系数，当混凝土强度等级不超过 C50 时，取 1.0；当为 C80 时，取为 0.94；中间值按直线内插法确定。

（2）适用条件

1）为防止构件发生超筋破坏，设计中应满足：

$$\xi \leqslant \xi_b \ 或 \ x \leqslant \xi_b h_0 \ 或 \ \rho \leqslant \rho_{max} \qquad (5\text{-}5)$$

式中，ξ 为相对受压区高度，我们将受弯构件等效应力图形的混凝土受压区高度 x 与截面有效高度 h_0 之比称为相对受压区高度，用 ξ 表示，$\xi = x/h_0$。

比较适筋梁和超筋梁的破坏，前者始于受拉钢筋屈服，后者始于受压区混凝土被压碎。理论上，二者间存在一种界限状态，即所谓的界限破坏。这种状态下，受拉钢筋达到屈服强度时，受压区混凝土边缘也同时达到极限压应变。界限破坏时等效应力图形的混凝土受压区高度 x 与截面有效高度 h_0 之比称为相对界限受压区高度，用 ξ_b 表示，各种钢筋的 ξ_b 值见表 5-1。若 $\xi \leqslant \xi_b$，属于适筋梁；若 $\xi > \xi_b$，属于超筋梁。

相对界限受压区高度 ξ_b 值　　　　　　　　　　表 5-1

钢筋牌号	混凝土强度等级						
	≤C50	C55	C60	C65	C70	C75	C80
HPB300	0.576	—	—	—	—	—	—
HRB400 HRBF400 RRB400	0.518	0.508	0.499	0.490	0.481	0.472	0.463
HRB500 HRBF500	0.482	0.473	0.464	0.455	0.447	0.438	0.429

若将 ξ_b 值代入公式（5-3），则可求得单筋矩形截面适筋梁所能承受的最大弯矩

M_{umax} 值：

$$M_{umax} = \alpha_1 f_c b h_0^2 \xi_b (1 - 0.5\xi_b) \tag{5-6}$$

2）为防止出现少筋破坏，设计中应满足：

$$\rho \geqslant \rho_{min} \tag{5-7}$$

$$A_s \geqslant A_{smin} = \rho_{min} bh \tag{5-8}$$

式中　ρ_{min}——取 0.2% 和 $0.45 f_t / f_y$ 中较大者。

（3）计算步骤

单筋矩形截面受弯构件正截面承载力计算有两种情况：①截面设计；②复核已知截面的承载力。

1）截面设计

已知：弯矩设计值 M，混凝土强度等级，钢筋级别，构件截面尺寸 b、h。

求：所需受拉钢筋截面面积 A_s。

计算步骤如下：

① 确定截面有效高度 h_0。

$$h_0 = h - a_s \tag{5-9}$$

式中　h——梁的截面高度；

a_s——受拉钢筋合力点到截面受拉边缘的距离。承载力计算时，一类环境下的梁、板，a_s 可近似按表 5-2 取用。

一类环境下 a_s 取值表（mm） 表 5-2

构件种类	纵向受拉钢筋排数	混凝土强度等级	
		$\leqslant$C20	$\geqslant$C25
梁	一排	45	40
	两排	70	65
板	一排	25	20

② 计算混凝土受压区高度，并判断是否属超筋梁。

$$x = h_0 - \sqrt{h_0^2 - \frac{2M}{\alpha_1 f_c b}} \tag{5-10}$$

或

$$\xi = 1 - \sqrt{1 - \frac{2M}{\alpha_1 f_c b h_0^2}} \leqslant \xi_b \tag{5-11}$$

若 $x \leqslant \xi_b h_0$，或 $\xi \leqslant \xi_b$，则不属于超筋梁。否则为超筋梁，应加大截面尺寸，或提高混凝土强度等级，或改用双筋截面。

③计算钢筋截面面积 A_s，并判断是否属少筋梁。

$$A_s = \frac{\alpha_1 f_c bx}{f_y} \tag{5-12}$$

$$A_s = \frac{\alpha_1 f_c bh_0 \xi}{f_y} \tag{5-13}$$

若 $A_s \geqslant \rho_{\min} bh$，则不属于少筋梁。否则为少筋梁，应取 $A_s = \rho_{\min} bh$。

④ 选配钢筋

根据构造要求确定满足纵筋间距的最小净距，查钢筋面积表选配根数及直径，使其满足钢筋计算所需面积 A_s。

2）复核已知截面的承载力

已知：构件截面尺寸 b、h，钢筋截面面积 A_s，混凝土强度等级，钢筋级别，弯矩设计值 M。

求：复核截面是否安全。

计算步骤：

① 确定截面有效高度 h_0。

② 判断梁的类型。

$$x = \frac{f_y A_s}{\alpha_1 f_c b} \tag{5-14}$$

若 $A_s \geqslant \rho_{\min} bh$，且 $x \leqslant \xi_b h_0$，为适筋梁；若 $x > \xi_b h_0$，为超筋梁。若 $A_s < \rho_{\min} bh$，为少筋梁。

③ 计算截面受弯承载力 M_u。

适筋梁 $\qquad\qquad M_u = f_y A_s (h_0 - x/2) \tag{5-15}$

或 $\qquad\qquad M_u = \alpha_1 f_c bh_0^2 \xi (1 - 0.5\xi) \tag{5-16}$

超筋梁

$$M_u = \alpha_1 f_c bh_0^2 \xi_b (1 - 0.5\xi_b) \tag{5-17}$$

④ 判断截面是否安全。

若 $M \leqslant M_u$，则截面安全。

【例题 5-1】已知矩形截面梁 $b \times h = 250\text{mm} \times 500\text{mm}$，由荷载设计值产生的 $M = 170\text{kN} \cdot \text{m}$（包括自重），混凝土采用 C25，钢筋选用 HRB400 级，环境类别为一类，设计使用年限为 50 年。试求所需受拉钢筋截面面积 A_s。

【解】查表得，$f_c = 11.9\text{N/mm}^2$，$f_t = 1.27\text{N/mm}^2$，$f_y = 360\text{N/mm}^2$，$\alpha_1 = 1.0$，$\xi_b = 0.518$。

① 确定截面有效高度 h_0。

假设纵向受力钢筋为单层，$h_0 = h - a_s = 500 - 40 = 460\text{mm}$

② 计算 x，并判断是否属于超筋梁。

$$x = h_0 - \sqrt{h_0^2 - \frac{2M}{\alpha_1 f_c b}} = 460 - \sqrt{460^2 - \frac{2 \times 170 \times 10^6}{1.0 \times 11.9 \times 250}}$$

$$= 148.05\text{mm} < \xi_b h_0 = 0.518 \times 460 = 238.28\text{mm}$$

故该梁不属于超筋梁。

③ 计算 A_s，并判断是否属于少筋梁。

$$A_s = \frac{\alpha_1 f_c bx}{f_y} = \frac{1.0 \times 11.9 \times 250 \times 148.05}{360} = 1223.47\text{mm}^2$$

$$A_{smin} = 0.002bh = 0.002 \times 250 \times 500 = 250\text{mm}^2$$

$$A_{smin} = 0.45 \frac{f_t}{f_y} bh = 0.45 \times \frac{1.27}{360} \times 250 \times 500 =$$

$198.43\text{mm}^2 < 250\text{mm}^2$

取 $A_{smin} = 250\text{mm}^2 < A_s = 1223.47\text{mm}^2$

故该梁不属于少筋梁。

④ 选配钢筋。

选用 $4\phi20$（$A_s = 1256\text{mm}^2$），如图 5-6 所示。

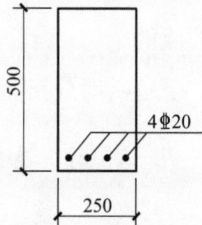

图 5-6　梁配筋图

【例题 5-2】已知梁的截面尺寸 $b \times h = 250\text{mm} \times 500\text{mm}$，混凝土采用 C25，受拉钢筋采用 HRB400 级，$4\phi18$，$A_s = 1017\text{mm}^2$，承受的弯矩设计值为 $M = 125\text{kN·m}$，环境类别为一类。试验算此梁是否安全。

【解】查表得 $f_c = 11.9\text{N/mm}^2$，$f_t = 1.27\text{N/mm}^2$，$f_y = 360\text{N/mm}^2$，$\alpha_1 = 1.0$，$\xi_b = 0.518$，$h_0 = h - a_s = 500 - 40 = 460\text{mm}$

（1）验算公式的适用条件

$$A_{smin} = 0.002bh = 0.002 \times 250 \times 500 = 250\text{mm}^2$$

$$A_{smin} = 0.45 \frac{f_t}{f_y} bh = 0.45 \times \frac{1.27}{360} \times 250 \times 500 = 198.43\text{mm}^2 < 250\text{mm}^2$$

$$A_{smin} = 250\text{mm}^2 < A_s = 1017\text{mm}^2$$

满足要求。

（2）求 x。

$$x=\frac{f_y A_s}{\alpha_1 f_c b}=\frac{360\times1017}{1.0\times11.9\times250}=123.06\text{mm}<\xi_b h_0=0.518\times460=238.28\text{mm}$$

满足要求。

（3）求 M_u

$$M_u=f_y A_s(h_0-x/2)=360\times1017\times(460-123.06/2)$$

$$=145.89\times10^6\text{N}\cdot\text{mm}=145.89\text{kN}\cdot\text{m}>M=125\text{kN}\cdot\text{m}$$

此梁截面安全。

3. 双筋矩形截面承载力计算

（1）双筋矩形截面梁的应用范围

双筋矩形截面是指不仅在受拉区配置纵向受拉钢筋，而且在受压区也配置纵向受力钢筋的矩形截面，即在矩形截面受压区配置受压钢筋来协助混凝土承担部分压力的截面。

受压钢筋截面面积用 A'_s 表示，如图 5-7 所示。

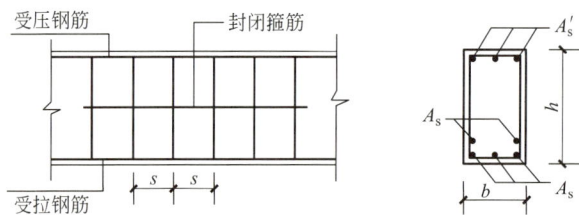

图 5-7 双筋梁

双筋矩形截面主要用于以下几种情况：

1）当构件承受的弯矩较大，但截面尺寸又受到限制，以致采用单筋矩形截面不能保证适用条件而成为超筋梁时，则需采用双筋矩形截面。

2）构件在不同的荷载组合下承受异号弯矩的作用，如风荷载作用下的框架横梁，由于风向的变化，在同一截面可能既出现正弯矩又出现负弯矩，此时需要在截面上、下均配置受拉钢筋。

3）在截面的受压区配置一定数量的受力钢筋，有利于提高截面的延性，因此，在抗震设计中要求框架梁必须配置一定比例的受压钢筋。

（2）基本公式及适用条件

1）基本公式

根据试验，双筋矩形截面受弯构件的破坏特征与单筋截面梁相似，不同的是受压区有混凝土和受压钢筋（A'_s）共同承受压力。按照受拉钢筋应力是否达到抗拉强度设计值 f_y，分为适筋梁（$\xi \leqslant \xi_b$）和超筋梁（$\xi > \xi_b$）。纵向钢筋受压将产生侧向弯曲，为了防止受压钢筋发生压屈而侧向凸出，双筋梁中应采用封闭箍筋。

根据以上的分析，双筋矩形截面受弯构件到达受弯承载力极限状态时的应力图形如图 5-8 所示，此时混凝土压应力为 $\alpha_1 f_c$，受压钢筋的应力能达到抗压强度设计值 f'_y，受拉钢筋的应力达到抗拉强度设计值 f_y。根据平衡条件可得：

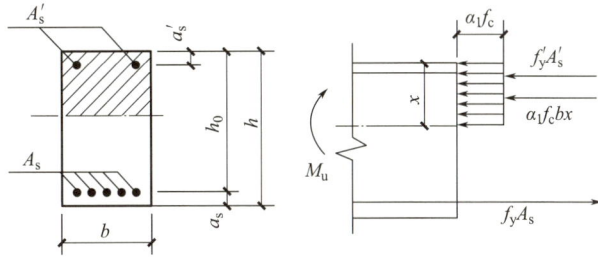

图 5-8　双筋矩形截面梁的应力图

$$\sum x = 0 \qquad \alpha_1 f_c bx + f'_y A'_s = f_y A_s \tag{5-18}$$

$$\sum M = 0 \qquad M_u = \alpha_1 f_c bx \left(h_0 - \frac{x}{2} \right) + f'_y A'_s (h_0 - a'_s) \tag{5-19}$$

式中　f'_y——受压钢筋的抗压强度设计值；

　　　A'_s——受压钢筋的截面面积；

　　　a'_s——受压钢筋的合力作用点到截面受压边缘的距离。

其余符号意义同前。

2）适用条件

①为防止出现超筋破坏，应满足：

$$x \leqslant \xi_b h_0 \text{ 或 } \xi \leqslant \xi_b \text{ 或 } \rho = \frac{A_s}{bh_0} \leqslant \rho_{\max} \tag{5-20}$$

式中　A_s——受拉区的纵向钢筋面积。

② 为使受压钢筋 A'_s 在构件破坏时应力达到抗压强度，应满足：

$$x \geqslant 2a'_s \tag{5-21}$$

当 $x < 2a'_s$ 时，《混凝土结构设计规范》GB 50010—2010（2015 年版）建议双筋矩形截面受弯承载力按下式计算：

$$M \leqslant M_u = f_y A_s (h_0 - a'_s) \tag{5-22}$$

4. 单筋 T 形截面承载能力计算

矩形截面受弯构件在破坏时，受拉区混凝土早已开裂，且抗拉强度低，对截面受弯承载力的贡献小，受弯构件的承载力计算时，不考虑受拉混凝土的作用。可将受拉区混凝土的一部分去掉，将受拉钢筋集中布置在梁肋中，如图 5-9（a）所示。T 形截面梁的承载力计算值与原有矩形截面完全相同，不仅可以节约混凝土，而且可减轻自重。

T 形截面梁在工程中的应用十分广泛。例如，在整体式肋形楼盖中，楼板和梁浇筑在一起形成整体式 T 形截面梁，许多预制的受弯构件的截面也常做成 T 形，预制空心板截面形式是矩形，但将其圆孔之间的部分合并，就是 I 形截面，其正截面也是按 T 形截面计算，如图 5-9（b）所示。

值得注意的是，若翼缘处于梁的受拉区，当受拉区的混凝土开裂后，翼缘部分的混凝土就不起作用了，所以这种梁形式上是 T 形，但在计算时只能按腹板为 b 的矩形梁计算承载力。所以，判断梁是按矩形还是按 T 形截面计算，关键是看其受压区所处的部位。若受压区位于翼缘（图 5-9e 的 1-1 截面），则按 T 形截面计算；若受压区位于腹板（图 5-9f 的 2-2 截面），则按矩形截面计算。

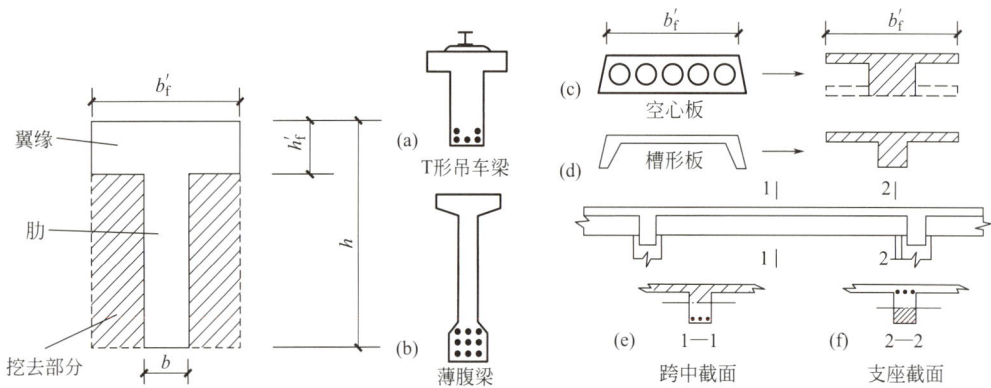

图 5-9 T 形截面梁

（1）翼缘计算宽度

理论上说，当截面承受的弯矩 M 一定时，T 形截面的受压翼缘 b_f' 越大，则混凝土受压区高度 x 就越小，内力臂（$h_0 - x/2$）就越大，从而减少纵向受拉钢筋的数量。但通过试验和理论分析表明，T 形梁受力后，翼缘上的纵向压应力的分布是不均匀的，离肋部越远，数值越小。因此，当翼缘很宽时，考虑远离肋部的翼缘部分所起的作用已很小，故在实际设计中应把翼缘限制在一定范围内，称为翼缘的计算宽度 b_f'。在 b_f' 范围内压应力分布假定是均匀的。

《混凝土结构设计规范》GB 50010—2010（2015 年版）规定，翼缘计算宽度 b_f' 按表 5-3 中三项规定中的最小值采用。

项次	考虑情况		T 形、I 形截面		倒 L 形截面
			肋形梁(板)	独立梁	肋形梁(板)
1	按计算跨度 l_0 考虑		$\dfrac{1}{3}l_0$	$\dfrac{1}{3}l_0$	$\dfrac{1}{6}l_0$
2	按梁(纵肋)净跨 S_n 考虑		$b+S_n$	—	$b+\dfrac{S_n}{2}$
3	按翼缘高度 h'_f 考虑	当 $h'_f/h_0 \geqslant 0.1$ 时	—	$b+12h'_f$	—
		当 $0.05 \leqslant h'_f/h_0 < 0.1$ 时	$b+12h'_f$	$b+6h'_f$	$b+5h'_f$
		当 $h'_f/h_0 < 0.05$ 时	$b+12h'_f$	b	$b+5h'_f$

注: 1. 表中 b 为梁的腹板宽度。

2. 如肋形梁在梁跨度内设有间距小于纵肋间距的横肋时,则可不遵守表中项次 3 的规定。

（2）T 形截面的分类和判别

计算 T 形截面梁时,按受压区高度的不同,可分为下述两种类型:

第一类 T 形截面:中和轴在翼缘内,即 $x \leqslant h'_f$（图 5-10a）;

第二类 T 形截面:中和轴在梁肋部,即 $x > h'_f$（图 5-10b）。

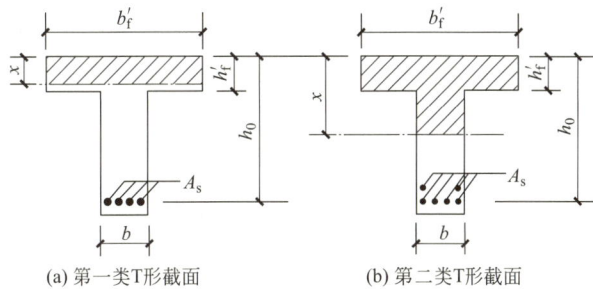

(a) 第一类 T 形截面   (b) 第二类 T 形截面

图 5-10 T 形截面的分类

当 $x = h'_f$ 时,如图 5-11 所示,为两类 T 形截面的界限情况。

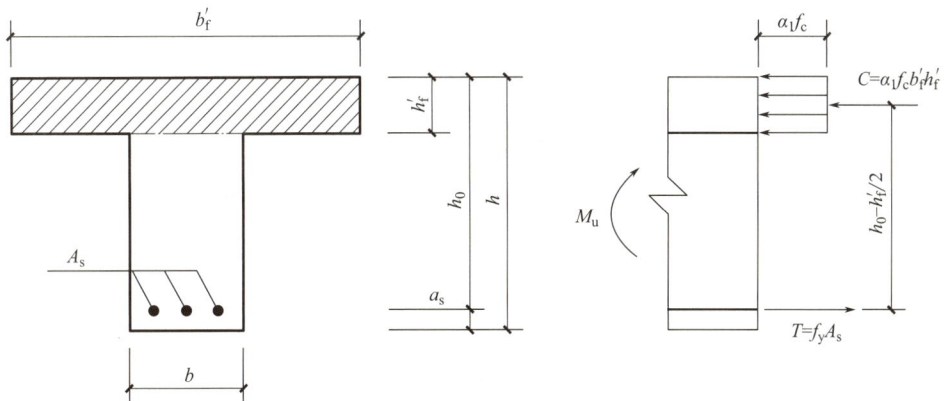

图 5-11 判别 T 形截面类别的计算简图

由 $\sum x = 0$ $\qquad f_y A_s = \alpha_1 f_c b'_f h'_f$ (5-23)

$\sum M = 0$ $\qquad M_u = \alpha_1 f_c b'_f h'_f \left(h_0 - \dfrac{h'_f}{2} \right)$ (5-24)

两类 T 形截面的判别：

1）第一类 T 形截面，其判别式为：

$$f_y A_s \leqslant \alpha_1 f_c b'_f h'_f \tag{5-25}$$

或 $\qquad M \leqslant M_u = \alpha_1 f_c b'_f h'_f \left(h_0 - \dfrac{h'_f}{2} \right)$ (5-26)

2）第二类 T 形截面，其判别式为：

$$f_y A_s > \alpha_1 f_c b'_f h'_f \tag{5-27}$$

或 $\qquad M > M_u = \alpha_1 f_c b'_f h'_f \left(h_0 - \dfrac{h'_f}{2} \right)$ (5-28)

5.1.2 受弯构件斜截面设计

1. 受弯构件斜截面破坏特征

根据箍筋数量和剪跨比的不同，受弯构件斜截面破坏的主要特征有三种，即斜拉破坏、剪压破坏和斜压破坏。

1）斜拉破坏：当箍筋配置过少，且剪跨比较大（$\lambda > 3$）时，常发生斜拉破坏，如图 5-12（a）所示。其特点是梁腹部一旦出现斜裂缝，与斜裂缝相交的箍筋应力立即达到屈服强度，使构件斜向拉裂为两部分而破坏。斜拉破坏属于脆性破坏。为了防止出现斜拉破坏，要求梁所配置的箍筋数量不能太少，间距不能过大。

2）剪压破坏：构件的箍筋适量，且剪跨比适中（$\lambda = 1 \sim 3$）时将发生剪压破坏，如图 5-12（b）所示。临近破坏时在剪跨段受拉区出现一条临界斜裂缝，与临界斜裂缝相交的箍筋应力达到屈服强度，最后剪压区混凝土在正应力和剪应力共同作用下达到极限状态而压碎。剪压破坏没有明显预兆，属于脆性破坏。

为防止剪压破坏，可通过斜截面抗剪承载力计算，配置适量的箍筋来防止。需要注意的是，为了提高斜截面的延性和充分利用钢筋强度，不宜采用高强度钢筋做箍筋。

3）斜压破坏：当梁的箍筋配置过多或者梁的剪跨比较小（$\lambda < 1$）时，将主要发生斜压破坏，如图 5-12（c）所示。这种破坏是因梁的剪弯段腹板混凝土被一系列近乎平行的斜裂缝分割成许多倾斜的受压柱体，在正应力和剪应力共同工作下混凝土被压碎而导致的，破坏时箍筋应力尚未达到屈服强度。斜压破坏也属于脆性破坏。

为了防止出现斜压破坏，要求梁的截面尺寸不能太小，箍筋不宜过多。

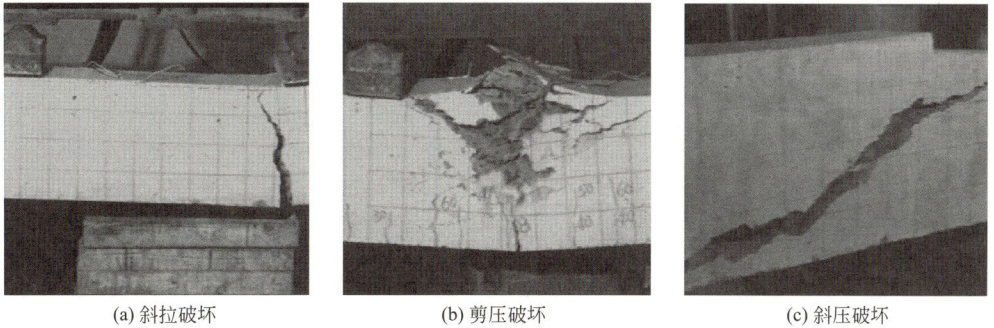

(a) 斜拉破坏　　　　　　　(b) 剪压破坏　　　　　　　(c) 斜压破坏

图 5-12　斜截面破坏形态

2. 受弯构件斜截面承载力计算

（1）基本公式

在梁斜截面的各种破坏形态中，可以通过配置一定数量的箍筋（即控制最小配箍率）来防止斜拉破坏；通过限制截面尺寸太小（相当于控制最大配箍率）来防止斜压破坏。

对于常见的剪压破坏，因为它们承载能力的变化范围较大，设计时要进行必要的斜截面承载力计算。《混凝土结构设计规范》GB 50010—2010（2015 年版）给出的基本公式就是根据剪压破坏的受力特征建立的，规范中给出的基本公式如下：

$$V \leqslant V_{u} = V_{cs} + V_{sb} \tag{5-29}$$

$$V_{cs} = V_{c} + V_{sv} \tag{5-30}$$

式中　　V_{u}——构件斜截面受剪承载力设计值；

　　　　V_{cs}——斜截面上混凝土和箍筋的受剪承载力设计值；

　　　　V_{sb}——与斜裂缝相交的弯起钢筋受剪承载力设计值；

　　　　V_{c}——剪压区混凝土的抗剪承载力设计值；

　　　　V_{sv}——与斜裂缝相交的箍筋的抗剪承载力设计值。

剪跨比 λ 是影响梁斜截面承载力的主要因素之一，但为了简化计算，这个因素在一般计算情况下不予考虑。

1）仅配置箍筋的受弯构件

对矩形、T 形和 I 形截面的一般受弯构件，其受剪承载力计算基本公式为：

$$V \leqslant V_{cs} = 0.7f_{t}bh_{0} + 1.25f_{yv}\frac{A_{sv}}{s}h_{0} \tag{5-31}$$

对集中荷载为主（即作用有多种荷载，其中集中荷载对支座截面或节点边缘所产生的剪力值占总剪力值 75% 以上的情况）的独立梁，其受剪承载力计算基本公式为：

$$V_{cs} = \frac{1.75}{\lambda + 1} f_t b h_0 + f_{yv} \frac{A_{sv}}{s} h_0 \tag{5-32}$$

式中　f_t——混凝土轴心抗拉强度设计值；

　　　A_{sv}——配置在同一截面内箍筋各肢的全截面面积：$A_{sv} = n A_{sv1}$，其中 n 为箍筋的肢数，A_{sv1} 为单肢箍筋的截面面积；

　　　s——箍筋的间距；

　　　f_{yv}——箍筋抗拉强度设计值；

　　　λ——计算截面的剪跨比，可取 $\lambda = a / h_0$。当 $\lambda < 1.5$ 时，取 1.5；当 $\lambda > 3$ 时，取 3。a 取集中荷载作用点至支座截面或节点边缘的距离。

2）同时配置箍筋和弯起钢筋的受弯构件

同时配置箍筋和弯起钢筋的受弯构件，其受剪承载力计算基本公式为：

$$V \leqslant V_u = V_{cs} + 0.8 f_y A_{sb} \sin\alpha \tag{5-33}$$

式中　f_y——弯起钢筋的抗拉强度设计值；

　　　A_{sb}——同一弯起平面内的弯起钢筋的截面面积；

　　　α——弯起钢筋的弯起角度；

　　　0.8——考虑到靠近剪压区的弯起钢筋在破坏时，可能达不到抗拉强度设计值，而采用的强度降低系数。

（2）基本公式的适用条件

1）防止出现斜压破坏的条件——最小截面尺寸的限制

试验表明，当箍筋量达到一定程度时，再增加箍筋，截面受剪承载力几乎不再增加。相反，若剪力很大，而截面尺寸过小，即使箍筋配置很多，也不能完全发挥作用，因为箍筋屈服前混凝土已被压碎而发生斜压破坏。所以为了防止斜压破坏，必须限制截面最小尺寸。对矩形、T 形和 I 形截面受弯构件，其限制条件为：

当 $h_w / b \leqslant 4.0$（一般梁）时，

$$V \leqslant 0.25 \beta_c f_c b h_0 \tag{5-34}$$

当 $h_w / b \geqslant 6.0$（薄腹梁）时，

$$V \leqslant 0.2 \beta_c f_c b h_0 \tag{5-35}$$

当 $4.0 < h_w / b < 6.0$ 时，按线性内插法确定。

式中　h_w——截面的腹板高度。矩形截面时 $h_w = h_0$，T 形截面时 $h_w = h_0 - h'_f$，I 形截面时取腹板净高；

β_c——混凝土强度影响系数，当混凝土强度等级≤C50时，$\beta_c = 1.0$；当混凝土强度等级为C80时，$\beta_c = 0.8$；其间按直线内插法取用。

实际上，截面最小尺寸条件也就是最大配箍率的条件。

2）防止出现斜拉破坏的条件——最小配箍率的限制

为了避免出现斜拉破坏，当 $V \geqslant 0.7 f_t b h_0$ 时，构件配箍率应满足：

$$\rho_{sv} = \frac{A_{sv}}{bs} = \frac{n A_{sv1}}{bs} \geqslant \rho_{sv.min} = 0.24 f_t / f_{yv} \tag{5-36}$$

式中　b——矩形截面的宽度，T形、I形截面的腹板宽度；

　　　s——箍筋的间距。

（3）斜截面受剪承载力计算

1）斜截面受剪承载力的计算截面位置

斜截面受剪承载力的计算位置，一般按下列规定采用：

① 支座边缘处的斜截面，如图5-13（a）所示截面1-1；

② 钢筋弯起点处的斜截面，如图5-13（a）所示截面2-2或3-3；

③ 受拉区箍筋截面面积或间距改变处的斜截面，如图5-13（b）所示截面4-4；

④ 腹板宽度改变处的截面，如图5-13（c）所示截面4-4。

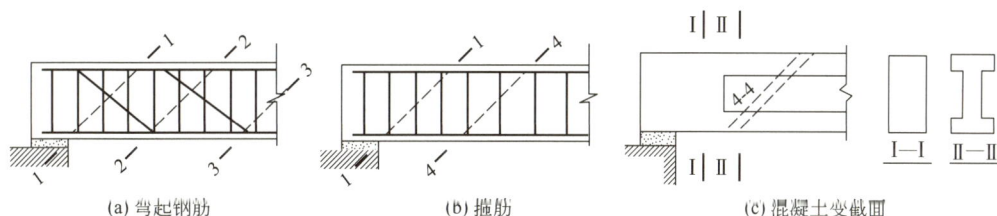

图 5-13　斜截面受剪承载力计算截面位置

2）斜截面受剪承载力计算步骤

已知：梁截面尺寸 $b \times h$、由荷载产生的剪力设计值 V，混凝土强度等级、箍筋级别，求箍筋数量。

仅配置箍筋时截面设计的计算步骤如下：

① 复核截面尺寸（防止斜压破坏）。

梁的截面尺寸应满足式（5-34）和式（5-35）的要求，否则应加大截面尺寸或提高混凝土强度等级。

② 确定是否需按计算配置箍筋。

当满足式（5-37）或式（5-38）条件时，可按构造配筋，否则，需按计算配置箍筋。

$$V \leqslant 0.7 f_t b h_0 \tag{5-37}$$

或
$$V \leqslant \frac{1.75}{\lambda + 1.0} f_t b h_0 \tag{5-38}$$

③ 确定腹筋数量。

仅配置箍筋时：

$$\frac{A_{sv}}{s} = \frac{n A_{sv1}}{s} \geqslant \frac{V - 0.7 f_t b h_0}{1.25 f_{yv} h_0} \tag{5-39}$$

或
$$\frac{A_{sv}}{s} = \frac{n A_{sv1}}{s} \geqslant \frac{V - \dfrac{1.75}{\lambda + 1.0} f_t b h_0}{f_{yv} h_0} \tag{5-40}$$

求出 A_{sv}/s 的值后，根据构造要求，先确定箍筋肢数 n 及箍筋直径 d，然后求出箍筋间距 s，同时箍筋间距 s 和直径 d 要满足规范要求。

为控制使用荷载下的斜裂缝宽度，并保证箍筋穿越每条斜裂缝，规范规定了最大箍筋间距 s_{max}，见表 5-4。

梁中箍筋最大间距 s_{max} （mm）　　　　　　表 5-4

梁高 h	$V > 0.7 f_t b h_0$	$V \leqslant 0.7 f_t b h_0$
$150 < h \leqslant 300$	150	200
$300 < h \leqslant 500$	200	300
$500 < h \leqslant 800$	250	350
$h > 800$	300	400

此外，规范还规定了箍筋的最小直径，见表 5-5，且不小于最大受压钢筋的直径的 1/4。

梁中箍筋最小直径 （mm）　　　　　　表 5-5

梁高	箍筋直径
$h < 800$	6
$h \geqslant 800$	8

④ 验算最小配箍率（防止斜拉破坏）。

配箍率应满足式（5-36）要求。

【例题 5-3】某办公楼矩形截面简支梁，截面尺寸 $b \times h = 250 \times 500$mm，$h_0 = 460$mm，承受均布荷载作用，已求得支座边缘剪力设计值为 $V = 200$kN，混凝土为 C25，箍筋采用 HPB300 级钢筋，试确定箍筋数量。

【解】查表得 $f_c = 11.9$N/mm²，$f_t = 1.27$N/mm²，$f_{yv} = 270$N/mm²，$\beta_c = 1.0$。

(1) 复核截面尺寸

$h_w/b = h_0/b = 460/250 = 1.84 < 4$

$0.25\beta_c f_c b h_0 = 0.25 \times 1.0 \times 11.9 \times 250 \times 460 \times 10^{-3} = 342.125\text{kN} > V = 200\text{kN}$

截面尺寸满足要求。

(2) 确定是否需按计算配置箍筋

$0.7 f_t b h_0 = 0.7 \times 1.27 \times 250 \times 460 \times 10^{-3} = 102.235\text{kN} < V = 200\text{kN}$

需按计算配置箍筋。

(3) 确定箍筋数量

$$\frac{A_{sv}}{s} = \frac{nA_{sv1}}{s} \geqslant \frac{V - 0.7 f_t b h_0}{1.25 f_{yv} h_0} = \frac{(200 - 102.235) \times 10^3}{1.25 \times 270 \times 460} = 0.63\text{mm}$$

根据构造要求，箍筋选用双肢箍 ($n=2$)，$\phi 8$ ($A_{sv1} = 50.3\text{mm}^2$)，

则

$$s = \frac{nA_{sv1}}{0.63} = \frac{2 \times 50.3}{0.63} = 159.68\text{mm}$$

查表 5-4 得 $s_{max} = 200\text{mm}$，取 $s = 150\text{mm}$，即箍筋采用 $\phi 8@150$ (2)，沿梁长均匀布置。

(4) 验算最小配箍率

$$\rho_{svmin} = 0.24 f_t / f_{yv} = 0.24 \times 1.27/270 = 0.113\%$$

$$\rho_{sv} = \frac{nA_{sv1}}{bs} = \frac{2 \times 50.3}{250 \times 150} = 0.268\% > \rho_{svmin} = 0.113\%$$

配箍率满足要求。

任务 5.2　受扭构件

5.2.1　矩形截面纯扭构件设计

1. 素混凝土纯扭构件

由材料力学可知，纯扭构件在扭矩 T 作用下，在截面上将产生剪应力，剪应力的分布规律如图 5-14 (a) 所示。试验表明，矩形截面素混凝土纯扭构件的破坏过程如图 5-14 (b) 所示。首先构件在某一长边侧面出现一条倾角为 45°的斜裂缝 ab，该裂缝在构件的底部和顶部分别延伸至 c 和 d，最后构件将沿三面受拉、一边受压的斜向空间扭曲面破坏。

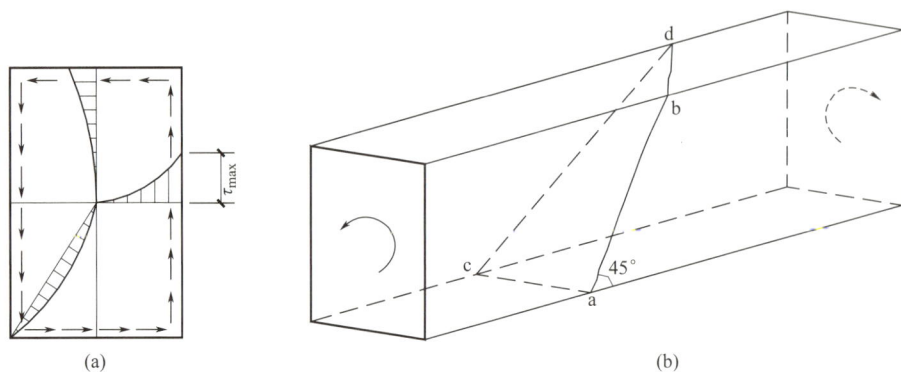

图 5-14 混凝土纯扭构件

由试验可得,矩形截面纯扭构件的受扭承载力计算公式为:

$$T_{cr} = 0.7 f_t W_t \tag{5-41}$$

式中 W_t——截面受扭塑性抵抗矩,$W_t = \dfrac{b^2}{6}(3h - b)$,$b$、$h$ 分别为构件截面短边

和长边尺寸;

f_t——混凝土的抗拉强度设计值。

截面的抗扭塑性抵抗矩是指截面上的剪应力全部达到最大值 f_t 时,截面所能抵抗的扭矩系数,实际上,截面的剪应力在截面边缘最大,内部逐渐减小,平均剪应力约为 $0.7f_t$。

2. 矩形截面钢筋混凝土纯扭构件

(1) 钢筋混凝土纯扭构件的受力性能和破坏形态

试验表明,抗扭钢筋(抗扭箍筋+抗扭纵筋)可显著提高受扭构件的抗扭承载力,根据抗扭钢筋配置量的不同,配置抗扭钢筋的纯扭构件有三种受扭破坏形态:

1) 少筋破坏

当抗扭钢筋过少时,其破坏特征和前述素混凝土纯扭构件相同,破坏前无任何预兆,属于脆性破坏。破坏时构件截面的扭转角 θ 很小。在设计中应当避免。

为了防止发生少筋破坏,《混凝土结构设计规范》GB 50010—2010(2015 年版)规定,受扭箍筋和受扭纵筋的配筋率不得小于其各自的最小配筋率,并应符合受扭钢筋的构造要求。

2) 超筋破坏

当抗扭钢筋配得过多时,由于受扭钢筋配置过多,所以破坏前钢筋应力达不到屈服强度,因而斜裂缝宽度不大。构件破坏是由于受压区混凝土被压碎所致。这种破坏形态与受弯构件的超筋梁相似,属于脆性破坏,故这类破坏称为超筋破坏。破坏时扭转角也较小。在设计中也应避免。

《混凝土结构设计规范》GB 50010—2010（2015 年版）采取限制构件截面尺寸和混凝土强度等级，亦即相当于限制受扭钢筋的最大配筋率来防止超筋破坏。

3）适筋破坏

当构件受扭钢筋的数量配置得适量时。在扭矩作用下，构件将产生多条 45°的斜裂缝，随着扭矩的增大，与主斜裂缝相交的受扭箍筋和受扭纵筋应力达到屈服强度，这条主斜裂缝不断开展，并向相邻两个面延伸，直至在第四个面上受压区的混凝土被压碎而破坏。

这种破坏形态与受弯构件的适筋梁相似，属于塑性破坏。钢筋混凝土受扭构件承载力计算即以这种破坏形态为依据。破坏时扭转角较大。可以看出，适筋受扭破坏的构件承载力比少筋受扭破坏的承载力有很大提高。

为了使受扭构件的破坏形态呈现适筋破坏，充分发挥抗扭钢筋的作用，抗扭纵筋和抗扭箍筋应有合理的最佳搭配。《混凝土结构设计规范》GB 50010—2010（2015 年版）引入 ζ 系数，ζ 为受扭构件纵向钢筋与箍筋的配筋强度比，计算式为：

$$\zeta = \frac{A_{stl} s_t}{A_{svl} u_{cor}} \times \frac{f_y}{f_{yv}} \tag{5-42}$$

式中　A_{stl}——沿截面周边对称布置的全部抗扭纵筋截面面积；

　　　A_{svl}——单肢箍筋面积；

　　　f_y——受扭纵筋的抗拉强度设计值；

　　　f_{yv}——受扭箍筋的抗拉强度设计值；

　　　s_t——箍筋间距；

　　　u_{cor}——核心部分的周长，$u_{cor} = 2(b_{cor} + h_{cor})$，$b_{cor} = b - 2c - 2d$、$h_{cor} = h - 2c - 2d$，$c$ 为混凝土净保护层厚度，d 为箍筋直径。

《混凝土结构设计规范》GB 50010—2010（2015 年版）规定：$0.6 \leqslant \zeta \leqslant 1.7$，最佳值 $\zeta \approx 1.2$。

（2）矩形截面纯扭构件的承载力计算

《混凝土结构设计规范》GB 50010—2010（2015 年版）考虑截面开裂后混凝土能够承担一部分扭矩。结合试验资料统计分析，提出"半经验半理论"公式：

$$T \leqslant T_u = 0.35 f_t W_t + 1.2 \sqrt{\zeta} \cdot \frac{f_{yv} A_{stl}}{s_t} A_{cor} \tag{5-43}$$

式中　A_{stl}——受扭箍筋单肢截面面积；

A_{cor}——核心部分的面积，$A_{cor}=b_{cor}h_{cor}$。

上式右边所列的钢筋混凝土受扭承载力可认为由两部分组成：第一部分（即第一项）为混凝土的受扭承载力 T_c；第二部分（即第二项）为受扭纵筋和箍筋的受扭承载力 T_s。

5.2.2　矩形截面弯剪扭构件承载力计算

钢筋混凝土构件在弯矩、剪力和扭矩作用下的受力性能比剪扭、弯扭复杂，影响因素有很多。因此，《混凝土结构设计规范》GB 50010—2010（2015 年版）规定：弯、剪、扭共同作用下的承载力计算还是采用按受弯和受剪扭分别计算，然后进行叠加的近似计算方法，即纵向钢筋应通过正截面受弯承载力和剪扭构件的受扭承载力计算求得的纵向钢筋进行配置，重叠处的纵筋截面面积可叠加。箍筋应按剪扭构件受剪承载力和受扭承载力计算求得的箍筋进行配置，相应部位处的箍筋截面面积也可叠加，如图 5-15 所示。纵向钢筋＝受弯（M）纵筋＋受扭（T）纵筋，箍筋＝受剪（Q）箍筋＋受扭（T）箍筋。

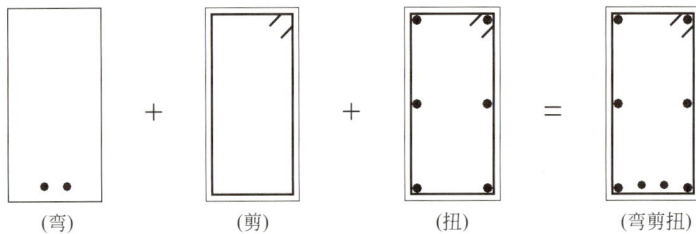

（弯）　　　　　（剪）　　　　　（扭）　　　　　（弯剪扭）

图 5-15　纵筋及箍筋的钢筋叠加

1. 矩形截面剪扭构件承载力计算

剪力的存在会使混凝土构件的受扭承载力降低，降低系数 β_t 按以下公式计算：

$$\beta_t = \frac{1.5}{1 + 0.5 \dfrac{V}{T} \cdot \dfrac{W_t}{bh_0}} \tag{5-44}$$

当 $\beta_t \leqslant 0.5$ 时，取 $\beta_t = 0.5$；当 $\beta_t \geqslant 1.0$ 时，取 $\beta_t = 1.0$。

对于以集中荷载为主的矩形截面独立梁（包括作用有多种荷载，且其集中荷载对支座截面所产生的剪力值占总剪力值的 75％以上的情况），降低系数 β_t 改为：

$$\beta_t = \frac{1.5}{1 + 0.2(\lambda + 1.0) \dfrac{V}{T} \cdot \dfrac{W_t}{bh_0}} \tag{5-45}$$

受扭承载力计算式如下：

$$T \leqslant T_u = 0.35\beta_t f_t W_t + 1.2\sqrt{\zeta} \cdot \frac{f_{yv}A_{stl}}{s_t}A_{cor} \tag{5-46}$$

同样，扭矩的存在会使混凝土的受剪承载力降低，降低系数为 $(1.5-\beta_t)$。

受剪承载力计算公式如下：

$$V \leqslant V_{cs} = (1.5-\beta_t)0.7f_t bh_0 + 1.25f_{yv}\frac{nA_{svl}}{s}h_0 \tag{5-47}$$

由以上公式求得 A_{stl}/s_t 和 A_{svl}/s_v 后，可叠加得到剪扭构件需要的单肢箍筋总用量：

$$\frac{A_{stvl}}{s} = \frac{A_{stl}}{s_t} + \frac{A_{svl}}{s_v} \tag{5-48}$$

2. 矩形截面弯扭构件承载力计算

《混凝土结构设计规范》GB 50010—2010（2015 年版）近似地采用叠加法计算弯扭构件的纵筋：

（1）按受弯构件正截面受弯承载力计算抗弯纵筋面积 A_{sm}，并布置在截面受拉边；

（2）按受扭承载力计算抗扭箍筋，并根据已选定的系数 ζ，求出抗扭纵筋 A_{stl}，抗扭纵筋沿截面核心周边均匀、对称布置。

3. 钢筋混凝土受扭构件的构造要求

（1）截面尺寸

为避免受扭构件配筋过多、保证构件不致因截面过小出现破坏时混凝土首先被压碎，防止产生超筋性质的脆性破坏。受扭构件的截面应符合下列条件：

$$当\frac{h_w}{b} \leqslant 4 \quad \frac{V}{bh_0} + \frac{T}{0.8W_t} \leqslant 0.25\beta_c f_c \tag{5-49}$$

$$当\frac{h_w}{b} = 6 \quad \frac{V}{bh_0} + \frac{T}{0.8W_t} \leqslant 0.2\beta_c f_c \tag{5-50}$$

当 $4 < \dfrac{h_w}{b} < 6$ 时，按线性内插法确定。

式中　h_w——截面的腹板高度。对于矩形截面，取有效高度 h_0；对于 T 形截面，取有效高度减去翼缘高度；对于 I 形和箱形截面，取腹板净高；

　　　　b——矩形截面的宽度，T 形或 I 形截面取腹板宽度，箱形截面取两侧壁总厚度 $2t_w$；

　　　　V——剪力设计值；

　　　　T——扭矩设计值；

β_c——混凝土强度影响系数。当混凝土强度等级不超过 C50 时，取 1.0；当混凝土强度等级为 C80 时，取 0.8；其间按线性内插法确定；

W_t——受扭构件的截面受扭塑性抵抗矩。

（2）最小配筋率

为防止配筋太少而出现少筋破坏现象，《混凝土结构设计规范》GB 50010—2010（2015 年版）规定，弯剪扭构件箍筋和纵筋的配筋率不得小于各自的最小配筋率。

1）纵筋的最小配筋率

$$\rho = \frac{A_{sm} + A_{stl}}{bh} \geqslant \rho_{sm,min} + \rho_{stl,min} \tag{5-51}$$

式中，$\rho_{sm,min}$ 为受弯纵筋的最小配筋率，取 0.2% 和 $0.45f_t/f_y$ 中较大者。$\rho_{stl,min}$ 为受扭纵筋的最小配筋率，按下式计算：

$$\rho_{stl,min} = 0.6\sqrt{\frac{T}{Vb}}\frac{f_t}{f_y} \tag{5-52}$$

当 $T/Vb > 2.0$ 时，取 $T/Vb = 2.0$。

2）箍筋的最小配筋率

$$\rho_{svt} = \frac{nA_{svt1}}{bs} \geqslant \rho_{svt,min} \tag{5-53}$$

箍筋的配筋率 ρ_{svt} 不应小于 $0.28f_t/f_{yv}$。

（3）钢筋的构造要求

沿截面周边布置的受扭纵向钢筋的间距不应大于 200mm 和梁截面短边长度。除应在梁截面四角设置受扭纵向钢筋外，其余受扭纵向钢筋宜沿截面周边均匀对称布置。受扭纵向钢筋应按受拉钢筋锚固在支座内。

箍筋的间距应符合表 5-4 的规定，其中受扭所需的箍筋应做成封闭式，且应沿截面周边布置；当采用复合箍筋时，位于截面内部的箍筋不应计入受扭所需的箍筋面积；受扭所需箍筋的末端应做成 135° 弯钩，弯钩端头平直段长度不应小于 10d（d 为箍筋直径），合理的抗扭箍筋应该是沿 45°方向布置的螺旋箍筋，但是这种方式不仅施工不方便，并且只能适应一个方向的扭矩。

纵筋与箍筋如图 5-16 所示。

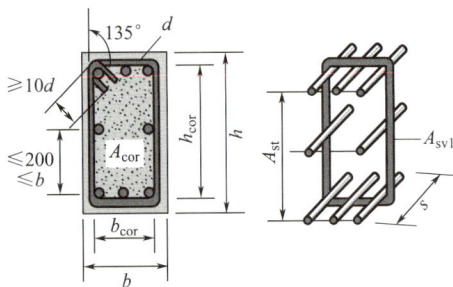

图 5-16 纵筋与箍筋

　　　　　　　　　　　　　　　　　　建筑力学与结构

4. 简化计算的条件

《混凝土结构设计规范》GB 50010—2010（2015 年版）规定了以下三种简化计算条件和简化计算方法：

（1）当 $\dfrac{V}{bh_0} + \dfrac{T}{W_t} \leqslant 0.7f_t$ 时，可不进行剪扭计算，而按构造要求配置箍筋和抗扭纵筋；

（2）当 $V \leqslant 0.35f_t bh_0$ 或 $V \leqslant \dfrac{0.875}{\lambda+1}f_t bh_0$（集中荷载在计算截面产生的剪力值占该截面总剪力值 75% 以上的情况）时，可不考虑剪力，仅按弯扭构件进行计算；

（3）当 $T \leqslant 0.175f_t W_t$ 时，可以不考虑扭矩，仅按弯剪构件进行计算。

5. 矩形截面弯剪扭构件的截面设计计算步骤

当已知截面的内力（M、V、T），并初选截面尺寸和材料强度等级后，可按以下步骤计算：

（1）验算截面尺寸

1）求 W_t；

2）验算截面尺寸。当其截面尺寸不满足时，应增大截面尺寸后再验算。

（2）确定是否需进行受扭和受剪承载力计算

1）确定是否需进行剪扭承载力计算，若不需计算，则不必进行 2）、3）步骤；

2）确定是否需要进行受剪承载力计算；

3）确定是否需要进行受扭承载力计算。

（3）确定箍筋用量

1）计算混凝土受扭能力降低系数 β_t；

2）计算受剪所需单肢箍筋的用量 A_{sv1}/s_v；

3）计算受扭所需单肢箍筋的用量 A_{st1}/s_t；

4）计算受剪扭箍筋的单肢总用量 A_{svt1}/s，并选配箍筋；

5）验算箍筋的最小配筋率。

（4）确定纵筋用量

1）计算受扭纵筋的截面面积 A_{stl}，并验最小配筋量；

2）计算受弯纵筋的截面面积 A_{sm}，并验最小配筋量；

3）弯扭纵筋用量叠加，并选筋。叠加原则是 A_{sm} 配在受拉边，A_{stl} 沿截面核心周边均匀、对称布置。

【例题 5-4】 钢筋混凝土矩形截面纯扭构件，$b \times h = 250\text{mm} \times 500\text{mm}$，承受的扭矩设计值 $T = 15\text{kN} \cdot \text{m}$。混凝土为 C25，纵筋为 HRB400 级，箍筋为 HPB300 级。试配置该构件所需的抗扭钢筋。

【解】 查表得 $f_c = 11.9\text{N/mm}^2$，$f_t = 1.27\text{N/mm}^2$，$f_y = 360\text{N/mm}^2$，$f_{yv} = 270\text{N/mm}^2$，$\alpha_1 = 1.0$，$\xi_b = 0.518$，$h_0 = h - a_s = 500 - 40 = 460\text{mm}$

（1）验算截面尺寸

$W_t = (3h - b)b^2/6 = (3 \times 500 - 250) \times 250^2/6 = 13020833.3\text{mm}^3$

$0.25\beta_c f_c \times 0.8W_t = 0.25 \times 1.0 \times 11.9 \times 0.8 \times 13020833.3 = 30.99 \times 10^6\text{N} \cdot \text{mm}$

$> T = 15\text{kN} \cdot \text{m}$

$0.7f_t W_t = 0.7 \times 1.27 \times 13020833.3 = 11.58 \times 10^6\text{N} \cdot \text{mm} < T$

所以截面尺寸满足要求，并且要按计算配置受扭钢筋。

（2）计算抗扭箍筋数量，设 $\zeta = 1.2$。

$b_{cor} = b - 60 = 250 - 60 = 190$ $h_{cor} = h - 60 = 500 - 60 = 440\text{mm}$

$u_{cor} = 2(b_{cor} + h_{cor}) = 2 \times (190 + 440) = 1260\text{mm}$

$A_{cor} = b_{cor} \times h_{cor} = 190 \times 440 = 83600\text{mm}^2$

$\dfrac{A_{st1}}{s} = \dfrac{T - 0.35f_t W_t}{1.2\sqrt{\zeta} f_{yv} A_{cor}} = \dfrac{15 \times 10^6 - 0.35 \times 1.27 \times 13020833.3}{1.2\sqrt{1.2} \times 270 \times 83600} = 0.31\text{mm}^2/\text{mm}$

选用 $\phi 8$ 双肢 $A_{st1} = 50.3\text{mm}^2$，则箍筋的间距 $s = \dfrac{50.3}{0.31} = 162.25\text{mm}$

取间距 $s = 150\text{mm}$，箍筋选用 $\phi 8@150$（2）。

最小配箍率验算：$\rho_{svt} = \dfrac{2A_{st1}}{bs} = \dfrac{2 \times 50.3}{250 \times 150} = 0.27\% \geqslant \rho_{svt, min} = 0.28\dfrac{f_t}{f_{yv}} = 0.15\%$

（3）纵筋计算

$A_{stl} = \dfrac{\zeta f_{yv} A_{st1} u_{cor}}{f_y s} = \dfrac{1.2 \times 270 \times 0.31 \times 1260}{360} = 351.54\text{mm}^2$

选用 $6\,\Phi\,12$，$A_{stl} = 678\text{mm}^2$，配筋图如图 5-17 所示。

最小配筋率验算：$\rho_{tl} = \dfrac{A_{stl}}{bh} = \dfrac{678}{250 \times 500} = 0.54\% \geqslant \rho_{tl, min} = 0.6\sqrt{\dfrac{T}{Vb}}\dfrac{f_t}{f_y} = 0.31\%$

对纯扭构件 $V = 1.0$；当 $\dfrac{T}{Vb} = \dfrac{15000000}{250} \geqslant 2.0$ 时，取 $\dfrac{T}{Vb} = 2.0$。

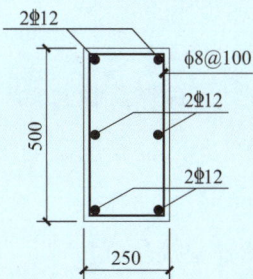

图 5-17 梁受扭配筋图

任务 5.3 受压构件

5.3.1 轴心受压构件的计算

1. 柱的破坏特点

试验表明，构件的长细比对构件的受压承载力影响较大。钢筋混凝土轴心受压柱按照长细比的大小分为"短柱"和"长柱"两类，当其长细比满足以下要求时为短柱，否则为长柱。

矩形截面：$\qquad\qquad\qquad l_0/b \leqslant 8$

圆形截面：$\qquad\qquad\qquad l_0/d \leqslant 7$

任意截面：$\qquad\qquad\qquad l_0/i \leqslant 28$

式中　l_0——柱计算长度；

$\quad b$——矩形截面的短边尺寸；

$\quad d$——圆形截面的直径；

$\quad i$——任意截面的最小回转半径。

（1）短柱破坏试验

1）弹性阶段

轴心受压短柱受到轴向压力，当压力比较小时，混凝土与钢筋始终保持共同变形，整个截面的应变是均匀分布的，两种材料的压应变保持一致，应力的比值基本上等于两者弹性模量之比。

2）弹塑性阶段

随着荷载逐渐增大，混凝土塑性变形开始发展，随着柱子变形的增大，混凝土应力增加得越来越慢，钢筋应力增加得越来越快，两者的应力比值不再等于弹性模量之比。

破坏特点：当轴向加载达到柱子破坏荷载的 90% 时，柱子出现与荷载方向平行的纵向裂缝，混凝土保护层剥落，最后，箍筋间的纵向钢筋向外弯凸，混凝土被压碎而破坏，如图 5-18 所示。

破坏时，混凝土的应力达到轴心抗压强度 f_c，钢筋应力也达到受压屈服强度 f'_y。试验表明：钢筋混凝土轴心受压短柱的纵向弯曲对受压承载力的影响很小，可以忽略不计。

（2）长柱破坏试验

长柱在轴向压力作用下，不仅发生压缩变形同时还发生纵向弯曲，在荷载不大时，全截面受压，但内凹一侧的压应力比外凸一侧的压应力大。随着荷载增加，凸侧由受压突然变为受拉，出现受拉裂缝，凹侧混凝土被压碎，纵向钢筋受压向外弯曲，如图 5-19 所示。

图 5-18　混凝土短柱破坏　　　　图 5-19　混凝土长柱破坏

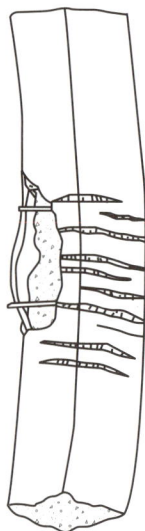

试验表明：钢筋混凝土轴心受压长柱的纵向弯曲对受压承载力的影响不可忽略。柱的长细比是影响破坏形态的一个主要因素。《混凝土结构设计规范》GB 50010—2010（2015 年版）采用稳定性系数 φ 来反映长柱承载力的降低程度。短柱，取 $\varphi = 1.0$；长柱，取 $\varphi < 1.0$，并随柱的长细比增大而减小，具体数值见表 5-6。

l_0/b	≤8	10	12	14	16	18	20	22	24	26	28
l_0/d	≤7	8.5	10.5	12	14	15.5	17	19	21	22.5	24
l_0/i	≤28	35	42	48	55	62	69	76	83	90	97
φ	1.0	0.98	0.95	0.92	0.87	0.81	0.75	0.70	0.65	0.60	0.56
l_0/b	30	32	34	36	38	40	42	44	46	48	50
l_0/d	26	28	29.5	31	33	34.5	36.5	38	40	41.5	43
l_0/i	104	111	118	125	132	139	146	153	160	167	174
φ	0.52	0.48	0.44	0.40	0.36	0.32	0.29	0.26	0.23	0.21	0.19

注：表中 l_0—构件计算长度；b—矩形截面的短边尺寸；i—截面最小回转半径。

楼盖类型	柱类型	计算长度
现浇楼盖	底层柱 其他各层柱	1.0H 1.25H
装配式楼盖	底层柱 其他各层柱	1.25H 1.5H

注：表中 H 对底层柱为从基础顶面到一层楼盖顶面的高度；对其余各层柱为上下两层楼盖顶面之间的高度。

必须指出，采用过分细长的柱子是不合理的，因为柱子越细长，受压后越容易发生纵向弯曲而导致失稳，承载力降低越多，材料强度越不能充分利用。因此，对一般建筑物中的柱，常限制长细比 $l_0/b \leqslant 30$ 及 $l_0/h \leqslant 25$（b 为截面短边尺寸，h 为长边尺寸）。

2. 轴心受压柱的承载力计算

根据箍筋的功能和配置方式，分为普通箍筋柱和螺旋箍筋柱，实际工程中常用普通箍筋柱。普通箍筋柱正截面承载力计算公式：

$$N \leqslant N_u = 0.9\varphi(f_c A + f'_y A'_s) \tag{5-54}$$

式中 N_u——轴向压力承载力设计值；

       N——轴向压力设计值；

       φ——钢筋混凝土构件的稳定系数；

       f_c——混凝土的轴心抗压强度设计值；

       A——构件截面面积，当纵向钢筋配筋率大于 3% 时，A 应改为 $A_c = A - A_s$；

       f'_y——纵向钢筋的抗压强度设计值；

       A'_s——全部纵向钢筋的截面面积。

（1）截面设计

在设计截面时可以先选定材料强度等级，并根据轴向压力的大小以及房屋总体高度和建筑设计的要求确定构件截面的形状、尺寸、柱子的计算高度，然后利用表5-6确定稳定系数，再由式（5-54）求出所需的纵向钢筋数量。

如果计算所得纵筋的配筋率偏高，可考虑增大截面尺寸后重新计算，反之则考虑能否减小柱的截面尺寸。箍筋则按构造要求配置。

在实际工程中轴心受压构件沿截面、两个主轴方向的杆端约束条件可能不同，因此计算长度也就可能不完全相同。如正方形、圆形或多边形截面，则应按其中较大的确定。如为矩形截面，应分别按两个方向确定，并取其中较小者代入式（5-53）进行承载力计算。

（2）承载力复核

承载力复核时，构件的计算长度、截面尺寸、材料强度、纵向钢筋截面面积均为已知，先检查配筋率是否满足经济配筋率的要求，然后根据构件的长细比由表5-6查出 φ 值，再根据式（5-54）进行复核，若式（5-55）得到满足，则截面承载力足够，反之，截面承载力不够。

【例题5-5】有一钢筋混凝土受压柱，柱的计算长度 $l_0 = 4.8\text{m}$ ，轴心压力设计值 $N = 2600\text{kN}$ ，混凝土强度等级为 C30 （ $f_c = 14.3\text{N/mm}^2$ ），纵筋采用 HRB400 级（ $f_y = 360\text{N/mm}^2$ ），箍筋采用 HPB300，设纵向钢筋配筋率 ρ' 为 0.01。试对该柱进行设计（不需要验算配筋）。

【解】（1）初步估计截面尺寸

ρ' 为 0.01，则 $A_s = 0.01A$ ，设 $\varphi = 1.0$

$$A = \frac{N}{0.9\varphi(f_c + \rho' f_y')} = \frac{2600000}{0.9(14.3 + 0.01 \times 360)} = 161390.44\text{mm}^2$$

正方形截面边长 $b = \sqrt{A} = 401.73\text{mm}$ ，所以取 $b = h = 400\text{mm}$

（2）配筋计算

确定稳定系数 φ ，由 $l_0/b = 4800/400 = 12$，查表得 $\varphi = 0.95$。

由 $N = 0.9\varphi(f_c A + f_y A_s)$ 得：

$$A_s = \frac{\left(\frac{N}{0.9\varphi} - f_c A\right)}{f_y'} = \frac{\frac{2600 \times 1000}{0.9 \times 0.95} - 14.3 \times 400 \times 400}{360} = 2091.49\text{mm}^2$$

选用 4 ⊕ 20 + 4 ⊕ 18 （ $A_s = 2273\text{mm}^2$ ），箍筋选用 $\phi8@100/200$，配筋如图 5-20 所示。

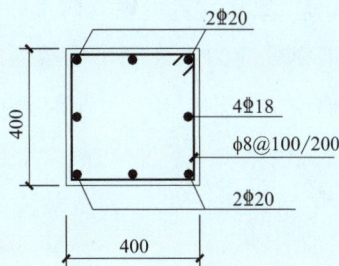

图 5-20 受压柱配筋图

【例题 5-6】某现浇框架结构底层中柱，计算长度 $l_0=4.4\text{m}$，截面尺寸为 $400\text{mm}\times400\text{mm}$，柱内配有 8$\Phi$20 纵筋（$f'_y=360\text{N/mm}^2$），混凝土强度等级为 C30（$f_c=14.3\text{N/mm}^2$），环境类别为一类。柱承载轴心压力设计值 $N=2350\text{kN}$，试校核此柱是否安全。

【解】（1）求 φ

$$\text{则}\ \frac{l_0}{b}=\frac{4400}{400}=11\text{，查表得}\ \varphi=0.965$$

（2）求 N_u

$$
\begin{aligned}
N_u &= 0.9\varphi(f_cA+f'_yA'_s) \\
&= 0.9\times0.965\times(14.3\times400\times400+360\times2513) \\
&= 2772.84\text{kN}>N=2350\text{kN}
\end{aligned}
$$

此柱截面安全。

5.3.2 偏心受压构件的计算

1. 偏心受压构件的破坏特征

按照轴向力的偏心距和配筋情况的不同，偏心受压构件的破坏可分为受拉破坏和受压破坏两种情况。

（1）受拉破坏（大偏心破坏）

偏心距较大，且 A_s 配置不太多，导致构件发生受拉破坏（图 5-21）。其破坏特点是远侧受拉钢筋先屈服，然后近侧受压混凝土达到极限压应变被压碎，导致构件破坏。此时，受压钢筋也达到屈服强度。受拉破坏有明显的预兆，属于延性破坏。

（2）受压破坏（小偏心破坏）

偏心距较小，或者偏心距较大但配置的受拉钢筋过多时，将发生受压破坏（图

5-22）。其破坏特点是构件截面压应力较大一侧混凝土达到极限压应变而被压碎，构件截面压应力较大一侧的纵向钢筋应力也达到了屈服强度，而另一侧混凝土及纵向钢筋可能受拉也可能受压，但应力较小，均未达到屈服强度。受压破坏没有明显的预兆，属于脆性破坏。

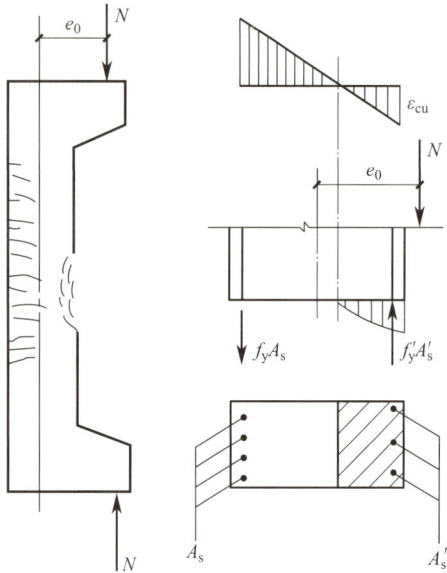

图 5-21　大偏心受压构件受力图　　　图 5-22　小偏心受压构件受力图

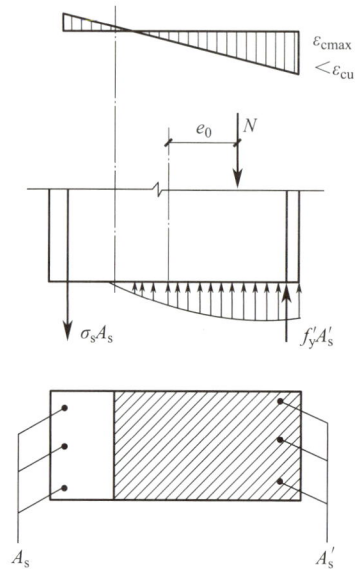

（3）受拉破坏与受压破坏的界限

受拉破坏与受弯构件正截面适筋破坏类似，而受压破坏与受弯构件正截面超筋破坏类似。故受拉破坏与受压破坏也用相对界限受压区高度 ξ_b 作为界限，即当 $\xi \leqslant \xi_b$ 时属于大偏心受压破坏；当 $\xi > \xi_b$ 时属于小偏心受压破坏。

2. 矩形截面大偏心受压构件正截面承载力计算基本公式

大偏心计算简图如图 5-23 所示。由静力平衡条件可得出大偏心受压的基本公式：

$$N = \alpha_1 f_c b x + f'_y A'_s - f_y A_s \tag{5-55}$$

$$Ne = \alpha_1 f_c b x \left(h_0 - \frac{x}{2} \right) + f'_y A'_s (h_0 - a'_s) \tag{5-56}$$

式中　e——轴向压力作用点至受拉钢筋合力点之间的距离；

$$e = e_i + h/2 - a_s \tag{5-57}$$

$$e_i = e_0 + e_a \tag{5-58}$$

　　e_i——初始偏心距；

e_a——附加偏心距，$e_a = \max(20\text{mm}, h/30)$；

e_0——轴向压力对截面重心的偏心距，$e_0 = M/N$，当考虑二阶效应时，M 为考虑二阶效应影响后的弯矩设计值。

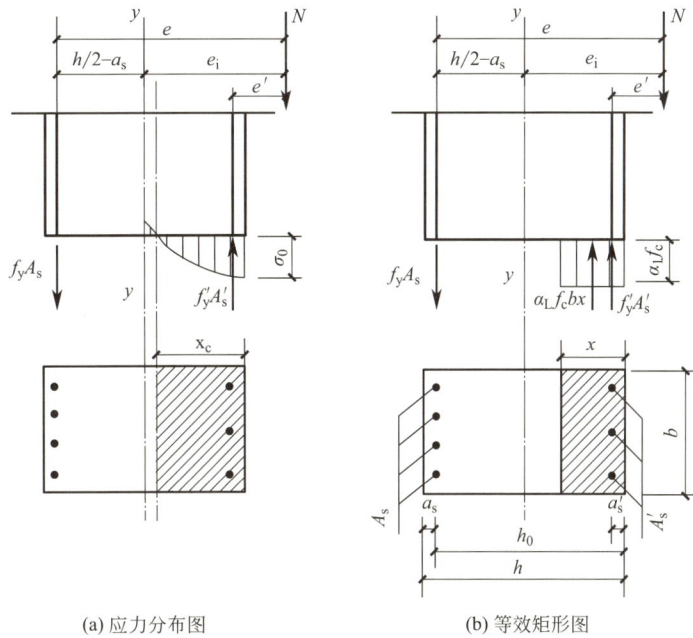

(a) 应力分布图　　　　　　　(b) 等效矩形图

图 5-23　矩形截面大偏心受压破坏时的应力分布

矩形截面大偏心受压构件正截面承载力计算基本公式的适用条件：

$$\xi \leqslant \xi_b \text{ 且 } x \leqslant 2a'_s \qquad (5\text{-}59)$$

课后练习题

一、填空题

1. 受弯构件破坏形式有_____和_____。

2. 对于楼层梁，若受压区位于翼缘，则按_____计算，若受拉区位于翼缘，则按_____计算。

3. 受弯构件斜截面破坏的主要特征有三种，即_____、_____和_____。

4. 根据抗扭钢筋配置量的不同，配抗扭钢筋的纯扭构件有三种受扭破坏形态，即_____、_____和_____。

5. 钢筋混凝土轴心受压柱按照长细比的大小分为_____和_____两类。

6. 按照轴向力的偏心距和配筋情况的不同，偏心受压构件的破坏可分为_____和_____两种情况。

二、选择题

1. 梁的正截面破坏形式主要与（　　　）有关。

A. 受拉钢筋的配筋率　　　　　　　　B. 混凝土强度等级

C. 截面形式　　　　　　　　　　　　D. 设计水平

2. 单筋矩形截面适筋梁破坏的特征表现为（　　　）。

A. 先受压区混凝土被压碎，然后受拉区混凝土开裂

B. 先受压区混凝土被压碎，然后受拉区钢筋屈服

C. 先受拉区钢筋屈服，然后受压区钢筋屈服

D. 先受拉区钢筋屈服，然后受压区混凝土被压碎

3. 下列哪种情况能判断为适筋梁？（　　　）

A. $A_s \geqslant \rho_{\min}bh$　　　　　　　　　　B. $A_s \geqslant \rho_{\min}bh$ 且 $x \leqslant \xi_b h_0$

C. $\xi \leqslant \xi_b$　　　　　　　　　　　　D. $\rho \leqslant \rho_{\max}$

4. 下列说法错误的是（　　　）。

A. 斜拉破坏属于脆性破坏

B. 斜压破坏属于脆性破坏

C. 剪压破坏属于塑性破坏

D. 剪压破坏可通过配置适量的箍筋来防止

5. 矩形截面弯剪扭构件纵筋的确定原则是（　　　）。

A. 按抗弯计算纵筋

B. 按抗扭计算纵筋

C. 按抗剪计算纵筋

D. 按抗弯计算纵筋和抗扭计算纵筋，再叠加

6. 矩形截面弯剪扭构件箍筋的确定原则是（　　　）。

A. 按抗弯计算箍筋

B. 按抗扭计算箍筋

C. 按抗剪计算箍筋

D. 按抗扭计算箍筋和抗剪计算箍筋，再叠加

7. 其他条件相同时，以下说法正确的是（　　　）。

A. 短柱的承载力高于长柱的承载力

B. 短柱的承载力低于长柱的承载力

C. 短柱的承载力等于长柱的承载力

D. 纵向弯曲对长柱和短柱的受压承载力影响很小

8. 受压构件的长细比应当控制，不应过大，其目的是（　　）。

A. 防止正截面受压破坏

B. 防止斜截面受剪破坏

C. 防止受拉区混凝土产生水平裂缝

D. 保证构件稳定性并避免承载能力降低过多

9. 钢筋混凝土偏心受压构件，其大、小偏心受压的根本区别是（　　）。

A. 截面破坏时受拉钢筋是否屈服

B. 偏心距的大小

C. 截面破坏时受压钢筋是否屈服

D. 受压一侧混凝土是否达到极限压应变

三、判断题

1. 超筋梁、少筋梁的破坏都属于脆性破坏。（　　）

2. 双筋截面梁的箍筋不一定要采用封闭箍筋。（　　）

3. 双筋截面梁由受压区混凝土和受压钢筋共同承受压力。（　　）

4. 受弯构件的承载力计算时，不考虑受拉混凝土的作用。（　　）

5. 受弯构件斜截面设计时，为了防止出现斜拉破坏，要求梁的截面尺寸不能太小，箍筋不宜过多。（　　）

6. 长柱的承载力，当截面尺寸和配筋一定时，随柱的长细比增大而减小。（　　）

7. 小偏心受压破坏的特点是，远端混凝土先被压碎，近端钢筋没有屈服。（　　）

四、计算题

1. 已知矩形截面梁 $b \times h = 250mm \times 500mm$，由荷载设计值产生的 $M = 165kN \cdot m$（包括自重），混凝土采用 C30，钢筋选用 HRB400 级，环境类别为一类，安全等级为二级。试求所需受拉钢筋截面面积。

2. 已知梁的截面尺寸 $b \times h = 250mm \times 600mm$，混凝土采用 C25，受拉钢筋采用 HRB400 级，$4 \phi 20$，$A_s = 1256mm^2$，承受的弯矩设计值为 $M = 180kN \cdot m$，环境类别为一类。试验算此梁是否安全。

3. 已知矩形简支梁 $b \times h = 250mm \times 450mm$，支座边缘剪力设计值为 $V = 115kN$，混凝土采用 C25，钢筋选用 HPB300 级，只配置箍筋时，试求箍筋数量。

4. 钢筋混凝土矩形截面纯扭构件，$b \times h = 250\text{mm} \times 600\text{mm}$，承受的扭矩设计值 $T = 21\text{kN} \cdot \text{m}$。混凝土采用 C30，纵筋选用 HRB400 级，箍筋选用 HPB300 级。试配置该构件所需的抗扭钢筋。

5. 有一钢筋混凝土受压柱，柱的计算长度 $l_0 = 5.5\text{m}$，轴心压力设计值 $N = 3903\text{kN}$，混凝土采用 C30（$f_c = 14.3\text{N/mm}^2$），纵筋选用 HRB400 级（$f_y = 360\text{N/mm}^2$），箍筋选用 HPB300 级，设纵向钢筋配筋率 ρ' 为 0.01。试对该柱进行设计（不需要验算）。

6. 某现浇框架结构底层中柱，计算长度 $l_0 = 5.4\text{m}$，截面尺寸为 450mm × 450mm，柱内配有 8ϕ22 纵筋（$f_y = 360\text{N/mm}^2$），混凝土强度等级为 C30（$f_c = 14.3\text{N/mm}^2$），环境类别为一类。柱承载轴心压力设计值 $N = 2967\text{kN}$，试校核此柱是否安全。

五、思考题

1. 受弯构件破坏形式有哪几种？分别是由什么原因引起的？

2. 如何区分超筋梁、适筋梁、少筋梁？

3. 适筋梁破坏特点是什么？

4. 超筋梁破坏特点是什么？

5. 钢筋混凝土梁的正截面破坏受哪几方面因素影响？

6. 试述单筋矩形截面受弯构件正截面承载力计算步骤。

7. 什么是双筋截面？在什么情况下采用双筋截面？

8. T 形截面的受压翼缘计算宽度 b_f' 是如何确定的？

9. 如何判别 T 形截面的两种类型？

10. 根据箍筋数量和剪跨比的不同，受弯构件斜截面破坏的主要特征有哪几种？它们的破坏特征如何？怎样防止各种破坏特征的发生？

11. 斜截面受剪承载力的计算截面位置，一般如何确定？

12. 试述矩形截面素混凝土纯扭构件的破坏过程。

13. 计算弯剪扭构件时，符合什么条件时可以进行简化计算？如何简化？

14. 试述矩形截面弯剪扭构件的截面设计步骤。

15. 轴心受压柱中，短柱和长柱有何区别？两者如何划分？如何考虑长柱承载力的降低？

16. 偏心受压构件根据特征可分为哪两类？各有何截面破坏特征？

17. 受拉破坏与受压破坏的界限是什么？

项目6
框架结构构件设计

项目6
框架结构构件设计

【知识目标】掌握框架结构设计步骤，了解结构计算内容及计算方法。

【能力目标】能够通过规范查询各地区抗震设防烈度要求；能分析框架柱类型、独立估算框架梁、框架柱及楼板截面尺寸；针对项目中的任务要求进行梁式楼梯计算；掌握不同类型楼（屋）盖的特点。

【素质目标】具有团结协作能力、服务思想以及奉献精神。

【案例导入】某综合楼为七层现浇框架结构工程，建筑面积 2400m²。当年 8 月开工，第二年 5 月完成主体结构，同年 6 月 28 日 7 时发现底层一根中柱出现裂缝，位置在设计层高 0.2～0.5m，15 时左右该柱钢筋已外露，并向柱边弯曲，虽然采取了用杉圆木、槽钢等临时支撑加固措施，但是没能阻止房屋的倒塌，当天 21 时整楼分两次倒塌，所幸人员及时撤离而无伤亡。事后经过分析和调查，该工程倒塌的主要原因有以下几方面：

① 设计计算错误。主要有：没有考虑风荷载，有些荷载值取得偏小；底层框架柱的计算高度取值偏小；柱截面尺寸过小，如底层柱高 8m，柱截面仅为 350mm×600mm；框架柱配筋不足。

② 钢筋大部分为不合格品。倒塌后取样检查钢筋实际直径比设计钢筋直径小，差值较大，力学性能试验有 64％不合格。钢筋既无出厂合格证，又无送检试验报告。

③ 混凝土质量低劣。水泥无合格证，混凝土不做配合比试验，施工现场不留试块，无法控制混凝土质量。从倒塌现场看，混凝土内石多砂少，砂细且含泥量高。钻芯取样时，在柱、梁取芯 17 个，龄期超过 45d，实际强度为 6.1～10.2N/mm²（设计为 C20）。

④ 桩基混凝土厚度严重不足，造成承台冲切破坏。该现场实测承台厚度 9 处，不足设计值一半的有 3 处。

⑤ 现浇楼板超厚。该现场实测板厚为 100～120mm，比设计的 80mm 厚的板超重 25％～50％，不仅增加了板的自重，而且梁、柱与基础的负荷也大幅度增加。

⑥ 钢筋保护层不均匀，大多超厚。倒塌后实测有 6 根柱一侧的混凝土保护层厚度为 40mm。板的负弯矩区的主筋保护层厚度达 70mm，一般均大于 40mm，承载能力大幅度下降。

📘 **任务介绍**

　　某政府办公楼，位于×××市×××路北侧，交通方便；周边有居民楼，形成建筑群；同时有一定的现代建筑物及商业区，立面简洁明朗，与周围环境相互协调，真正做到适用、经济、美观。项目主要任务是进行该办公楼一层结构设计。

📑 **任务分析**

　　根据任务要求确定：①结构选型与布置；②结构基本尺寸估算及计算截面几何特征；③荷载计算；④荷载作用下框剪内力计算；⑤内力组合计算；⑥截面设计；⑦楼梯与楼板设计；⑧图纸绘制。

建筑设计基本资料：

1. 总平面设计

拟建办公楼处于主干道，坐北朝南，交通方便；同时有其他几栋已有建筑，形成建筑群；周围有一定的现代建筑物及商业区，考虑周围环境，与周围环境相协调，城市管网供水供电配套。建成后的住宅将有完善的配套设施、运动场所以及一定的绿化面积，满足建筑各项技术要求。

2. 平面设计

设计思路是从建筑功能上出发，从总体布局到局部的原则去把握整个设计。建筑平面是表示建筑物在水平方向各部分组合关系以及各部分房间的具体设计。

（1）平面组合采用对称式组合，满足办公楼的设计要求，为双廊式办公楼，走廊的宽度为 2.1m。

防烟楼梯、电梯遵照《建筑设计防火规范》GB 50016—2014（2018 年版）的要求，合用消防前室面积为 12.36m²＞10m²，满足要求。

（2）交通组织及防火设计，本建筑总高度为 39.3m＜50m，建筑类别为二类高层建筑，每层的建筑面积小于 1500m²。

耐火等级：二类高层建筑，耐火等级为二类。

防火分区：根据《建筑设计防火规范》GB 50016—2014（2018 年版）的要求二类建筑每个防火区的最大建筑面积为 1500m²，满足要求。本设计将建筑在平面上使楼梯同走廊分开，用防火墙或防火门隔开，竖向上用钢筋混凝土楼板和防火门分隔。防火区设置疏散楼梯三部，设置防火门及楼梯前室，前室面积

为 $12.36m^2 > 6m^2$，满足要求，其他尺寸均满足防火要求，具体尺寸参照平面。

（3）柱网的布置：按照每间办公楼面积的布置以及走廊的宽度布置确定，横向框架柱距为 7.8m 和 6.6m，纵向框架柱距为 7.8m。柱网的布置做到了整齐划一、对称，以利于构件的统一化。

3. 剖面设计

剖面设计目的是确定建筑物竖向各空间的组合关系、空间的形状和尺寸、建筑层数等。考虑结构的统一、功能的要求，以及施工的方便，建筑标准层层高 3.9m，首层层高 4.2m，室内外高差为 0.6m，电梯机房的空间高度及其相对高程应根据所选电梯型号的说明书确定，电梯机房高 3m。门窗的高度满足《民用建筑设计统一标准》GB 50352—2019 的要求，门的高度均为 2.1m，窗台的高度取 0.9m。

4. 立面设计

立面设计的目的是在紧密结合平面、剖面的内部空间组合、外部环境及在满足建筑使用要求和技术经济条件下，运用建筑造型和立面构图的规律进行的。

5. 建筑构造设计

建筑构造设计是建筑设计的重要组成部分，是建筑平、立、剖面设计的继续和深入，也是结构设计和建筑施工的重要依据。

外墙：高层建筑结构多为框架和剪力墙承重，外墙只起围护的作用。各种轻质砌块（290mm 厚水泥空心砖）的功能是轻质、保温、隔热。外侧水刷石墙面的功能是避免墙体受水，影响墙体隔热、保温性能。

内墙：（除剪力墙外）根据使用要求，楼梯间、防烟前室、电梯间墙应有足够的防火性能，初选：190mm 厚粉煤灰轻渣空心砌块；轻质内隔墙：蒸压粉煤灰加气混凝土砌块（100mm）。

高层建筑女儿墙一般较高（1.2m），为了保证其稳定，需在上端设钢筋混凝土压顶梁且与主体结构的柱子伸到女儿墙内，以保证有可靠的拉结，增强结构的整体性和抗震性能。

楼梯的设计也要满足《建筑设计防火规范》GB 50016—2014（2018 年版）的要求，踏步采用 $b \times h = 260mm \times 162.5mm$。楼梯的宽度、平台梁的跨度也满足要求。

任务 6.1 抗震设计基础知识

6.1.1 地震成因与类型

1. 地震成因与类型

地震按形成的原因可分为诱发地震和自然地震，诱发地震是指由于水库水或深井注水等引起的地震。自然地震又可分为构造地震，火山地震和陷落地震。构造地震是指由于地壳运动，推挤地壳岩层使其薄弱部位发生断裂而引起的地震，构造地震破坏性大，影响范围广。火山地震是指由于火山爆发，岩浆冲出地面引起的地震，这类地震在我国很少见。陷落地震是指由于地表或地下岩层突然大规模陷落或崩塌而造成的地震，这类地震的震级很小，造成的破坏也很小。对房屋采取的抗震设计主要是抵抗构造地震，因此本节主要阐述构造地震的相关抗震知识。

地球内部断层错动并引起周围介质振动的部位称为震源。震源正上方的地面位置叫做震中，地面某处至震中的水平距离叫做震中距（图 6-1）。震源到地面的垂直距离叫做震源深度，根据震源深度可分为浅源地震（$A < 60\mathrm{km}$）、中源地震（$A = 60 \sim 300\mathrm{km}$）和深源地震（$A > 300\mathrm{km}$）。

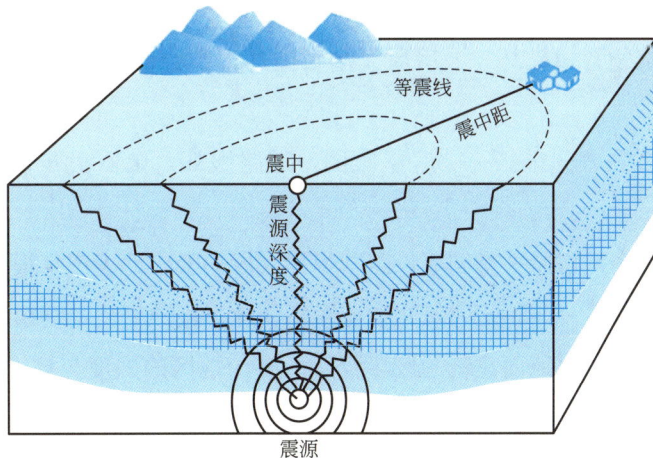

图 6-1 地震示意图

2. 震级

地震震级是表示地震大小的一种度量，与震源释放的能量大小有关，其数值是以地震仪测定的每次地震活动释放的能量多少来确定的，用符号 M 表示。中国目前使用的震级标准，是国际上通用的里氏分级，共分 9 个等级，在实际测量中，震级则是根据地震仪对地震波所作的记录计算出来的。地震越大，震级的数字也越大，震级每差一级，通过地震被释放的能量约差 32 倍。

一般来说，$M < 2$ 的地震，人们感觉不到，称为微震；$M = 2 \sim 4$ 的地震称为有感地震；$M > 5$ 的地震，对建筑物就会引起不同程度的破坏，统称为破坏性地震；$M > 7$ 的地震称为强烈地震或大地震；$M > 8$ 的地震称为特大地震。

3. 烈度

地震烈度是指某一区域内的地表和各类建筑物受一次地震影响的平均强弱程度。世界上多数国家采用的是 12 个等级划分的烈度表。

Ⅰ度：无感，仅仪器能记录到；

Ⅱ度：微有感——个别敏感的人在完全静止中有感；

Ⅲ度：少有感——室内少数人在静止中有感，悬挂物轻微摆动；

Ⅳ度：多有感——室内大多数人，室外少数人有感，悬挂物摆动，不稳器皿作响；

Ⅴ度：惊醒——室外大多数人有感，家畜不宁，门窗作响，墙壁表面出现裂纹；

Ⅵ度：惊慌——人站立不稳，家畜外逃，器皿翻落，简陋棚舍损坏，陡坎滑坡；

Ⅶ度：房屋损坏——房屋轻微损坏，牌坊，烟囱损坏，地表出现裂缝及喷砂冒水；

Ⅷ度：建筑物破坏——房屋多有损坏，少数破坏路基塌方，地下管道破裂；

Ⅸ度：建筑物普遍破坏——房屋大多数破坏，少数倾倒，牌坊、烟囱等崩塌，铁轨弯曲；

Ⅹ度：建筑物普遍摧毁——房屋倾倒，道路毁坏，山石大量崩塌，水面大浪扑岸；

Ⅺ度：毁灭——房屋大量倒塌，路基堤岸大段崩毁，地表产生很大变化；

Ⅻ度：山川易景——一切建筑物普遍毁坏，地形剧烈变化，动植物遭毁灭。

地震烈度是地震对地面建筑的破坏程度。一个地区的烈度与这次地震的释放能量（即震级）、震源深度、距离震中的远近有关。一般来说，距离震中越近，地震烈度就越高；距离震中越远，地震烈度也越低。此外还与地震波传播途径中的工程地质条件和建筑物的结构特性有关。

同一次地震的震级只有一个，但是对不同位置的地面建筑破坏程度是不一样的，也就是不同位置的烈度是不一样的。

6.1.2 抗震设计简介

1. 设防烈度

按国家规定的权限批准作为一个地区抗震设防的地震烈度称为抗震设防烈度。一般情况下，取 50 年内超过概率 10％的地震烈度。我国规定，抗震设防烈度为 6 度及以上地区的建筑，必须进行抗震设计。一般情况下，抗震设防烈度可采用《中国地震烈度区划图》中规定的地震基本烈度（或《建筑抗震设计规范》GB 50011—2010（2016 年版）设计基本地震加速度值对应的烈度值）。抗震设防烈度与设计基本地震加速度的对应关系见表 6-1。

抗震设防烈度与设计基本地震加速度对应关系 表 6-1

抗震设防烈度	6	7	8	9
设计基本地震加速度	$0.05\,g$	$0.10\,g\,(0.15\,g)$	$0.20\,g\,(0.30\,g)$	$0.40\,g$

注：1. g 为重力加速度。

2. 设计基本地震加速度为 $0.15g$ 和 $0.30g$ 地区内的建筑，除规范另有规定外，应分别按抗震设防烈度 7 度和 8 度的要求进行抗震设计。

2. 抗震设防分类

建筑抗震设防类别划分，应根据下列因素的综合分析确定：

（1）建筑破坏造成的人员伤亡、直接和间接经济损失及社会影响的大小；

（2）城镇的大小、行业的特点、工矿企业的规模；

（3）建筑使用功能失效后，对全局的影响范围大小、抗震救灾影响及恢复的难易程度；

（4）建筑各区段的重要性有显著不同时，可按区段划分抗震设防类别。卜部区段的类别不应低于上部区段；

（5）不同行业的相同建筑，当所处地区及地震破坏所产生的后果和影响不同时，其抗震设防类别可不相同。

《建筑工程抗震设防分类标准》GB 50223—2008 中按照使用功能的重要性将建筑工程分为以下四个抗震设防类别：

（1）特殊设防类：指使用上有特殊设施，涉及国家公共安全的重大建筑工程和地震时可能发生严重次生灾害等特别重大灾害后果，需要进行特殊设防的建筑，简称甲类；

（2）重点设防类：指地震时使用功能不能中断或需尽快恢复的生命线相关建筑，以及地震时可能导致大量人员伤亡等重大灾害后果，需要提高设防标准的建筑，简称乙类；

（3）标准设防类：指大量的除1、2、4款以外按标准要求进行设防的建筑，简称丙类。

（4）适度设防类：指使用上人员稀少且震损不致产生次生灾害，允许在一定条件下适度降低要求的建筑，简称丁类。

3. 抗震设防标准

抗震设防标准是与一个国家的科学水平和经济条件密切相关的。我国目前实行抗震设防依据的"双轨制"，即采用设防烈度（一般情况下用基本烈度）或设计地震参数（如地面运动加速度峰值等）。

甲类建筑：地震作用应高于本地区抗震设防烈度的要求，其值应按批准的地震安全性评价结果确定；抗震措施，当抗震设防烈度为6～8度时，应符合本地区抗震设防烈度提高一度的要求，当为9度时，应符合比9度抗震设防更高的要求。

乙类建筑：地震作用应符合本地区抗震设防烈度的要求；抗震措施，一般情况下，当抗震设防烈度为6～8度时，应符合本地区抗震设防烈度提高一度的要求，当为9度时，应符合比9度抗震设防更高的要求。对较小的乙类建筑，当其结构改用抗震性能较好的结构类型时，应允许仍按本地区抗震设防烈度的要求采取抗震措施。

丙类建筑：地震作用和抗震措施均应符合本地区抗震设防烈度的要求。

丁类建筑：一般情况下，地震作用仍符合本地区抗震设防烈度的要求；抗震措施应允许比本地区抗震设防烈度的要求适当降低，当抗震设防烈度为6度时不应降低。

4. 抗震设防目标

工程抗震设防的基本目的是在一定经济条件下，最大限度地限制和减轻建筑物的地震破坏，避免人员伤亡，减少经济损失。为了实现这一目的，我国《建筑抗震设计规范》GB 50011—2010（2016年版）明确提出了3个水准的抗震设防要求。

第一水准：小震不坏

当遭受低于本地区抗震设防烈度的多遇地震影响时，主体结构一般不受损坏或不需修理仍可继续使用。

第二水准：中震可修

当遭受相当于本地区抗震设防烈度的地震影响时，建筑可能损坏，但经一般修理仍可继续使用。

第三水准：大震不倒

当遭受高于本地区抗震设防烈度预估的罕遇地震影响时，建筑不致倒塌或发生危及生命的严重破坏。

3个水准的抗震设防要求，在具体做法上是采用简化的两阶段设计方法实现的。

第一阶段设计：按照多遇地震烈度对应的地震作用效应和其他荷载效应的组合验算结构的承载力和结构的弹性变形。

第二阶段设计：按照罕遇地震烈度对应的地震作用效应验算结构的弹塑性变形。

第一阶段的设计是为了保证第一水准的承载力和变形的要求。第二阶段的设计则主要是保证结构满足第三水准的抗震设防目标。而第二水准的抗震设防目标是借助良好的抗震构造措施来实现。

5. 抗震等级

抗震等级是设计部门依据国家有关规定，按"建筑物重要性分类与设防标准"，根据抗震设防烈度、结构类型和房屋高度等，而采用不同抗震等级进行的具体设计。以钢筋混凝土框架结构为例，抗震等级划分为一级至四级，以表示其很严重、严重、较严重及一般四个级别。在建筑业中，已经开始严格执行这个等级标准。

【例题6-1】如果项目背景中的建筑物建造地点为"广东省佛山市"，请根据规范查找出该项目的抗震设防要求。

结构设计基本资料：

（1）高度与面积

总面积约11812.32m²，总建筑高度为39.9m，共10层，标准层层高3.9m，首层层高4.2m，室内外高差为0.6m。

（2）地质条件（请根据建造地点，查表获得）

雨雪条件：基本风压为＿＿＿＿＿＿＿＿，基本雪压为＿＿＿＿＿＿。

地震条件：＿＿＿＿＿＿＿＿＿＿＿＿＿＿＿＿＿＿＿＿＿。

（3）材料选用

混凝土：1～5层采用C35，6～10层采用C30。

钢筋：纵向受力钢筋采用热轧钢筋HRB400，其余采用热轧钢筋HPB300。

墙体：外墙采用300mm厚墙、隔墙采用200mm厚墙。

门、窗：塑钢窗、木门、防火门。

（4）结构选型与布置

1）结构选型

经过对该建筑的建筑高度、建筑造型、抗震要求等因素综合考虑后，采用钢筋混凝土框架-剪力墙结构（楼梯间与电梯间部分为剪力墙结构）。

2）结构布置

采用钢筋混凝土现浇框架-剪力墙结构，平面布置如图6-2所示。

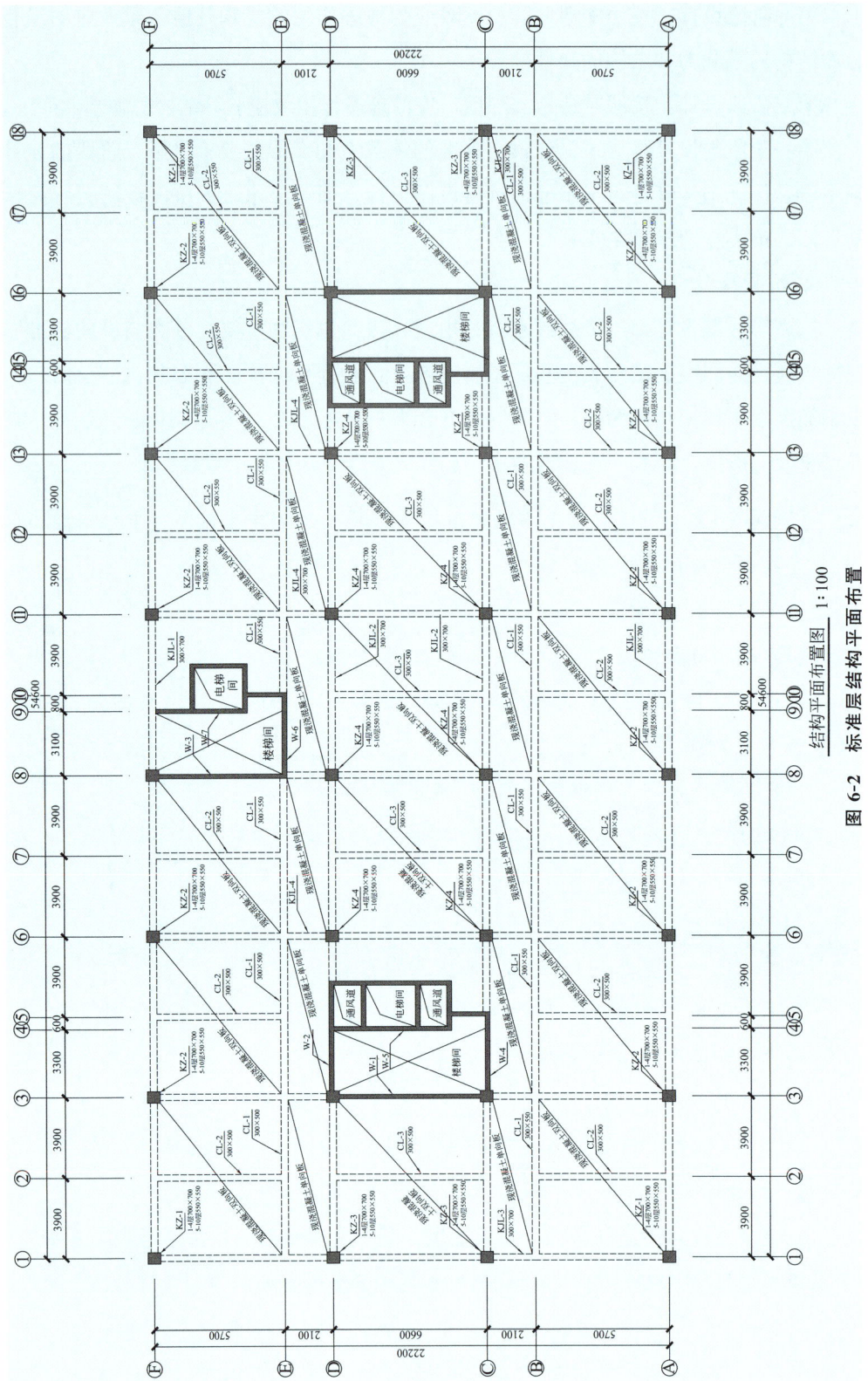

结构平面布置图 1:100

标准层结构平面布置

图 6-2 标准层结构平面布置

①屋面结构：采用现浇钢筋混凝土肋形屋盖，刚性屋面。

②楼面结构：全部采用现浇钢筋混凝土肋形楼板。

③楼梯结构：采用现浇钢筋混凝土板式楼梯。

④电梯间：采用剪力墙结构。

⑤结构布置：柱采用标准柱网，大开间布置，满足办公楼功能及其布置要求。

任务 6.2 钢筋混凝土框架结构梁、板、柱的截面尺寸选择

6.2.1 梁截面尺寸选择

梁的一般构造要求有：截面形式、截面尺寸、梁的配筋。

截面形式：常用截面形式有矩形和 T 形，还有花篮形、十字形、倒 T 形、倒 L 形等。

截面尺寸：截面高度 h 可按高跨比 $h/l = 1/8 \sim 1/18$ 取用，常用梁高为 250、300、……、750、800、900mm 等；截面宽度 b 可取矩形截面 $h/b = 2.0 \sim 2.5$，T 形截面 $h/b = 2.5 \sim 4.0$，常用梁宽为 150、180、200mm 等，如 $b > 200$mm，应取 50mm 的倍数。

梁的配筋（图 6-3）：梁内一般配置纵向受力钢筋（也称主筋）、架立筋、箍筋、弯起钢筋、侧向构造钢筋等钢筋。纵筋常用直径为 10～25mm。当梁高 $h \geqslant 300$mm 时，$d \geqslant 10$mm；当梁高 $h < 300$mm 时，$d \geqslant 8$mm。钢筋间距为了便于浇筑混凝土，保证混凝土有良好的密实性，对采用绑扎骨架的钢筋混凝土梁，纵向钢筋的净间距应满足图 6-4 所示的要求。当截面下部纵向钢筋配置多于两排时，上排钢筋水平方向的中距应比下面两排的中距增大一倍。箍筋的直径，当梁截面高度 $h \leqslant 800$mm 时不宜

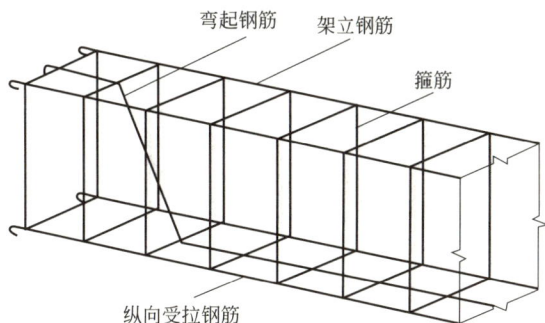

图 6-3 梁的配筋

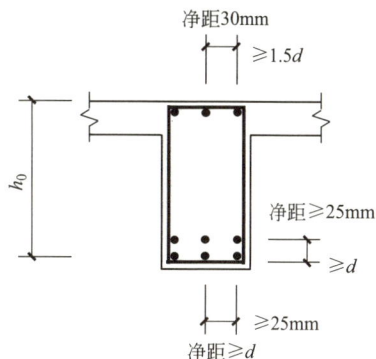

图 6-4 纵向受力钢筋的间距

小于 6mm；$h >800$mm 时不宜小于 8mm。《混凝土结构设计规范》GB 50010—2010（2015 年版）规定，当梁的腹板高度 $h_w \geqslant 450$mm 时，应在梁的两个侧面沿高度配置纵向构造钢筋。

6.2.2　板截面尺寸选择

板的一般构造要求有：板的厚度、板的配筋。

板的厚度：板截面厚度 h 与板的跨度及其所受荷载有关。从刚度要求出发根据经验设计。单跨简支板的最小厚度不小于跨度的 1/35，多跨连续板的最小厚度不小于跨度的 1/40，悬臂板最小厚度不小于跨度的 1/12。对现浇单向板最小厚度：屋面板不小于 60mm；民用建筑楼盖不小于 60mm；工业建筑楼盖不小于 70mm，双向板不小于 80mm。板厚度以 10mm 为模数。

板的配筋（图 6-5）：板中配置受力钢筋和分布钢筋。钢筋直径通常采用 6、8、10mm。板钢筋一般采用绑扎搭接，板的受力钢筋间距一般取 70～200mm；当板厚 $h \leqslant 150$mm 时，不宜大于 200mm；$h >150$mm 时，不宜大于 $1.5h$，且不宜大于 250mm，板中受力钢筋间距亦不宜小于 70mm；板中下部纵向受力钢筋伸入支座的锚固长度不应小于 $5d$（d 为下部纵向受力钢筋直径）且至少到支座中心。

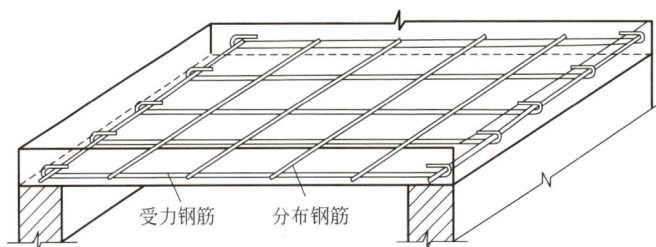

受力钢筋　　分布钢筋

图 6-5　板的配筋

混凝土保护层厚度（c）：是结构构件中最外层钢筋外边缘至构件表面的距离，简称保护层。混凝土保护层最小厚度应符合表 6-2 的规定。

混凝土保护层最小厚度 c （mm）　　　　表 6-2

环境等级	板、墙	梁、柱、杆
一	15	20
二 a	20	25
二 b	25	35
三 a	30	40
三 b	40	50

注：1. 混凝土强度等级不大于 C25 时，表中保护层数值应增加 5mm。
　　2. 构件中受力钢筋的保护层厚度不应小于钢筋的公称直径。

6.2.3 柱截面尺寸选择

为充分发挥混凝土材料的抗压性能，减小构件的截面尺寸，节约钢筋，宜采用强度等级较高的混凝土，高层建筑可以采用强度等级更高的混凝土。由于受到混凝土受压最大应变的限制，高强度的钢筋不能充分发挥作用，因此不宜采用高强度钢筋。

《混凝土结构设计规范》GB 50010—2010（2015年版）规定，纵向受力普通钢筋宜采用 HRB400 级、HRBF400 级、HRB500 级、HRBF500 级。箍筋宜采用 HRB400 级、HRBF400 级、HRB500 级、HRBF500 级、HPB300 级。混凝土一般采用 C25、C30、C35、C40。

1. 截面形式及尺寸要求

钢筋混凝土受压构件的截面形式要考虑到受力合理和模板制作的方便，钢筋混凝土受压构件通常采用矩形或方形截面。一般轴心受压柱以方形为主，偏心受压柱以矩形为主。有特殊要求时，轴心受压柱可采用圆形、多边形等。偏心受压柱还可采用 I 形、T 形等。

柱截面尺寸不宜过小，一般应符合 $l_0/b \leqslant 30$ 及 $l_0/h \leqslant 25$，此处 l_0 为柱的计算长度，b 为截面的短边尺寸，h 为截面的长边尺寸，框架柱截面尺寸一般不宜小于 300mm×300mm。为了便于模板尺寸模数化，当边长不大于 800mm 时，以 50mm 为模数；当边长大于 800mm 时，以 100mm 为模数。

2. 纵向受力钢筋

柱纵向受力钢筋应采用 HRB400、HRB500、HRBF400、HRBF500 级。纵向受力钢筋直径 d 不宜小于 12mm，通常采用 12~32mm。一般宜采用根数较少、直径较粗的钢筋，以保证骨架的刚度。

方形和矩形截面柱中纵向受力钢筋不少于 4 根，圆柱中不宜少于 8 根且不应少于 6 根。纵向受力钢筋的净距不应小于 50mm，偏心受压柱中垂直于弯矩作用平面的侧面上的纵向受力钢筋及轴心受压柱中各边的纵向受力钢筋的中距不宜大于 300mm。

受压构件纵向钢筋的最小配筋百分率应符合表 6-3 的规定。全部纵向钢筋的配筋率不宜超过 5%。受压钢筋的配筋率一般不超过 3%，通常在 0.5%~2% 之间。

3. 箍筋

受压构件中，一般箍筋沿构件纵向等距离放置，并与纵向钢筋构成空间骨架，如图 6-6 所示。箍筋除了在施工时对纵向钢筋起固定作用外，还给纵向钢筋提供侧向支点，防止纵向钢筋受压弯曲而降低承压能力。此外，箍筋在柱中也起到抵抗水平剪力的作用。密布箍筋还起约束核心混凝土，改善混凝土变形性能的作用。

纵向受力钢筋的最小配筋百分率 ρ_{min}（%）   表 6-3

受力类型			最小配筋百分率
受压构件	全部纵向钢筋	强度等级 500MPa	0.50
		强度等级 400MPa	0.55
		强度等级 300MPa、335MPa	0.60
	一侧纵向钢筋		0.20
受弯构件、偏心受拉、轴心受拉构件一侧的受拉钢筋			0.20 和 $45f_t/f_y$

注：（1）受压构件全部纵向钢筋最小配筋百分率，当采用 C60 以上强度等级的混凝土时，应按表中规定增加 0.10；
　　（2）板类受弯构件（不包含悬臂板）的受拉钢筋，当采用强度等级 400MPa、500MPa 的钢筋时，其最小配筋率应允许采用 0.15 和 $45f_t/f_y$ 中的较大值；
　　（3）偏心受拉构件中的受压钢筋，应按受压构件一侧纵向钢筋考虑；
　　（4）受压构件全部纵向钢筋和一侧纵向钢筋的配筋率以及轴心受拉构件和小偏心受拉构件一侧受拉钢筋的配筋率均按构件的全截面面积计算；
　　（5）当钢筋沿构件截面周边布置时，"一侧纵向钢筋"是指沿受力方向两个对边中一边布置的纵向钢筋。

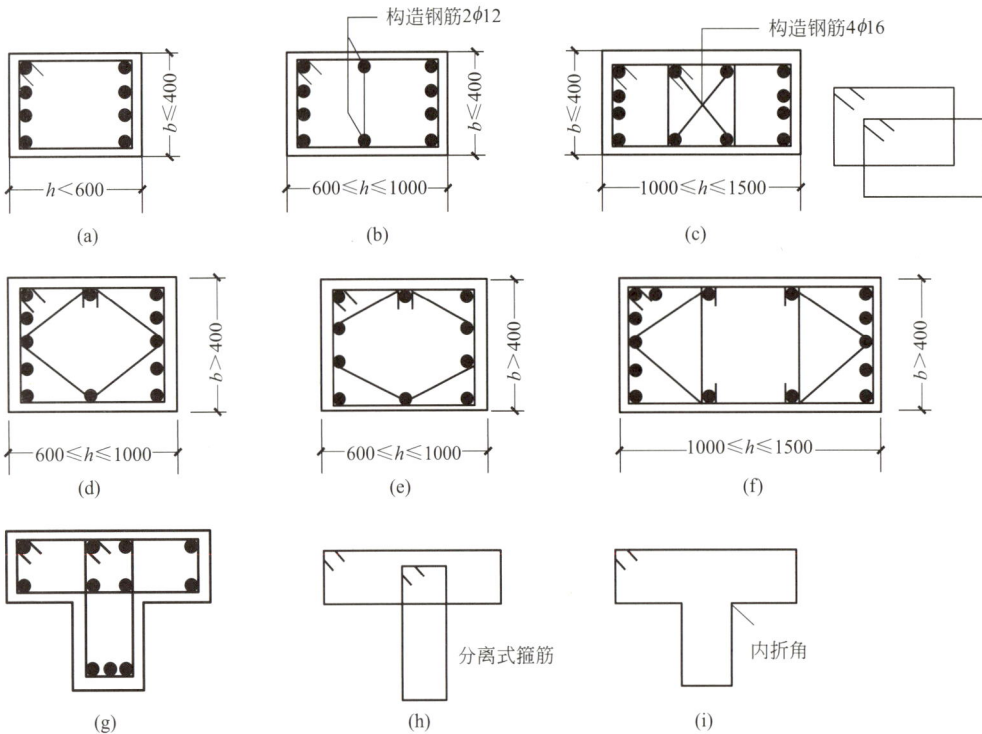

图 6-6　柱箍筋形式

为了有效地阻止纵向钢筋的压屈破坏和提高构件斜截面抗剪能力，周边箍筋应做成封闭式。箍筋间距不应大于400mm及构件截面短边尺寸，同时在绑扎骨架中不应大于$15d$，在焊接骨架中不应大于$20d$（d为纵向钢筋最小直径）。箍筋直径不应小于纵向钢筋最大直径的$1/4$，且不应小于6mm；当柱中全部纵向受力钢筋配筋率大于3%时，箍筋直径不应小于8mm，间距不应大于纵向钢筋最小直径的10倍，且不应大于200mm。箍筋末端应做成135°弯钩且弯钩末端平直段长度不应小于箍筋直径的10倍和75mm的较大值。箍筋也可焊接成封闭环式。当柱截面短边尺寸大于400mm且各边纵向钢筋多于3根时，或当柱截面短边尺寸不大于400mm但各边纵向钢筋多于4根时，应设置复合箍筋，如图6-6所示。对于截面形状复杂的柱，为了避免产生向外的拉力致使折角处的混凝土破损，不可采用具有内折角的箍筋（图6-6i），而应采用分离式箍筋（图6-6h）。

【例题6-2】根据项目背景进行梁柱截面尺寸估算

（1）柱截面尺寸估算

1）中柱

由佛山市抗震设防烈度为7度、框架-剪力墙结构、结构总高度为39.3m＜60m。查得抗震等级框架三级，剪力墙二级。按规范得：

$\mu_N = 0.95$，$q_k = 12 \sim 14 kN/m^2$，取$q_k = 12 kN/m^2$

首层中柱：

楼层数为$n = 10$，取$\alpha = 1.0$、$f_c = 16.7 N/mm^2$、$\bar{\gamma} = 1.25$

按最大负荷面积：$A = 7.8 \times 7.2 = 56.16 m^2$

则柱估算的面积为：

$$A_c = \frac{\alpha \bar{\gamma} q_k A n}{\mu_N f_c} = \frac{1.0 \times 1.25 \times 12 \times 56.16 \times 10}{0.95 \times 16.7} = 0.531 m^2$$

$$a = \sqrt{A_c} = \sqrt{0.531} = 0.728 m$$

取：$b \times h = 700mm \times 700mm$

第五层：

$$A_c = \frac{\alpha \bar{\gamma} q_k A n}{\mu_N f_c} = \frac{1.0 \times 1.25 \times 12 \times 56.16 \times 6}{0.95 \times 16.7} = 0.319 m^2$$

$$a = \sqrt{A_c} = \sqrt{0.319} = 0.564 m$$

取：$b \times h = 550mm \times 550mm$

2）边柱

边柱受荷面积比中柱小，且考虑施工方便，取同层柱截面相同。

根据中柱的计算结果，推导出边柱的截面尺寸：

1～4 层：＿＿＿＿＿＿＿＿＿＿＿＿＿＿＿

5～10 层：＿＿＿＿＿＿＿＿＿＿＿＿＿＿＿

（2）梁的截面尺寸估算

1）主梁截面估算

横向、纵向框架梁，由于纵横向框架梁跨度相同，故取相同截面，按经验公式估算：

最大计算跨度：$l_0 = 7.8\text{m}$

梁截面高度：

$$h = \left(\frac{1}{12} \sim \frac{1}{10}\right) l_0 = \left(\frac{1}{12} \sim \frac{1}{10}\right) \times 7800 = 650 \sim 780\text{mm}，取 h = 700\text{mm}$$

梁宽度：

$$b = \left(\frac{1}{4} \sim \frac{1}{2}\right) h = \left(\frac{1}{4} \sim \frac{1}{2}\right) \times 700 = 175 \sim 350\text{mm}，取 b = 300\text{mm}$$

取：$b \times h = 300\text{mm} \times 700\text{mm}$

2）次梁截面估算

纵向次梁：跨度 $l_0 = 7.8\text{m}$

梁截面高度（b）：（请写出计算过程）

＿＿＿＿＿＿＿＿＿＿＿＿＿＿＿＿＿＿＿

梁宽（b）：取同主梁同宽 $b = 300\text{mm}$

所以，取 $b \times h = 300\text{mm} \times 550\text{mm}$

横向次梁：最大跨度 $l_0 = 6.6\text{m}$，截面尺寸 $b \times h = 300\text{mm} \times 500\text{mm}$

根据上述主梁、横向次梁、纵向次梁估算，得到截面尺寸：

主梁截面尺寸：＿＿＿＿＿＿＿＿＿＿＿＿＿＿＿＿＿

横向次梁截面尺寸：＿＿＿＿＿＿＿＿＿＿＿＿＿＿＿

纵向次梁截面尺寸：＿＿＿＿＿＿＿＿＿＿＿＿＿＿＿

拓展提高1

结构设计部分：根据建筑物各部分所受荷载大小，主要解决建筑物各部分，各部位的受力情况，构造做法等，例如各层现浇楼板的混凝土强度等级，配筋情况；

现浇柱、主梁、次梁、过梁的宽度，高度，配筋情况；现浇楼梯的做法，配筋情况；以及梁柱节点、墙梁节点、楼梯的细部的配筋情况，构造做法等。具体分为以下几个方面：

（1）重力荷载、风荷载、水平地震作用计算及荷载效应组合；

（2）结构等效刚度计算及位移验算；

（3）结构内力计算及内力组合；

（4）梁、板、柱和楼梯的配筋计算；

（5）抗震设计；

（6）基础类型选择；

（7）防火设计；

（8）结构主体承载力验算；

（9）细部构造措施。

任务 6.3 楼屋（盖）及楼梯设计

6.3.1 楼屋（盖）设计

屋盖和楼盖是建筑结构的重要组成部分，一方面承担各种竖向荷载，将其传给承重墙体；另一方面利用钢筋混凝土板的平面刚度，将不同的承重墙体连接成整体，共同承受水平荷载，形成整体工作的空间受力结构。同时，混凝土楼盖设计对于建筑物隔热、隔声和建筑效果有直接的影响。

钢筋混凝土楼盖按其施工方式可分为：现浇整体式、装配式、装配整体式三种类型。

（1）现浇整体式楼（屋）盖常用于对抗震、防渗要求较高以及平面形状复杂的建筑，主要优点：刚度大、整体性好、抗震抗冲击性能好、防水性好、结构布置灵活。但是，由于混凝土的凝结硬化时间长，所以施工速度慢，工期较长，而且耗费模板多，受施工季节影响大。按照结构形式，楼盖可分为肋梁楼盖、井式楼盖、密肋楼盖和无梁楼盖。

（2）装配式钢筋混凝土楼板是在工厂或现场预制好的楼板，然后人工或机械吊装到房屋上经坐浆灌缝而成。此做法可节省模板，改善劳动条件，提高效率，缩短工期，促进工业化水平。但预制楼板的整体性不好，灵活性也不如现浇板，更不宜在楼板上穿洞。

（3）装配整体式楼板（叠合楼板）是由预制板和现浇钢筋混凝土层叠合而成的。预制板既是楼板结构的组成部分之一，又是现浇钢筋混凝土叠合层的永久性模板，现浇叠合层内可敷设水平设备管线。叠合楼板整体性好，刚度大，可节省模板，而且板的上下表面平整，便于饰面层装修，适用于对整体刚度要求较高的高层建筑和大开间建筑。

1. 现浇整体式肋形楼盖

由梁、板组成的现浇楼盖通常称为肋梁楼盖。用梁将楼板分成多个区域，从而形成整浇的连续板和连续梁，梁可以看成是突出板的肋（图6-7）。一般是楼板支承在次梁上，次梁支承在主梁上，主梁支承在柱子上或砖墙上。也可以不分主梁和次梁，板支承在梁上，梁支承在砖墙或柱上。

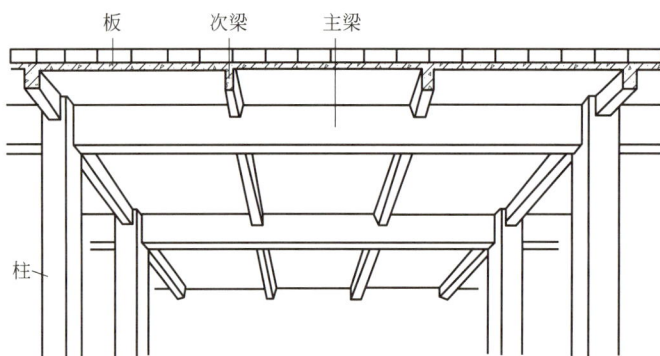

图 6-7　肋梁楼板

楼板一般是四边支承，根据其受力特点和支承情况，又可分为单向板和双向板。在板的受力和传力过程中，板的长边尺寸 L_2 与短边尺寸 L_1 的比值大小决定了板的受力情况。《混凝土结构设计规范》GB 50010—2010（2015年版）第9.1.1条规定：沿两对边支承的板应按单向板计算；对于四边支承的板，当长边与短边比值大于3时，可按沿短边方向的单向板计算，但应沿长边方向布置足够数量的构造钢筋；当长边与短边比值介于2与3之间时，宜按双向板计算；当长边与短边比值小于2时，应按双向板计算。

2. 板的构造要求

（1）板的厚度

板的厚度应由设计计算确定，即应满足承载力、刚度和裂缝控制的要求。为保证刚度，单向板板厚取不小于跨度的1/30。此外，板的厚度还应满足构造方面的最小厚度要求，一般楼、屋面板厚不小于60mm，工业建筑楼面板厚不小于70mm。

　　　　　　　　　　　　　　　　　　　建筑力学与结构

（2）受力钢筋

1）板中受力钢筋直径：由计算确定的受力钢筋分为承受正弯矩的底部钢筋和承受负弯矩的板面钢筋两种。常用的钢筋直径为 6mm、8mm、10mm、12mm 等。采用 HPB300 级钢筋时，端部采用半圆弯钩，负弯矩钢筋端部应做成直钩支撑在底模上。为了施工中不易被踩下，负筋直径一般不小于 8mm。

2）受力钢筋的间距：板中受力钢筋的间距，当板厚不大于 150mm 时，不宜大于 200mm，当板厚大于 150mm 时，不宜大于板厚的 1.5 倍，且不宜大于 250mm。伸入支座的钢筋，其间距不应大于 400m，且截面面积不得小于受力钢筋的 1/3。钢筋间距也不宜小于 70mm。在梁支座处或连续板端支座及中间支座处下部钢筋伸入支座的长度不应小于 5d，且宜伸过支座中心线。为了施工方便，选择板中正、负弯矩钢筋时，一般宜使它们的间距相同，直径不宜多于两种。

3）受力钢筋的配筋形式：有分离式配筋和弯起式配筋两种，如图 6-8 所示。分离式配筋对于设计时选择钢筋和施工备料都较简便，但其整体性能稍差，耗钢量略高，适用于不受震的楼板；而弯起式配筋形式较复杂，但其整体性能好，适用于受震的楼板。弯起式配筋一般采用"隔一弯一"的形式，弯起角度一般为 30°，当板厚

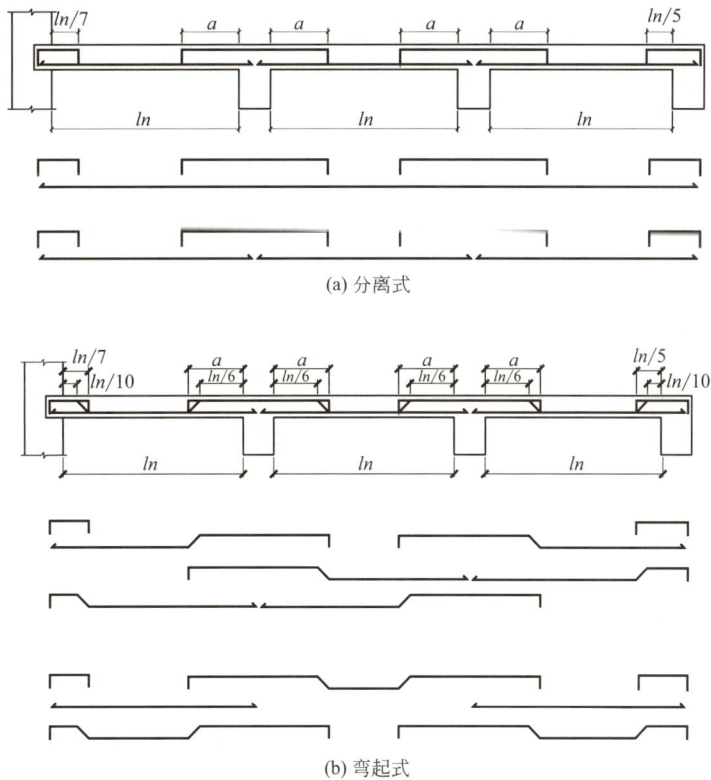

(a) 分离式

(b) 弯起式

图 6-8 受力钢筋的配筋形式

不小于 120mm 时，可采用 45°。弯起式配筋的钢筋锚固较好，可节省材料，但施工较复杂。

3. 构造钢筋

分布钢筋：在垂直于受力钢筋方向布置的分布钢筋，放在受力筋的内侧。其作用是：与受力钢筋组成钢筋网，便于在施工中固定受力筋位置；有助于将板上作用的集中荷载分散在较大面积上，使更多的受力筋参与工作，避免局部受力钢筋应力集中；抵抗由于温度变化或混凝土收缩引起的内力。分布钢筋的截面面积不宜小于单位宽度上受力钢筋截面面积的 15%，且不小于该方向板截面面积的 0.15%，分布钢筋直径不宜小于 6mm，间距不宜大于 250mm，在集中荷载较大时，分布钢筋间距不宜大于 200mm。

拓展提高 2

楼板编号参照前面的结构布置图。对于本设计按规范要求：$1 \leqslant L_x/L_y \leqslant 3.0$ 按双向板计算，$L_y/L_x > 3$ 按单向板计算。

考虑内力重分布因素，一般的楼板可采用塑性方法计算，计算方法是在弹性方法的基础上进行调整（与梁调幅原理相同），对于有防水要求及对裂缝宽度控制较严等情况（参照混凝土结构设计相关规范），板要采用弹性方法。

对于本设计，为了简化计算，全部采用弹性方法计算。

1. 楼面

楼面活荷载：

$$\begin{cases} q_k = 2.0 \text{kN/m}^2 \\ q = 1.5 \times 2.0 = 3.00 \text{kN/m}^2 \end{cases}$$

楼面恒荷载：

$$\begin{cases} g_k = 3.77 \text{kN/m}^2 \\ g = 1.3 \times 3.77 = 4.90 \text{kN/m}^2 \end{cases}$$

2. 屋面

屋面活荷载：

$$\begin{cases} q_k = 2.0 \text{kN/m}^2 \\ q = 1.5 \times 2.0 = 3.00 \text{kN/m}^2 \end{cases}$$

屋面恒荷载：

$$\begin{cases} g_k = 6.1 \text{kN/m}^2 \\ g = 1.3 \times 6.1 = 7.93 \text{kN/m}^2 \end{cases}$$

材料选用：混凝土 C35（$f_c = 16.7\text{N/mm}^2$，$f_t = 1.57\text{N/mm}^2$）

钢筋：采用 HPB300 级（$f_y = 270\text{N/mm}^2$）

3. 双向板弯矩计算及配筋

双向板的计算方法采用弹性计算方法，以楼面板 XJB-2 为例说明计算方法。XJB-2 跨内最大弯矩由 $g + q/2$ 作用下实际边（两邻边简支、两邻边固定）的跨中弯矩与 $q/2$ 作用下四边简支板的跨中弯矩之和计算求得；支座最大负弯矩则为 $g + q$ 作用下实际边（四边固定）的支座弯矩。计算过程：

计算跨度：$L_x = 3900\text{mm}$；$L_y = 5700\text{mm}$

板厚：$h = 120\text{mm}$

最小配筋率：$\rho = 0.336\%$

永久荷载设计值：$g = 4.90\text{kN/m}^2$

可变荷载设计值：$q = 3.00\text{kN/m}^2$

计算板的跨度：$L_0 = 3900\text{mm}$

计算板的有效高度：$h_0 = h - a_s = 120 - 30 = 90\text{mm}$

$L_x/L_y = 3900/5700 = 0.684 < 2.000$，所以按双向板计算（取 1m 板宽为计算单元）。

（1）X 向底板钢筋

$$
\begin{aligned}
M_x &= (\gamma_G g_k + \gamma_Q q_k)L_0^2 \\
&= (0.0329 + 0.0107 \times 0.200) \times (4.90 + 3.00) \times 3.9^2 \\
&= 4.21\text{kN} \cdot \text{m}
\end{aligned}
$$

$$
x = h_0 - \sqrt{h_0^2 - \frac{2\gamma_0 M_x}{\alpha_1 f_c b}} = 90 - \sqrt{90^2 - \frac{2 \times 1 \times 4.21 \times 10^6}{1 \times 16.7 \times 1000}} = 2.8\text{mm}
$$

$$
A_s = \frac{\alpha_1 f_c b x}{f_y} = \frac{1 \times 16.7 \times 1000 \times 2.8}{270} = 173\text{mm}^2
$$

$$
\rho = A_s/(bh) = 173/(1000 \times 120) = 0.144\%
$$

$\rho < \rho_{min} = 0.336\%$，不满足最小配筋要求。

所以，取面积为 $A_s = \rho_{min}bh = 0.336\% \times 1000 \times 120 = 403\text{mm}^2$

选择 $\phi 8@100$，实配面积 503mm^2。

（2）Y 向底板钢筋

$$
\begin{aligned}
M_y &= (\gamma_G q_{gk} + \gamma_G q_{qk})L_0^2 \\
&= (0.0107 + 0.0329 \times 0.200) \times (4.90 + 3.00) \times 3.9^2 \\
&= 2.08\text{kN} \cdot \text{m}
\end{aligned}
$$

$$x = h_0 - \sqrt{h_0^2 - \frac{2\gamma_0 M_y}{\alpha_1 f_c b}} = 90 - \sqrt{90^2 - \frac{2 \times 1 \times 2.08 \times 10^6}{1 \times 16.7 \times 10^3}} = 1.4 \text{mm}$$

$$A_s = \frac{\alpha_1 f_c b x}{f_y} = \frac{1 \times 16.7 \times 1000 \times 1.4}{270} = 87 \text{mm}^2$$

$$\rho = A_s / (bh) = 87 / (1000 \times 120) = 0.073\%$$

$\rho < \rho_{min} = 0.336\%$，不满足最小配筋率要求。

所以取面积为 $A_s = \rho_{min} bh = 0.336\% \times 1000 \times 120 = 403 \text{mm}^2$

选择 $\phi 8@100$，实配面积为 503mm^2。

6.3.2 楼梯设计

楼梯，在建筑物中作为楼层间垂直交通通道，用于楼层之间和高差较大时的交通联系，是多层、高层建筑的重要组成部分。目前绝大多数多层、高层建筑均采用钢筋混凝土楼梯。高层建筑尽管采用电梯作为主要垂直交通工具，但仍然要保留楼梯供火灾时逃生之用。楼梯由连续梯级的梯段（又称梯跑）、平台（休息平台）和围护构件等组成。

楼梯按梯段可分为单跑楼梯、双跑楼梯和多跑楼梯。梯段的平面形状有直线的、折线的和曲线的。

单跑楼梯最为简单，适合于层高较低的建筑；双跑楼梯最为常见，有双跑直上、双跑曲折、双跑对折（平行）等，适用于一般民用建筑和工业建筑；多跑楼梯有三折式、丁字式、分合式等，多用于公共建筑；剪刀楼梯由一对方向相反的双跑平行梯组成，或由一对互相重叠而又不连通的单跑直上梯构成，剖面呈交叉的剪刀形，能同时通过较多的人流并节省空间；螺旋转梯是以扇形踏步支承在中立柱上，虽行走欠舒适，但节省空间，适用于人流较少，使用不频繁的场所；圆形、半圆形、弧形楼梯，由曲梁或曲板支承，踏步略呈扇形，花式多样，造型活泼，富于装饰性，适用于公共建筑。

按结构形式和受力特点楼梯形式可分为板式楼梯（图 6-9a）、梁式楼梯（图 6-9b）、剪刀（悬挑）楼梯（图 6-9c）和螺旋楼梯（图 6-9d），前两种属于平面受力体系，后两种则为空间受力体系。

板式楼梯是由梯段板、平台板和平台梁组成。梯段板是一块带踏步的斜板，斜板支承于上、下平台梁上。板式楼梯的优点是梯段板下表面平整，支模简单；其缺点是梯段板跨度较大时，斜板厚度较大，结构材料用量较多。因此板式楼梯适用于可变荷载较小、梯段板跨度一般不大于 3m 的情况。板式楼梯的内力计算包括梯段

建筑力学与结构

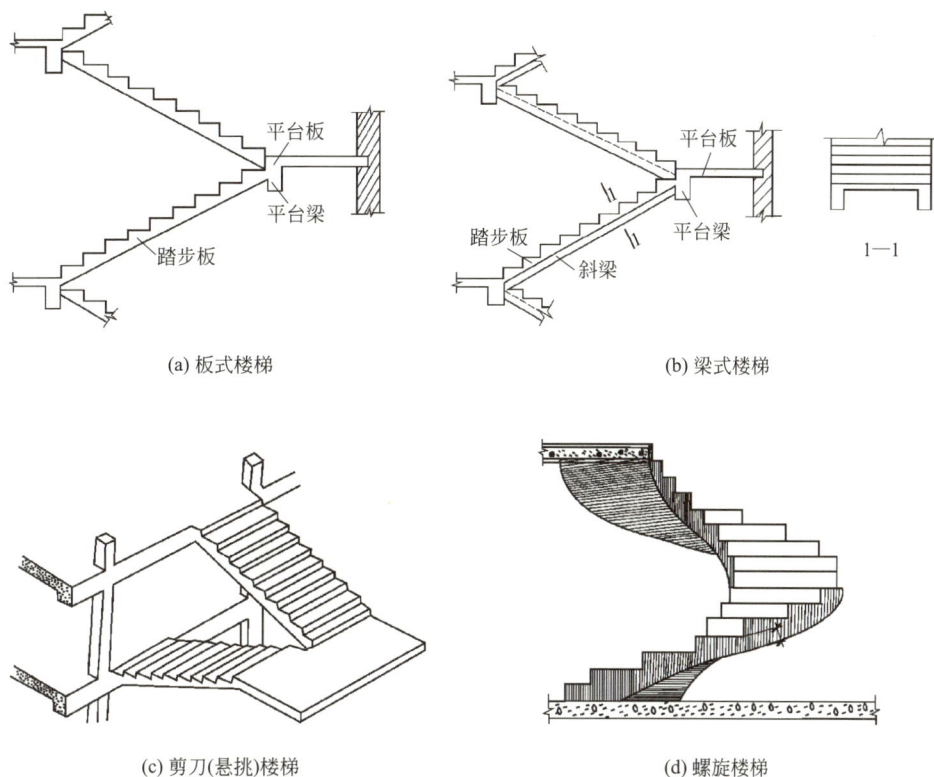

(a) 板式楼梯

(b) 梁式楼梯

1—1

(c) 剪刀(悬挑)楼梯

(d) 螺旋楼梯

图 6-9 各种形式的楼梯

板、平台板和平台梁的内力计算。

梁式楼梯是带有斜梁的钢筋混凝土楼梯。它由踏步板、斜梁、平台梁和平台板组成。踏步板支承在斜梁上。斜梁和平台板支承在平台梁上。平台梁支承在承重墙或其他承重结构上。梁式楼梯一般适用于大中型楼梯。

课后练习题

一、填空题

1. 地震按形成的原因可分为_____和_____。自然地震可分为_____和_____。

2. 震源正上方的地面位置为_____，震源到地面的垂直距离称为_____。

3. 《建筑抗震设计规范》GB 50011—2010（2016 年版）规定，抗震设防烈度为_____及以上地区的建筑，必须进行抗震设计。

4. 梁内一般配置_____、_____、_____、_____和弯起钢筋等钢筋。

5. 板中配置的钢筋为_____和_____。

6. 钢筋混凝土楼盖按其施工方式可分为_____、_____和_____三种类型。

二、选择题

1. （ ）的地震，对建筑物就会引起不同程度的破坏，统称为破坏性地震。

A. $M>2$　　　　B. $M>5$　　　　C. $M>7$　　　　D. $M>8$

2. 同一次地震后，不同位置的烈度与什么因素有关？（ ）

A. 震级　　　　　　　　　　B. 震源深度

C. 震中距　　　　　　　　　D. 与前面三项都有关

3. 当梁（ ）时，在梁的两个侧面应沿高度配置纵向构造钢筋。

A. $h_w \geqslant 450mm$　　B. $h_0 \geqslant 450mm$　　C. $h \geqslant 450mm$　　D. $h_z \geqslant 450mm$

4. 受弯构件的受拉钢筋，其最小配筋率为（ ）。

A. 0.2%　　　　　　　　　B. $0.45f_t/f_y$

C. 0.2%和$0.45f_t/f_y$的较大值　　D. 0.2%和$0.45f_t/f_y$的较小值

5. 下列哪一项不是柱箍筋的作用？（ ）

A. 抵抗水平剪力

B. 防止纵向钢筋受压弯曲而降低承压能力

C. 抵抗压力

D. 固定纵向钢筋

6. 对于四边支承的板，当长边与短边比值（ ）时，可按沿短边方向的单向板计算。

A. >3　　　　　B. >2　　　　　C. <2　　　　　D. 在 2 与 3 之间

三、判断题

1. 同一次地震的震级只有一个，但不同位置的烈度是不一样的。（ ）

2. 板中下部纵向受力钢筋伸入支座的锚固长度不应小于 l_a。（ ）

3. 混凝土保护层厚度（c）是指结构构件中最外层受力钢筋外边缘至构件表面的距离。（ ）

4. 构件中受力钢筋的保护层厚度不应小于钢筋的公称直径。（ ）

四、思考题

1. 试述地震成因与类型。

2. 什么是地震烈度？

3. 什么是地震震级？

4. 试述我国关于抗震设防烈度的规定。

5. 试述抗震设防类别的划分。

6. 抗震设防类别的划分，应根据哪些因素确定？

7. 试述我国的抗震设防目标。

8. 梁的一般构造要求有哪些？

9. 板的一般构造要求有哪些？

10. 柱的一般构造要求有哪些？

参考文献

［1］张双洋，赵人达，占玉林，等．收缩徐变对高铁混凝土拱桥变形影响的模型试验研究［J］．铁道学报，2016，38（12）：102-110.

［2］周绪红，张喜刚．关于中国桥梁技术发展的思考［J］．Engineering，2019，5（6）：1120-1130.

［3］郑皆连，王建军．中国钢管混凝土拱桥［J］．Engineering，2018，4（1）：306-331.

［4］张海军，段茂盛．碳排放权交易体系政策效果的评估方法［J］．中国人口•资源与环境，2020（5）：17-25.

［5］沈蒲生．混凝土结构（上册）［M］．6版．北京：中国建筑工业出版社，2022.

［6］张耀庭．建筑结构抗震设计［M］．北京：机械工业出版社，2018.

［7］中华人民共和国住房和城乡建设部．混凝土结构设计规范（2015年版）：GB 50010—2010［S］．北京：中国建筑工业出版社，2016.

［8］中华人民共和国住房和城乡建设部．建筑抗震设计规范（2016年版）：GB 50011—2010［S］．北京：中国建筑工业出版社，2016.

［9］中华人民共和国住房和城乡建设部．建筑结构荷载规范：GB 50009—2012［S］．北京：中国建筑工业出版社，2012.

［10］中华人民共和国住房和城乡建设部．高层建筑混凝土结构技术规程：JGJ 3—2010［S］．北京：中国建筑工业出版社，2011.

［11］中华人民共和国住房和城乡建设部．混凝土结构施工图平面整体表示方法制图规则和构造详图（现浇混凝土框架、剪力墙、梁、板）：22G101-1［S］．北京：中国计划出版社，2022.

［12］黄明．混凝土结构及砌体结构［M］．重庆：重庆大学出版社，2011.

［13］胡兴福．建筑结构［M］．5版．北京：中国建筑工业出版社，2021.

［14］罗向荣．钢筋混凝土结构［M］．北京：高等教育出版社，2003.

［15］吕西林．高层建筑结构［M］．武汉：武汉理工大学出版社，2003.

［16］徐锡权．建筑结构［M］．北京：北京大学出版社，2011.

［17］马尔科姆•米莱．建筑结构原理［M］．童丽萍，陈治业，译．北京：中国水利水电出版社，2002.